普通高等院校“十四五”计算机类专业规划教材
湖南省普通高校“十三五”专业综合改革研究成果
湖 南 省 线 上 一 流 本 科 课 程 配 套 教 材

计算机系统导论
实验教程

曾志高　彭国星　黄贤明◎主　编
刘　强　童　启◎副主编
唐柳春　陈芳勤　许赛华　言天舒
袁　义　唐黎黎　周丽娟　王　平◎参　编

中国铁道出版社有限公司
CHINA RAILWAY PUBLISHING HOUSE CO., LTD.

内容简介

全书以计算思维能力和信息素养培养为出发点，以掌握计算机基础应用技能和问题求解能力为目的，着重强调培养学生动手能力，根据“计算机系统导论”课程的教学基本要求，以国产麒麟操作系统、WPS Office办公软件、开源软件Python和MySQL为主要内容，设置了11个知识点，35个实验，每个上机实验都设有“实验目的”“实验环境”“实验内容和步骤”“思考与练习”。每个实验或者给出了操作步骤，或者给出了操作提示，并通过示例引导学生快速掌握各种软件的基本功能和操作技术。

本书实验内容丰富、覆盖面广，有利于学生上机操作，巩固所学的知识，提高计算机基本技能。本书适合作为高等院校各专业“计算机系统导论”“大学计算机基础”课程的实验教材，也可以作为各类计算机培训班用书，同时还可作为计算机应用技术人员的参考书。

图书在版编目（CIP）数据

计算机系统导论实验教程 / 曾志高，彭国星，黄贤明主编 . —北京：中国铁道出版社有限公司，2023. 12
普通高等院校“十四五”计算机类专业规划教材
ISBN 978-7-113-30596-3

Ⅰ.①计… Ⅱ.①曾… ②彭… ③黄… Ⅲ.①计算机系统-实验-高等学校-教材 Ⅳ.① TP303-33

中国国家版本馆CIP数据核字（2023）第187112号

书　　名：计算机系统导论实验教程
作　　者：曾志高　彭国星　黄贤明

策　　划：曹莉群　　　　**编辑部电话：**（010）63549501
责任编辑：贾　星
编辑助理：闫钇汛
封面设计：尚明龙
责任校对：苗　丹
责任印制：樊启鹏

出版发行：中国铁道出版社有限公司（100054，北京市西城区右安门西街8号）
网　　址：http://www.tdpress.com/51eds/
印　　刷：三河市燕山印刷有限公司
版　　次：2023年12月第1版　2023年12月第1次印刷
开　　本：787 mm×1 092 mm　1/16　**印张：**15.75　**字数：**392千
书　　号：ISBN 978-7-113-30596-3
定　　价：48.00元

前　言

本书是《计算机系统导论》（刘强、童启、袁义主编，中国铁道出版社有限公司出版）配套的实验指导书，本书注重计算思维的培养和计算能力的训练，着重培养学生的上机操作能力、解决实际问题能力以及知识综合运用能力，以全面提升学生的信息素养。依照这个思路，本书以国产麒麟操作系统、WPS Office 办公软件、开源软件 Python 和 MySQL 为主，组织了全书内容。全书结合“计算机系统导论”课程的教学内容共分 11 个知识点，35 个实验，主要实验内容包括：微机系统的安装与设置、Windows 10 操作系统、麒麟操作系统、WPS Office 办公软件、图表制作软件 Visio、常用工具软件的使用、Python 程序设计基础、数据库技术、网络技术、信息检索等。

本书涉及的计算机应用知识面很宽，并循序渐进、由浅入深，可以满足不同学时的教学和适应不同基础的学生。在实验顺序方面，大多数实验项目并没有严格的先后次序，教学中可以根据实际情况有所取舍和调整，对于一些已经掌握得很好的基础实验项目，可以忽略不做。

本书适合作为高等院校“计算机系统导论”“大学计算机基础”课程配套的实验指导书，也可作为计算机基础课程的教学参考书。

本书由曾志高、彭国星、黄贤明担任主编，刘强、童启担任副主编，唐柳春、陈芳勤、许赛华、言天舒、袁义、唐黎黎、周丽娟、王平参与编写。

读者可以在网站 https://jsjjc.hut.edu.cn 下载相关教学资源，也可直接联系作者：hutjsj@163.com。

由于计算机技术发展迅速，加之编者水平有限，书中难免有疏漏和不妥之处，敬请读者批评指正。

编　者

2023 年 7 月

目录

第1章 计算机基本操作

实验1.1 计算机的组装

一、实验目的

◎了解计算机的内部结构及基本组成。

◎熟悉计算机各部件之间的连接及整机配置。

◎掌握计算机的组装方法。

◎了解组装计算机的常用工具。

二、实验环境

◎带磁性的平口、十字螺丝刀各一把。

◎尖嘴钳一个。

◎捆扎电缆线用的捆扎线。

◎组成微型机的各部件及设备。

三、实验内容和步骤

1. 组装前的准备

① 了解微型机硬件配置、一般的组装流程和注意事项。

② 检查所有需要安装的部件及工具是否齐全。

③ 释放身上所带的静电。

2. 基础安装

（1）安装机箱电源

将计算机主机机箱后部预留的开口与电源背面螺钉的位置对应好，用螺钉固定。需要注意的是，电源要固定牢，以免日后振动产生噪声。

视频

微型计算机组装

（2）安装主板

在计算机主机机箱底板的固定孔上打上标记，把铜柱螺钉或白色塑胶固定柱一一对应地安装在机箱底板上，然后将主板平行压在底板上，使塑胶固定柱都能穿过主板的固定孔扣住，或者将细牙螺钉拧到对应孔位的铜柱螺钉上，即可将主板安装在主机上。

安装主板需要注意：

- 切忌将螺钉上得过紧，以防主板扭曲变形。
- 主板与底板之间不要有异物，以防短路。
- 主板与底板之间可以垫一些硬泡沫塑料，以减少插拔扩展卡时的压力。

（3）CPU和散热风扇的安装

① CPU的安装。在主板上找到CPU插座，将CPU的ZIF（zero insertion force，零插拔力式）插座旁的压杆拉起，并使CPU的针脚与插座针脚一一对应，然后把CPU平稳地插入插座，拉下压杆锁定CPU。

② 安装CPU的散热风扇。为了使CPU能正常工作，必须安装散热风扇对CPU进行散热。为达到更好的散热效果，要在CPU内核上涂抹散热膏，常用的散热膏是导热硅脂。调整散热风扇的位置，使之与CPU内核接触，然后一只手按住散热风扇使其紧贴CPU，另一只手向下按卡夹的扳手，直到套在CPU插座上。然后，把风扇电源线接到主板上有CPU fan或fan1字样的电源接口上。

（4）安装内存条

在主板上找到内存插槽，打开内存插槽两边的扣具，当内存条缺口对着内存插槽上的凸棱时，将内存条平行插入插槽，并用力插到底。当听到“啪”的一声响后，扣具会自动将内存条卡住，即说明内存安装到位。注意内存条的规格必须与主板相配。

（5）安装主板的电源线

将主板20针或24针的电源接头插到主板相应的插座上。

（6）连接面板各按钮和指示灯插头

- SPEAKER表示接机箱喇叭（一般是四针）。
- POWER LED表示接机箱上的电源指示灯（一般是三针）。
- KEYLOCK表示接机箱上的键盘锁（一般是三针）。
- HDD LED表示接硬盘指示灯。
- POWER SW表示接电源开关。
- RESET SWITCH表示接重启开关。

（7）安装显卡

拆下显卡相对应的背板挡片，将显卡插头部分金色金属片（又称“金手指”）上的缺口对应主板上AGP插槽或PCI-E 16X插槽的凸棱，将显卡安装插槽中，用螺钉固定，连接显卡电源线。

（8）连接显示器与显卡

将显示器连接到主机箱后面的显卡输出接口上。目前显示器和显卡输入、输出接口有VGA接口（15针D-sub接口）、HDMI接口、DP接口、DVI接口等，不同的接口需要使用相对应的信号连接线。

（9）开机自检

将电源打开，如果能顺利出现开机界面，并且伴随一声短鸣，显示器显示正常的信息，最后停在找不到键盘的错误信息提示下，就说明至此基础部分已经安装完成，可继续进行下一步安装。

如果有问题，则需要重新检查以上步骤。注意：一定要在开机正常下才能进行下一步的安装，以免对组装测试造成混淆。

3．内部设备安装

（1）固态硬盘的安装

将主机和显示器分离，将固态硬盘由内向外推入到机箱下方的固态硬盘固定架内，调整固态硬盘的位置，使它靠近机箱前面板，并拧紧螺钉。

注意：

现在新式的计算机中，一般都配备固态硬盘（SSD），用于安装操作系统，以提高系统运行速度。

（2）安装机械硬盘

将机械硬盘（以下简称硬盘）由内向外推入硬盘固定架内，将硬盘专用的粗牙螺钉轻轻拧上去，调整硬盘的位置，使它靠近机箱的前面板，并拧紧螺钉。

（3）安装光驱或DVD驱动器

拆掉机箱前面板上为安装5.25英寸（1英寸=2.54 cm）设备而预留的挡板，将光驱由外向内推入固定架内，拧上细牙螺钉，调整光驱的位置，使它与机箱面板对齐，并拧紧螺钉。

（4）连接电源线和数据线

把电源引出的4针D型电源线或SATA电源分别接到固态硬盘、硬盘和光驱的电源接口上，然后连接固态硬盘、硬盘和光驱数据线，通过数据线让固态硬盘、硬盘和光驱分别接在主板SATA接口上。

（5）安装各类扩展卡

如果主板自带的接口缺少USB 3.0或RS 232串口等，可使用扩展卡解决这些问题。扩展卡通常安装在PCI-E或PCI接口上。

（6）开机自检

将键盘连接到主机上的键盘接口（如果是USB键盘则连接到USB接口），显示器和主机相连接。再次开机测试，开机后若安装正确，则可检测出光驱及各类扩展卡的存在，部分设备直接会在自检界面显示，部分设备则需要进入BIOS才能查看到有关信息。

（7）整理机箱内的连线

整理机箱内的连接时，注意将面板上的信号线捆在一起，将用不到的电源线捆在一起。音频线单独安置且距离电源线远一些。连线整理好后，将机箱外壳盖起来。

4．外围设备安装

最后，根据需要安装外围设备。例如，将打印机连接到USB口上，将音箱音频接头连接到声卡的音频输出口SPEARKER上，麦克风接到声卡的MIC IN口上，等等。

四、实验注意事项

① 注意人身和设备的安全。

② 在实验中养成严谨科学的工作习惯，在实验前必须认真准备实验内容，实验中要严格按照实验室的有关规章进行操作。

③ 对所有的部件和设备都要按说明书或指导老师的要求进行操作。

④ 实际组装过程中总会遇到一些问题，应学会根据在开机自检时发出的报警声或系统显

示的出错信息发现并排除故障。

⑤ 组装完成后，不要急于通电，一定要反复检查，确定安装连接正确后，再通电开机测试。

⑥ 安装任何部件都要在断电下进行，不要使用蛮力强行插入。

⑦ 不要乱丢螺钉，以免其驻留在机箱内造成短路，烧坏组件。

⑧ 插卡要有适当的距离，以便散热。

五、思考与练习

① 通过教学支持网站下载思科模拟装机软件，模拟台式计算机和笔记本计算机的拆装。

② 登录太平洋电脑网，了解最新的计算机硬件的行情。

③ 登录中关村在线网站，在主页面选择“模拟攒机”，自己尝试组装一台计算机。

④ 搜集常见的计算机行情报价网站，比较最新的计算机配件行情。

实验1.2 BIOS的常用设置

一、实验目的

◎熟悉BIOS设置界面。

◎了解BIOS设置的内容及意义。

◎掌握BIOS的基本设置方法。

二、实验环境

微型计算机1台。

三、实验内容和步骤

1. 了解BIOS基本概念

BIOS（basic input/output system，基本输入/输出系统），即只读存储器基本输入/输出系统，通常被固化在主板上的一块ROM芯片中，该ROM芯片一般被称为CMOS，是BIOS设定系统参数的存放场所。BIOS实际上是一组为计算机提供最低级、最直接硬件控制的程序，负责解决硬件的即时需求，并按软件对硬件的操作要求具体执行。

BIOS是启动计算机后第一个被执行的程序，负责从打开系统电源的瞬间到Windows操作系统开始之前的启动过程。开启电源后，计算机会检查CPU、内存、硬盘等设备是否有异常，并确认这些设备中存储的内容是否与BIOS内容相同。

如果主板上没有BIOS，计算机就不可能启动，而且一块主板的性能优越与否，很大程度上取决于主板上的BIOS管理功能是否先进。不同的主板，BIOS设置方式也略有不同，实际参照时可参考操作说明书。下面用Phoenix BIOS设置程序讲解计算机中BIOS的各种参数设置。

2. 启动BIOS系统设置程序

开机启动机器，根据屏幕提示按【Del】键或【F2】键（部分笔记本计算机需要按【F1】键），启动BIOS系统设置程序，几秒后，进入BIOS设置主界面，如图1-1所示。

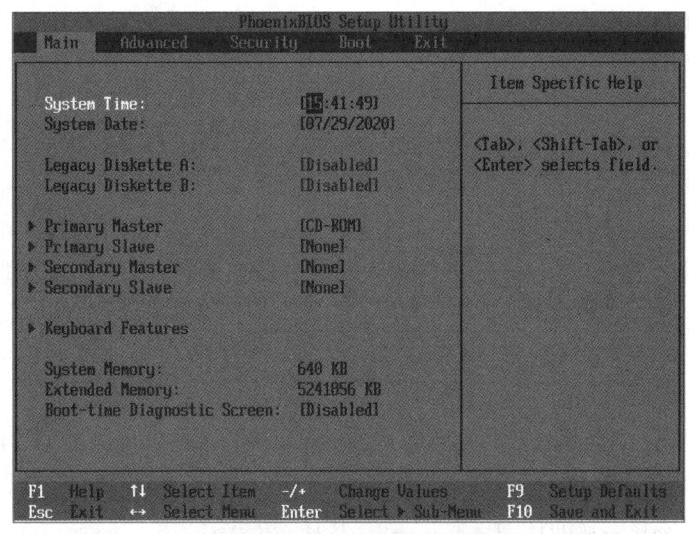

图1-1　BIOS设置主界面

3．了解系统BIOS设置的主要功能

进入BIOS设置的主界面后，对照主板说明书，全面了解其所有的BIOS设置功能：标准（Main）设置、高级（Advanced）设置、安全（Security）设置、启动（Boot）设置、退出（Exit）等。

4．熟悉Phoenix BIOS设置的操作方法（见表1-1）

表1-1　Phoenix BIOS设置常用操作

操作方法	作　用
按方向键“【↑】、【↓】、【←】、【→】”	移动到需要操作的项目上
按【Enter】键	选定此选项
按【Esc】键	从子菜单回到上一级菜单或者跳到退出菜单
按【+】或【Page UP】键	增加数值或改变选择项
按【-】或【Page Down】键	减少数值或改变选择项
按【F1】键	主题帮助，仅在状态显示菜单和选择设定菜单有效
按【F5】键	从CMOS中恢复前次的BIOS设定值，仅在选择设定菜单有效
按【F6】键	从故障保护默认值表加载BIOS值，仅在选择设定菜单有效
按【F7】键	加载优化默认值
按【F10】键	保存改变后的BIOS设定值并退出

操作方法：在主菜单上用方向键选择要操作的项目，然后按【Enter】键进入该项子菜单，在子菜单中用方向键选择要操作的项目，然后按【Enter】键进入该子项后，用方向键选择，完成后按【Enter】键确认，最后按【F10】键保存改变后的BIOS设定值并退出（或按【Esc】键退回上一级菜单，退回主菜单后选择Exit Save Changes选项）后按【Enter】键，在弹出的确认窗口中选择Yes然后按【Enter】键，即保存对BIOS的修改并退出Setup程序。

5．常用BIOS系统参数的设置

（1）标准设置

在图1-1所示的BIOS设置主界面中，通过按【←】或【→】方向键移动到Main菜单项，进入标准BIOS设置对话框，如图1-1所示。如果要了解并修改本机系统BIOS的基本配置情况，如查看并修改系统日期、时间、软驱、硬盘、光驱、内存等硬件配置情况，则使用此功能。主要设置项为：

- System Time：用于设置时间，格式为“hh:mm:ss”（即“小时:分:秒”），设置方法和日期的设置是一样的。
- System Date项：用于设置日期，格式为“mm/dd/yy”（即“月/日/年”），只要把光标移到需要修改的位置，用【Page Up】或【Page Down】键在各个选项之间选择即可。
- Legacy Diskette A:/B:：用来设置物理A软盘驱动器和B软盘驱动器，这里都显示为Disabled，因为目前计算机一般不再安装软驱。
- Primary Master、Primary Slave……Second Slave：用于表示主SATA接口上主盘和副盘的参数设置情况。从图1-1可以看到这台计算机的Primary Master接口上安装了CD-ROM光驱，其他接口尚未安装硬盘等驱动器，都显示为None。若选中某一个磁盘选项，如Primary Slave，按【Enter】键，可进入该磁盘的详细设置界面，如图1-2所示。

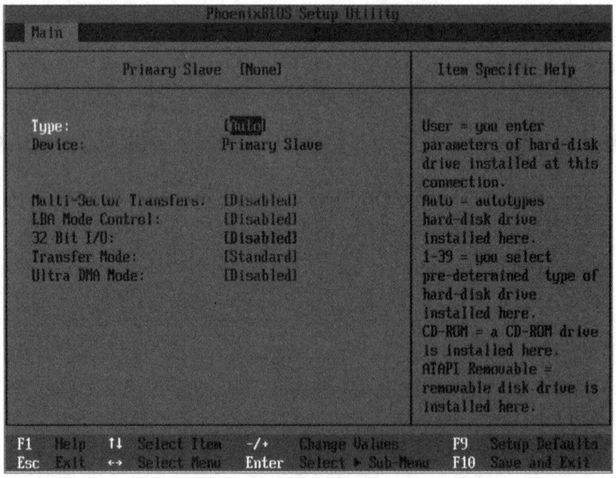

图1-2　磁盘参数设置

- Keyboard Features：键盘特征设置，其子选项包括NumLock小键盘灯设置、Keyboard auto-repeat rate键盘自动重复时间、Keyboard auto-repeat delay键盘自动重复延迟时间。
- System Menory：用于显示系统内存，无须修改设置。
- Extended Memory：用于显示扩展内存，无须修改设置。
- Boot-time Diagnostic Screen：用于设置是否显示“启动期间诊断屏幕”。

当上述设置完成后，按【Esc】键，则会回到BIOS设置主界面，再按【F10】键或选择Exit选项，然后依次选择Exit Saving Changes→Yes选项，保存并退出，使设置生效。下叙操作的保存方式与此相同。

（2）高级设置

进入BIOS设置后，按【←】或【→】方向键选择Advanced菜单，按【Enter】键，打开图1-3所示的界面。

Advanced菜单中各子项的名称与作用见表1-2。

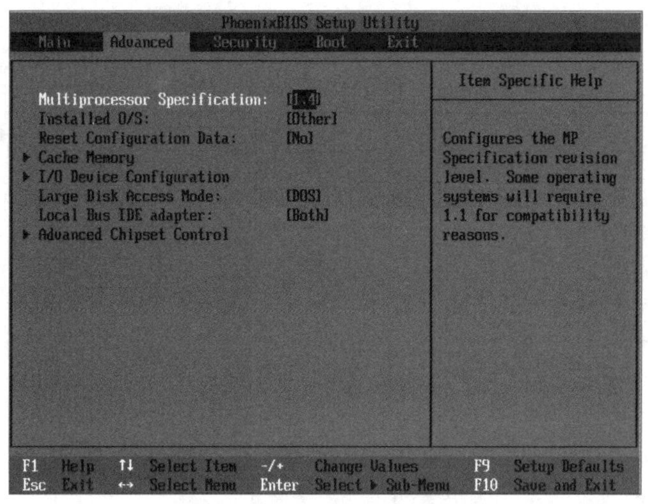

图1-3　BIOS高级设置主界面

表1-2　Advanced菜单中各子项的名称与作用

子项名称	作　用
Multiprocessor Specification	多重处理器规范，1.1/1.4
Installed O/S	安装O/S模式，有Win95和Other两个值
Reset Configuration Data	重设配置数据，有Yes和No两个值
Cache Memory	高速缓冲存储器
I/O Device Configuration	输入/输出选项
Large Disk Access Mode	大型磁盘访问模式
Local Bus IDE adapter	本地总线的IDE适配器
Advanced Chipset Control	高级芯片组控制

（3）安全设置

进入BIOS设置后，按【←】或【→】方向键选择Security菜单，按【Enter】键，打开图1-4所示的界面。

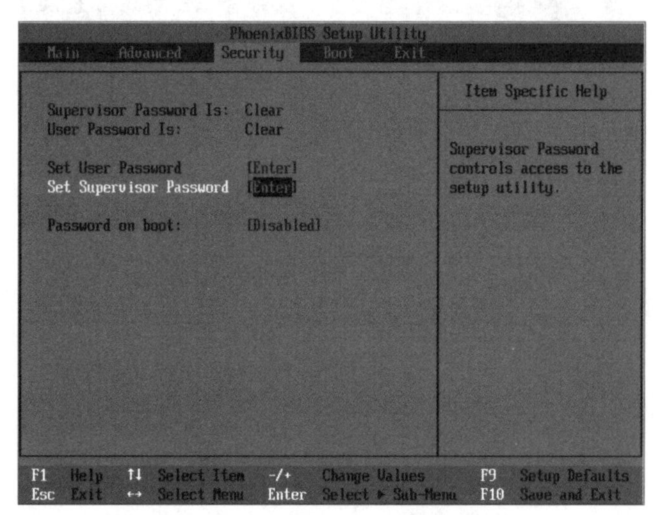

图1-4　BIOS安全设置界面

Security菜单中各子项的名称与作用见表1-3。

表1-3 Security菜单中各子项的名称与作用

子项名称	作用
Supervisor Password Is	管理员密码状态
User Password Is	用户密码状态
Set User Password	设置用户密码
Set Supervisor Password	设置管理员密码
Password on boot	启动是否需要输入密码

- Set User Password：此选项默认不能更改，当设定了管理员密码Supervisor Password后，该选项才会更改为可编辑。此选项设定的密码用于开机启动时验证密码。
- Set Supervisor Password：此选项为管理员密码，如果设定了密码，在进入BIOS设置程序时，必须输入此密码后方可进入设置界面。
- Password on boot：默认为Disabled，且不可更改，当设置了管理员密码Supervisor Password后，该选项变为可更改，用于设定系统启动时是否验证BIOS密码。如果更改为Enabled，则在启动时首先要输入BIOS密码——即设定的用户密码（User Password）才能继续启动。

注意：

① 部分机型中，Set Supervisor Password显示为Set Administrator Password。

② 部分机型中，还有Set Hard Disk Passwords选项用于设定硬盘密码，该密码须谨慎设置，若后期忘记密码，可能会导致硬盘锁定而影响使用。

（4）启动设置

进入BIOS设置后，按【←】或【→】方向键选择Boot菜单，按【Enter】键，打开图1-5所示的界面。

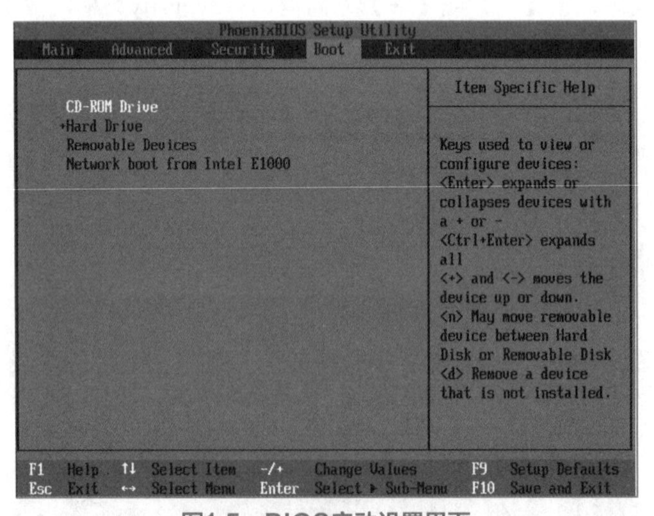

图1-5 BIOS启动设置界面

Boot菜单主要是用来设置启动顺序的。计算机的移动存储设备、硬盘、光盘、软盘等都可以启动计算机，因此要设置哪一个项目为首先启动的项目，以及具体的启动顺序。一般可设置依次从移动设备、CD-ROM或DVD-ROM、硬盘、网卡启动计算机。

如果需要更改设置，可以选中某项后用【+】或【-】键来上下移动。

● Hard Drive：按【Enter】键后，将列举计算机内所有的硬盘，可以在此设定“硬盘”启动的顺序。

注意：

该项目一般用在机器有多个硬盘的情况下，如果确认计算机只有一个硬盘，该步骤可忽略。

● Removable Devices：用于设定移动设备，比如U盘等的启动顺序，如果有多个移动设备，则会一一列举。

● 部分机型还有Boot Mode选项，用于设置启动方式，一般有三种方式，即Auto、UEFI Only、Legacy Only，默认为Auto，UEFI Only是默认出厂Windows 8、Windows 8.1或是Windows 10系统支持的选项，Legacy Only是改装Windows 7系统时用的。

（5）退出设置

进入BIOS设置后，按【←】或【→】方向键选择Exit菜单，按【Enter】键，打开图1-6所示的界面。

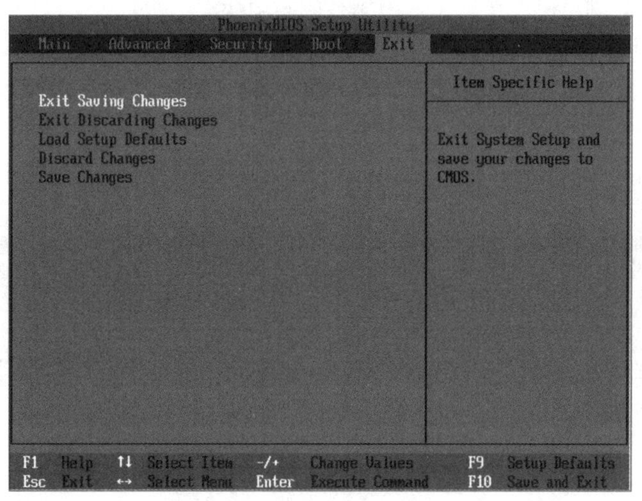

图1-6　BIOS退出设置界面

Exit菜单中各子项的名称与作用见表1-4。

表1-4　Exit菜单中各子项的名称与作用

子项名称	作　用
Exit Saving Changes	保存退出
Exit Discarding Changes	不保存退出
Load Setup Defaults	恢复出厂设置
Discard Changes	放弃所有操作恢复至上一次的BIOS设置
Save Changes	保存但不退出

(6) 补充说明

① 某些主板BIOS设置程序的主界面如图1-7所示。该BIOS设置程序中的Information菜单用于显示计算机的产品型号、BIOS版本、产品序列号、CPU、内存、硬盘等信息。

② Configuration菜单则用于设置各类设备信息，如图1-8所示。不同型号主板，各选项显示略有不同，下面对部分常见选项进行说明：

- USB Legacy：用于设定是否启用USB。
- WLAN Device或Wireless：用于设置是否开启无线网卡，若为Enabled，则会开启无线网卡。
- Power Beep：若设置为Enabled，则插入或拔出适配器时有提示音。
- Intel Virtual Technology：用于设置是否开启虚拟化功能，若为Enabled，则开启Intel VT虚拟化功能。
- SATA Controller Mode：为磁盘控制器工作模式，不同操作系统对硬盘的工作模式要求略有不同。
- Graphic Device：用于设定显卡工作模式，如果是双显卡机型，还包括双显卡交换模式设定。
- BIOS Back Flash：表示是否允许BIOS回滚刷新。一般建议BIOS Back Flash打开，它是指BIOS中有备份的信息，当遇到病毒或其他恶意软件攻击，导致BIOS引导系统损坏，可以用BIOS备份的信息恢复到出厂设置，而不用额外刷写BIOS。
- Hotkey Mode：用于【F1】～【F12】热键模式切换。部分计算机中把【F1】～【F12】键设置为媒体功能，若希望将【F1】～【F12】键切换为传统功能，只需要将Hotkey Mode热键模式选项切换为Disable模式即可。

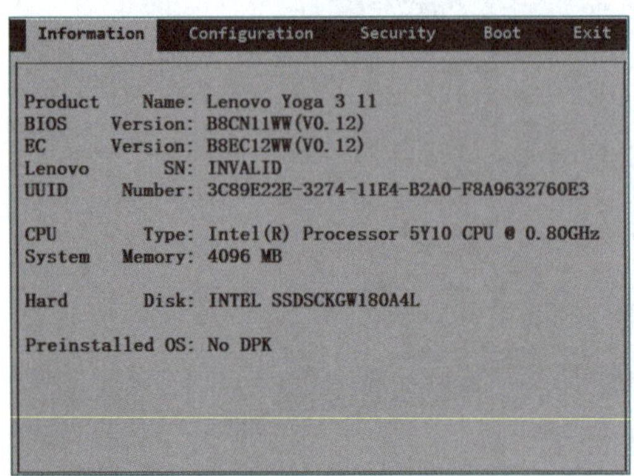

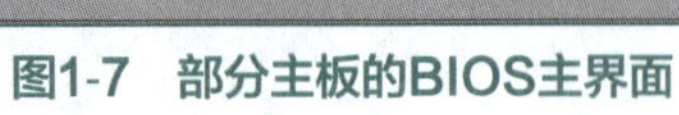
图1-7 部分主板的BIOS主界面

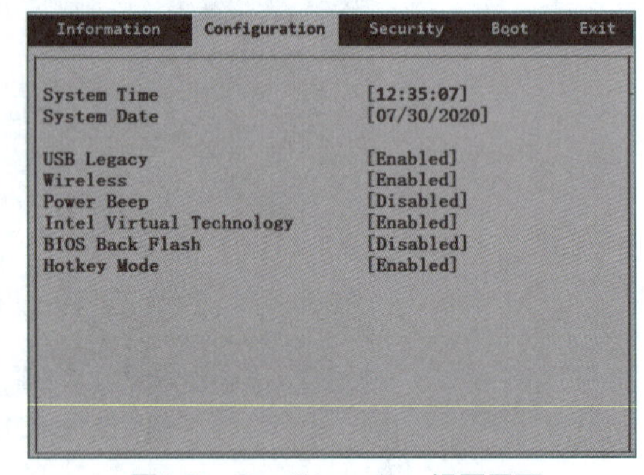

图1-8 Configuration设置界面

③ 某些主板上还有Devices和Power两个菜单，其子项含义分别见表1-5和表1-6。

表1-5 Devices菜单中各子项的名称与作用

子项名称	作　用
PS/2 Mouse	PS/2鼠标
Diskette Dirve	磁盘驱动
Serial Port Setup	串口设置
USB Setup	USB设置

续表

子项名称	作　用
Parallel Port Setup	并口设置
Video Setup	视频设置
IDE Drives Setup	IDE驱动器设置
Audio Setup	音频设置
Network Setup	网络设置

表1-6　Power菜单中各子项的名称与作用

子项名称	作　用
ACPI BIOS IRQ	高级配置和电源管理接口基本输入输出系统中断
ACPI Standby Mode	高级配置和电源管理接口标准模式
Hard Disk Timeout	硬盘超时
After Power Loss	功率损耗后
Automatic Power On	自动开机

四、实验注意事项

① 如果某些参数设置不当，系统性能将大大降低，或无法正常工作，因此设置时要格外小心。

② 每次设置完成后，一定要保存使新的设置生效。

③ 如果设置了密码，一定要记住，否则可能会造成机器无法正常启动。

五、思考与练习

① 平时所说的“放电”是如何实现的？有哪几种方法？

② 通过设置BIOS能否提高计算机的启动速度？

③ 如果想将所有BIOS设置都恢复默认值，应该如何操作？

④ 在网上下载BIOS模拟器或通过教学支持网站下载“联想电脑BIOS模拟器”，试着设置BIOS。

第2章 操作系统

实验2.1 Windows 10 的基本操作

一、实验目的

◎掌握Windows 10的启动与关闭方法。

◎了解Windows 10的桌面组成及基本操作。

◎掌握窗口、菜单和对话框的基本操作。

◎掌握利用“控制面板”对计算机的相关资源进行设置的方法。

二、实验环境

◎微型计算机。

◎Windows 10操作系统。

三、实验内容和步骤

1. Windows 10的启动与关闭

视频

Windows 10的基本操作1

打开计算机，系统会自动开始启动Windows 10的一系列操作，直至出现用户登录界面。用户登录后，Windows 10继续配置网络设备和用户环境，最后进入Windows的个性化桌面，从而完成Windows 10的启动。

如果要关闭Windows 10，则单击任务栏最左端的“开始”按钮，在弹出“开始”菜单上选择电源图标⏻，选择“关机”命令，即可关闭Windows 10，同时也将关闭计算机。

2.“开始”菜单的操作

启动Windows 10系统，进入Windows 10桌面。单击任务栏位最左端的“开始”按钮，打开“开始”菜单。

“开始”菜单集成了Windows 10中大部分的应用程序和系统设置工具，如图2-1所示，显示的具体内容与计算机的设置与安装的软件有关。

Windows 10的“开始”菜单相比前期Windows版本有较大改变，默认为显示所有程序项，且按字母表顺序排序，方便快速查找应用程序。每个程序项菜单除了有文字之外，还有一些标记，如图案、文件夹图标等。其中，文字是该菜单项的标题，图案是为了美观（在应用程序窗口中此图案与工具栏上相应按钮的图案一致）；文件夹图标表示里面有子菜单项；“”或“”表示显示或隐藏子菜单项。当“开始”菜单显示之后，可用键盘或鼠标选择某一项，以打开相应的操作界面。

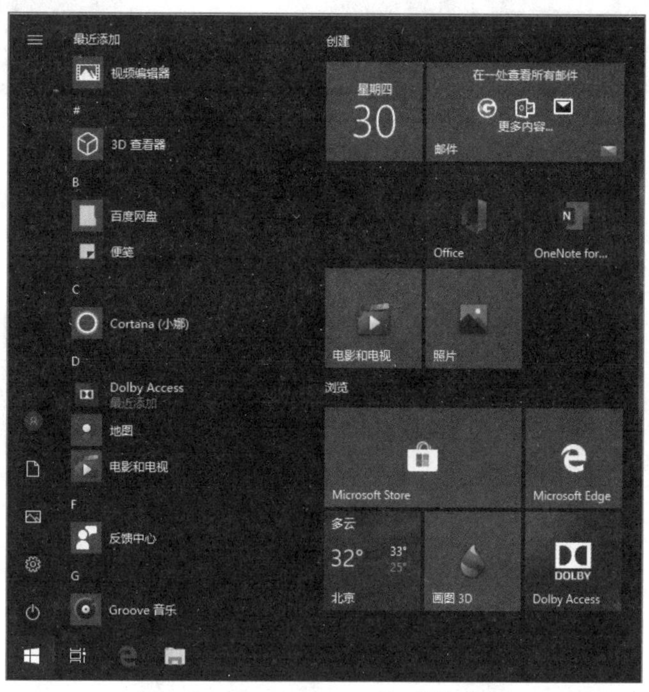

图2-1　Windows10“开始”菜单

① 折叠“开始”菜单。在图2-1所示的界面左上角，单击，可将“开始”菜单折叠，折叠后的界面上只保留登录用户、文档、图片、设置、电源几个图标，再次单击，则会展开“开始”菜单。

② 使用“开始”屏幕固定区。Windows 10在“开始”菜单中还增加了“开始”屏幕固定区，可将一些常用的程序的快捷方式以“动态磁贴”形式固定在“开始”屏幕，在图2-1所示的“开始”菜单中，如果想要将某一个程序图标固定到“开始”屏幕，只需要在快捷方式图标上右击，在弹出的快捷菜单中选择“固定到‘开始’屏幕”命令；反之，如果想要取消某一个图标的固定，只需要在“开始”屏幕中该快捷方式图标上右击，在弹出的快捷菜单中选择“从‘开始’屏幕取消固定”命令即可，如图2-2所示。

③ 在图2-1所示的“开始”菜单中，单击“#”或任何一个字母，可以打开“开始”菜单快速索引界面。在此界面上，如果字母高亮显示，则表示包含以此字母开头的应用程序，单击该字母，将快速定位到相应的“开始”菜单处。若字母显示为灰色，代表不包含以此字母开头的应用程序。

④ 单击电源图标，将会弹出子菜单，如图2-3所示，子菜单包括“睡眠”“关机”“重启”选项，若选择“关机”选项，计算机会执行快速关机命令；“重启”选项即重新启动，是使系统结束当前的所有会话，关闭系统，然后重新启动；“睡眠”选项是指使系统保持当前的

状态并进入低耗电状态，一般是当用户短时间不用计算机又不希望别人以自己的身份使用计算机时使用此命令。

图2-2　取消“开始”屏幕固定

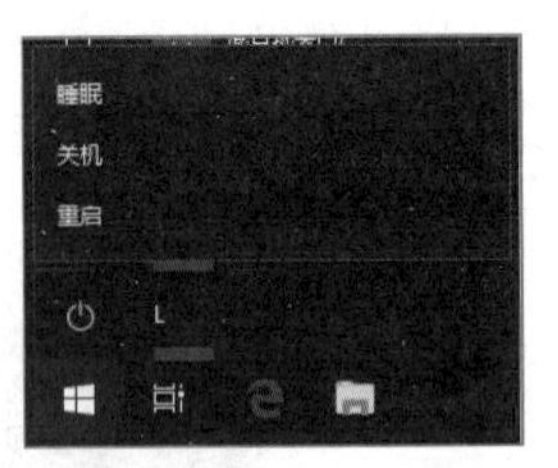

图2-3　“电源”子菜单

⑤ 单击选择文档图标，将打开系统当前登录用户的“文档”文件夹。

⑥ 单击选择图标，将打开图2-4所示的“Windows设置”界面。在此界面中有包括“系统”“设备”“网络和Internet”“个性化”“应用”“账户”“时间和语言”“更新和安全”等项目，可以对它们进行各种设置操作。

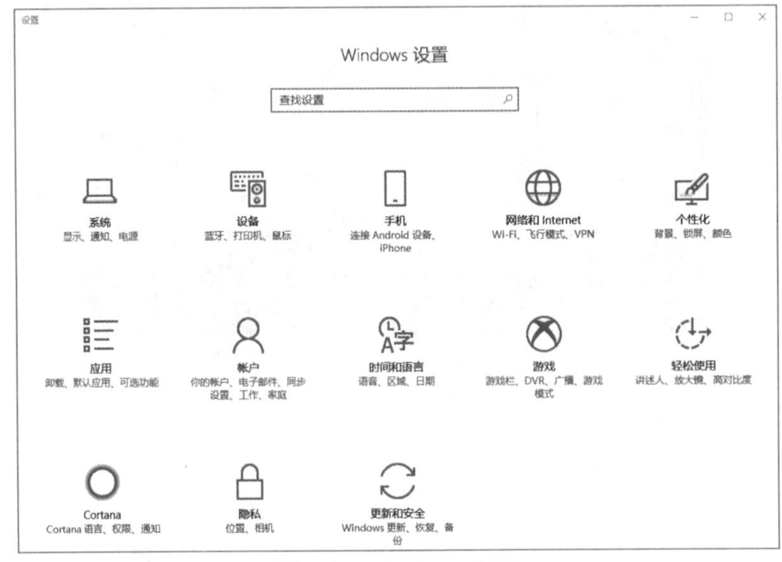

图2-4　Windows设置

3．任务栏的操作

（1）任务栏的切换

Windows 10系统具有多任务处理功能，可以同时打开多个窗口，运行多个应用程序。

① 在桌面上依次双击“此电脑”“回收站”“网络”图标，则Windows 10将打开三个不同的窗口并在任务栏上产生相应的按钮，类型相同的图标会折叠，如“此电脑”和“网络”会折叠为一个图标。

② 单击任务栏上某一个窗口的对应按钮，则该任务窗口会立即变为活动窗口。单击这些按钮，可以方便地在多个应用程序之间进行切换。

③ 按【Alt+Tab】键或【Alt+Esc】组合键，则多个被打开的窗口将循环转变为活动窗口。

（2）移动任务栏

将鼠标指针指向任务栏的空白区域，按住鼠标左键拖动任务栏，便可以将任务栏移动到屏幕的上、下、左、右位置。

（3）调整任务栏

按住鼠标左键拖动任务栏的边缘可改变任务栏的高度。

（4）设置任务栏

右击任务栏的空白区域，在弹出的快捷菜单中选择“任务栏设置”命令，将打开图2-5所示的任务栏设置窗口。

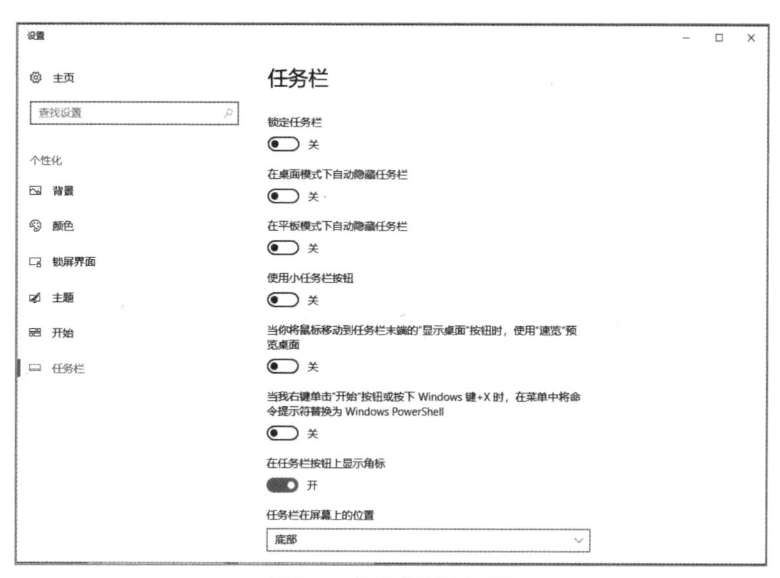

图2-5　任务栏设置窗口

窗口右侧可以看到许多关于任务栏的设置项目。可以根据自己的需要进行设置，下面对几个常用的设置项目进行说明。

① 任务栏外观类。

● 锁定任务栏：在进行日常计算机操作时，常会一不小心将任务栏“拖动”到屏幕的左侧或右侧，有时还会将任务栏的宽度拉伸并十分难以调整到原来的状态，为此，Windows添加了“锁定任务栏”这个选项，可以将任务栏锁定。

● 自动隐藏任务栏：Windows 10中，自动隐藏任务栏分为“桌面模式”和“平板模式”两类选项，可以根据设备的不同分别进行设置。在使用Windows时，有时需要的工作面积较大，隐藏屏幕下方的任务栏可以让桌面显得更大一些。勾选“自动隐藏任务栏”即可。以后想要打开任务栏，把鼠标指针移动到屏幕下边即可看到，否则不会显示任务栏。

● 使用小任务栏按钮：这是设置任务栏图标显示大小的一个可选项，方便用户自我调整，可根据自己需要进行调整，当需要在任务栏显示更多的图标时，可以打开此选项。

● 任务栏在屏幕上的位置：默认是在底部。可以单击选择靠左、靠右、顶部。如果是在任务栏未锁定状态下的话，拖动任务栏可直接将其拖动至桌面四侧。

● 合并任务栏按钮：有三个可选项，包括“始终合并按钮”“任务栏已满时”“从不”。

② 通知区域。在通知区域可以自定义通知区域中出现的图标和通知，单击“选择哪些图标显示在任务栏上”选项，会进入任务栏图标显示设置界面。可以选择打开“通知区域始终显示所有图标”中的开关，这样，在任务栏托盘中将显示所有的图标；当“通知区域始终

显示所有图标”开关关闭时，可以分别设置每种图标的显示与隐藏，若设置项的开关显示为“开”，则会在系统托盘显示该图标；若设置项显示为“关”，则不会显示该图标。

在“通知区域图标”窗口的下边有“打开或关闭系统图标”选项，单击该选项，可以通知区域显示时钟、电源等系统图标。

③ 多显示器设置。如果设备连接了多个显示器，可以通过设置“在所有显示器上显示任务栏”开关来确定是否在多个显示器上都显示任务栏。

（5）将桌面上的文件图标添加到任务栏

假设文件abc.bmp在桌面上，右击abc.bmp图标，在弹出的快捷菜单中选择“固定到任务栏”选项，即可在任务栏中看到该文件，如果想取消，用同样的方法，右击后选择“从任务栏取消固定”选项。

4．桌面图标的操作

（1）调整桌面上图标的位置

分别拖放“此电脑”“回收站”“网络”等图标至桌面其他位置。

（2）排列桌面上的图标

视频

Windows 10的基本操作2

在桌面的空白处右击，在弹出的快捷菜单中选择“排序方式”命令，在其下级菜单中，分别选择“名称”“大小”“项目类型”“修改时间”命令，观察桌面上的图标按要求重新排列的结果；或者在桌面的空白处右击，在弹出的快捷菜单中选择“查看”命令，在其下级菜单中选择“自动排列图标”命令，实现图标的自动排列。

5．窗口的基本操作

双击桌面上的“此电脑”图标，打开“此电脑”窗口（Windows 10“此电脑”窗口相当于早期Windows系统的“我的电脑”或“计算机”窗口，而且结构、布局、功能基本相同）。

（1）控制菜单的操作

单击窗口的左上角控制菜单图标可打开控制菜单，使用控制菜单命令可以改变窗口的尺寸，移动、放大、缩小和关闭窗口。双击该图标可直接关闭窗口。

（2）标题栏的操作

标题栏位于窗口最上方，拖动标题栏可以移动窗口的位置；双击标题栏可以使窗口最大化。

（3）窗口的最小化、最大化和还原操作

- 单击“最小化”按钮，窗口缩小为桌面上任务栏上的一个图标。
- 在任务栏上，单击“此电脑”图标，则窗口恢复到原来的大小。
- 单击“最大化”按钮，窗口最大化充满整个桌面。同时，“最大化”按钮变为“还原”按钮。
- 单击“还原”按钮，窗口大小恢复为最大化前的大小。

（4）窗口滚动的操作

当窗口无法显示所有内容时，可以使用滚动条查看当前窗口未显示出来的内容。水平滚动条使窗口内容左右滚动，垂直滚动条使窗口内容上下滚动。

（5）改变窗口的大小

- 用鼠标拖动窗口边框，可以任意改变窗口的大小。

● 用鼠标拖动窗口的四个角，可以改变窗口相邻边框的长度。

（6）关闭窗口

单击窗口右上角的关闭按钮，关闭“此电脑”窗口。

6．对话框的基本操作

Windows 10中默认已经不再使用“菜单”，所有操作以选项卡和图标方式显示在窗口顶部，被称之为“功能区”。单击“功能区”部分图标按钮，如单击“查看”选项卡中的“选项”按钮，会出现对话框。依次选择“查看”→“排序方式”或“分组依据”，在下拉菜单中选择“选择列”命令，将会打开“选择详细信息”对话框。对话框与窗口很相似，也有标题栏、控制菜单和关闭按钮。对话框是一种特殊的窗口，可以移动，但是不能改变大小，也没有菜单栏。对话框因实现功能不同而有一定的差异，对话框的常见操作如下：

① 用鼠标拖动对话框的标题栏可移动对话框。

② 下拉式列表框是一个单行列表，显示当前的选项。单击右边向下的箭头按钮，会出现一个下拉式列表，单击可选定需要的项目。

③ 单击选中某个单选按钮，该项前圆圈内将出现一个圆点标记：“●”，未被选中的项没有圆点标记。

④ 单击选中某个复选按钮，方框中将出现一个“ √ ”，再次单击该复选框，将会取消对该项的选择，方框中为空白。

⑤ 单击选项卡标签可在各选项卡之间切换。

⑥ 单击对话框右上角“关闭”按钮“×”，可关闭对话框。单击“确定”按钮，保存当前设置，并关闭对话框。单击“取消”按钮，取消当前设置，并关闭对话框。

7．“个性化”设置

单击“开始”→“设置”按钮，打开图2-4 所示的“Windows设置”窗口，单击“个性化”图标，打开“个性化”设置窗口，默认进入“背景”设置界面，如图2-6所示。“个性化”设置界面也可以在桌面上右击，选择“个性化”命令进入。在此窗口中可以实现对背景、颜色、锁屏界面、主题、字体、开始、任务栏的设置。

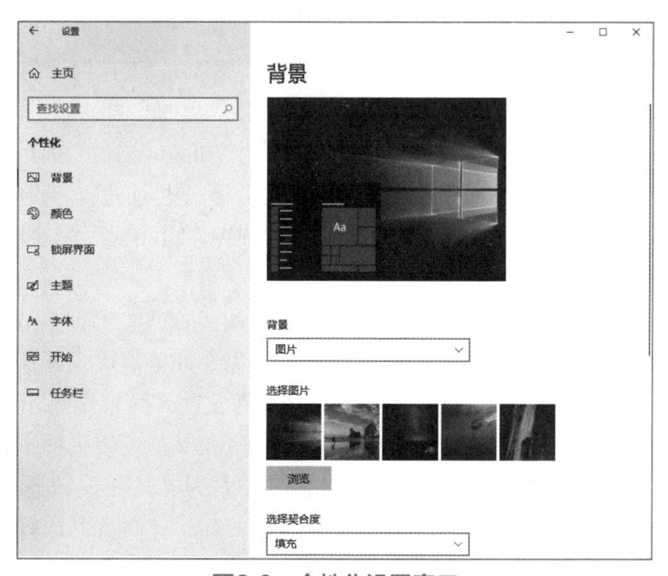

图2-6　个性化设置窗口

（1）更改“主题”

Windows桌面主题是背景加一组声音、图标以及只需要单击即可个性化设置用户的计算机元素。通俗地说，桌面主题就是不同风格的桌面背景、操作窗口、系统按钮，以及活动窗口和自定义颜色、字体等组合体。

在“主题”设置界面中，显示有多个可供选择的主题方案，可以选择具体的某个系统主题并应用。通过单击选中的主题，并选择“保存主题”，可以立刻更改桌面背景、窗口颜色、声音和鼠标光标。也可以将自己个性化的设置保存为主题或者单击“在Microsoft store获取更多主题”得到更多选项。

在“主题”设置界面中，选择“背景”和“颜色”，会进入“背景”和“颜色”个性化设置界面；选择“声音”，会打开“声音”设置对话框，可以对Windows默认的声音方案进行修改；选择“鼠标光标”，会打开“鼠标”属性设置对话框，可以对鼠标属性进行个性化设置。

在“主题”设置界面底部，还可以进行“桌面图标设置”“高对比度设置”“同步你的设置”等相关设置。其中“桌面图标设置”可以对桌面是否显示“计算机”“控制面板”“回收站”等系统应用图标进行设置，也可以对这些图标的样式进行修改。

（2）更改“桌面背景”

单击“背景”，可以进入“背景”设置窗口。如图2-6所示，在“背景”下可以选择桌面背景的展示方式，包括“图片”“纯色”“幻灯片放映”三种方式可选，默认为“图片”方式。

如果选择“图片”展示方式，将出现“选择图片”界面，显示五张预设的背景图片，可以单击选择图片，以更改桌面背景。如果不使用系统预设图片，也可以选择“浏览”，在对话框中选择指定的图像文件取代预设桌面背景。在“选择契合度”下拉列表中可以选择图片的显示方式，共有“填充”“适应”“拉伸”“平铺”“居中”“跨区”六种方式可供选择。如果选择“居中”，则桌面上的墙纸以原文件尺寸显示在屏幕中间；如果选择“平铺”，则墙纸以原文件尺寸铺满屏幕；如果选择“拉伸”，则墙纸拉伸至充满整个屏幕。

如果选择“纯色”展示方式，将会出现“选择你的背景色”界面，可以在系统预设的色板上选取颜色，也可以选择“自定义颜色”，打开背景颜色选取器，自己选定颜色，或者直接输入RGB数值以选定合适的颜色。

如果选择“幻灯片放映”展示方式，将会出现“为幻灯片选择相册”、“图片切换频率”、“无序播放”开关、“选择契合度”等操作选项。“幻灯片放映”即多种图片循环播放，其中“相册”即为存放有多张照片的文件夹，默认的文件夹为Windows 10，位于“C:\Windows\Web\Wallpaper\Windows 10”，如果要选择其他相册文件夹，单击“浏览”，选择文件夹即可；图片切换频率默认为30分钟，还可以修改为“1分钟”“10分钟”“1小时”“6小时”“1天”等；“选择契合度”与“图片”方式的选项完全一样。

（3）更改“窗口颜色和外观”

在图2-6所示的“个性化”设置界面中，选择“颜色”或单击“主题”下方的“颜色”按钮，可以进入“颜色”设置界面，如图2-7所示。颜色设置界面分别显示了“最近使用的颜色”、“Windows颜色”、“自定义颜色”、“透明效果”开关、“在以下页面上显示主题色”、“选择默认应用模式”等可供设置的选项。默认的颜色方案为“从我的背景自动选取一种主题色”，并开启“透明效果”。如果对自动选取的颜色不满意，我们可以选择使用系统自带的配色方案“Windows颜色”进行快速配置，也可以单击“自定义颜色”按钮，手动进行配置。

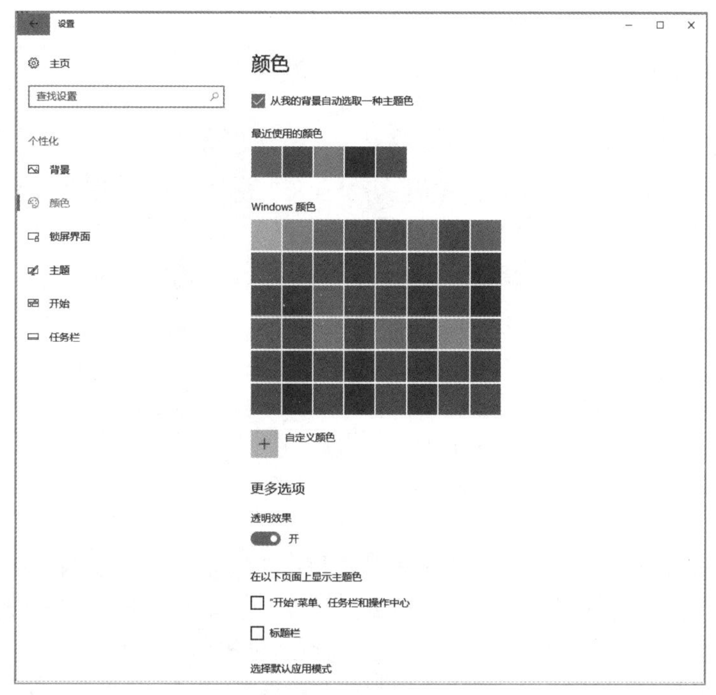

图2-7　颜色设置界面

（4）更改“锁屏界面”及“屏幕保护程序”

在图2-6所示的“个性化”设置界面中，选择“锁屏界面”，可以进入“锁屏界面”及“屏幕保护程序设置”界面。“锁屏界面”中背景设置可以选择“图片”“Windows聚焦”“幻灯片放映”三种方式，其操作与“背景”设置类似。在“锁屏界面”还可以设置“选择在锁屏界面上显示详细状态的应用”及“选择在锁屏界面上显示快速状态的应用”。单击“屏幕超时设置”，进入屏幕和睡眠设置界面，可以对各类时间进行设置。单击“屏幕保护程序设置”，进入屏幕保护程序设置界面，我们可以在“屏幕保护程序”下拉列表中，选择屏幕保护程序方案。另外，还可以进行电源管理，如设置关闭显示器时间、设置电源按钮的功能在恢复时显示登录屏幕等。

8．显示设置

选择“开始”→“设置”命令，打开图2-4 所示的“Windows设置”窗口，单击“系统”图标，打开与“系统”相关的各种参数的设置界面，默认进入“显示”设置窗口。“显示”设置界面也可以在桌面上右击，选择“显示设置”命令进入。在“显示”设置界面，可以“选择并重新排列多个显示器”，如果有多个显示器，可以对多个显示器进行标识、检测，如果需要更改排列顺序，只需要拖动屏幕图标即可；可以通过“缩放与布局”设置文本、应用等项目的大小，系统会推荐一个缩放比例，如果感觉不合适，可以在下拉列表中选择缩放比例或选择“自定义缩放”手动输入比例；在“分辨率”下拉列表中可以选择合适的分辨率；在“方向”下拉列表中可以选择“横向”“纵向”“横向（翻转）”“纵向（翻转）”；如果有多个显示器，还可以对多个显示器选择“复制这些显示器”“扩展这些显示器”“仅在1上显示”“仅在2上显示”等。此外，还可以选择“高级显示设置”对显示器的属性进行设置，选择“图形设置”可以更改图形性能首选项。

9. Windows组件安装及默认应用设置

① 单击“开始”→“设置”命令，打开图2-4所示的“Windows设置”窗口，单击“应用”图标，打开“应用和功能”管理窗口，在此窗口列举了系统中已经安装的各类应用程序（包括系统预置的各类应用程序和用户自行安装的应用程序），还可以对“应用安装”方式进行设置，可以“管理可选功能”“更改应用默认设置”等。单击右侧的“程序和功能”图标，打开“程序和功能”窗口，包括三个选项：“查看已安装的更新”“卸载或更改程序”“启用或关闭Windows功能”。单击“启用或关闭Windows功能”，出现“Windows功能”对话框，如图2-8所示，在对话框的列表项中显示了可用的Windows组件。此对话框也可以通过选择“控制面板”→“程序”→“程序和功能”进入。当将鼠标指针移动到某一功能上时，会显示所选功能的描述内容。勾选某一功能后，单击“确定”按钮即进行添加，如果取消组件的复选框，单击“确定”按钮，会将此组件从操作系统中删除。

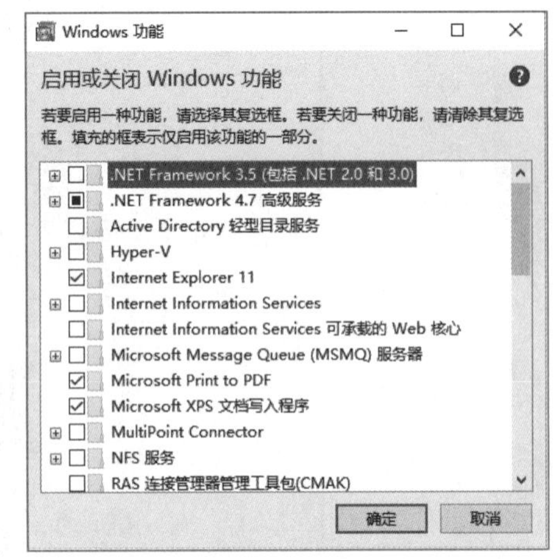

图2-8 “Windows功能”对话框

② 默认应用设置。在“应用和功能”窗口左侧的导航栏中选择“默认应用”，可以对系统中的电子邮件、地图、音乐播放器、照片查看器、视频播放器指定或修改默认应用程序。

10. 系统信息管理

在“控制面板”中单击“系统和安全”图标，在该窗口中再单击“系统”，进入“系统”窗口，如图2-9所示，此窗口显示了“Windows版本”信息、“系统”信息概要（包括处理器、内存、系统类型等）、“计算机名、域和工作组设置”及“Windows激活”信息。在窗口左侧导航栏选择“高级系统设置”，进入“系统属性”对话框。

图2-9 “系统”窗口

（1）更改计算机名

在“系统属性”对话框，单击“计算机名”选项卡，可以查看到完整的计算机名称及工作组或域的名称。单击“更改”可以更改“计算机名”、“工作组”或“域”。此对话框也可以在图2-9所示的窗口中，单击“计算机名、域和工作组设置”下方的“更改设置”进入。

（2）设备管理器

在“系统属性”对话框，单击“硬件”选项卡中的“设备管理器”按钮，打开“设备管理器”窗口，如图2-10所示。“设备管理器”窗口可以通过图2-9左侧的“设备管理器”选项进入。设备管理器列举了系统中所有的设备，如打开“网络适配器”折叠项，会显示出系统中所有的网络适配器的型号。

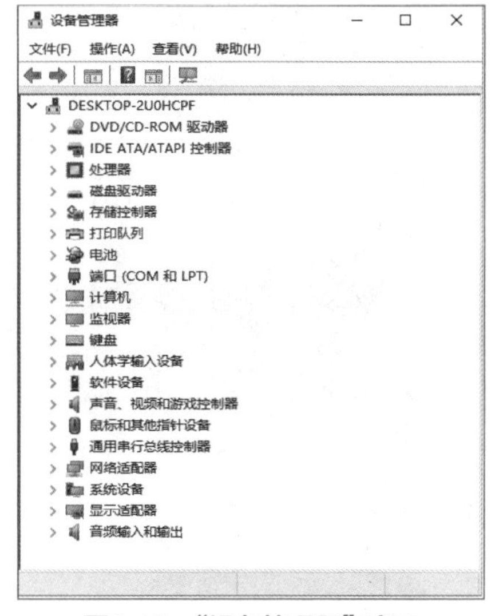

图2-10 “设备管理器”窗口

（3）高级设置

在“系统属性”对话框中选择“高级”选项卡，或者在图2-9左侧单击“高级系统设置”，进入高级系统设置对话框。在此对话框可以调整“性能”选项，单击“性能”下的“设置”，可以对“视觉效果”“高级”“数据执行保护”进行设置，其中“高级”选项卡可以设置系统的虚拟内存，以扩展系统的物理内存。“用户配置文件”是与登录账户相关的桌面的设置，“启动和故障恢复”用于设置系统启动时的参数及系统出现故障时的处理方式。“环境变量”用于设置系统运行时的“用户变量”和“系统变量”，一般无须调整。

（4）远程设置

在“系统属性”对话框中选择“远程”选项卡，进入远程信息设置界面，在此界面可以选择是否“允许远程协助这台计算机”，单击“高级”，还可以设置是否“允许此计算机被远程控制”、“邀请”保持时间等。

“远程桌面”选项中可以选择“不允许远程连接到此计算机”或“允许远程连接到此计算机”，如果选择了“允许”，远程用户将可以通过Windows中的“远程桌面”访问到本计算机进行操作，通过“选择用户”可以选定使用“远程桌面”特定用户。

需要说明的是，“远程”如果设置不当，对系统有一定的安全风险，需要谨慎设置。

11. 用户管理

在“控制面板”中，单击“用户账户”图标，进入“用户账户”窗口，再单击“用户账户”，进入“更改账户信息”界面，此界面可以“更改账户名称”“更改账户类型”“管理其他账户”“更改用户账户控制设置”等。单击“管理其他账户”，进入“账户管理”管理对话框，选择“在电脑设置中添加新用户”，进入图2-11所示的“账户”管理窗口，此窗口也可以通过“开始”→“设置”→“账户”→“家庭和其他用户”命令进入。

在图2-11所示界面中，依次选择“家庭和其他人员”→“将其他人添加到这台电脑”命令，在出现的向导界面上，系统会提示输入电子邮件或电话号码，按照这种方式添加的账户为“Microsoft账户”，此类账号必须联网才能登录。如果需要添加能够单机使用的本地工作账号，则不要输入电子邮件或电话号码，而是依次选择“我没有这个人的登录信息”→“添加一个没有Microsoft账户的用户”命令，即会出现“为这台电脑创建一个账户”界面，依次输入用户名、密码、安全问题等信息，按照向导提示即可完成一个新账户的创建。用户创建完成后，在图2-11所示的界面中将显示创建完成的用户名，单击用户，可以“更改账户类型”或“删除”，其中，更改账户类型有“标准账户”“管理员”两种选项。

如果不使用向导方式创建账号，可以通过右击桌面上的“此电脑”，依次选择“管理”→“本地用户和组”→“用户”命令，在出现的窗口空白处右击，选择“新用户”即可添加用户。

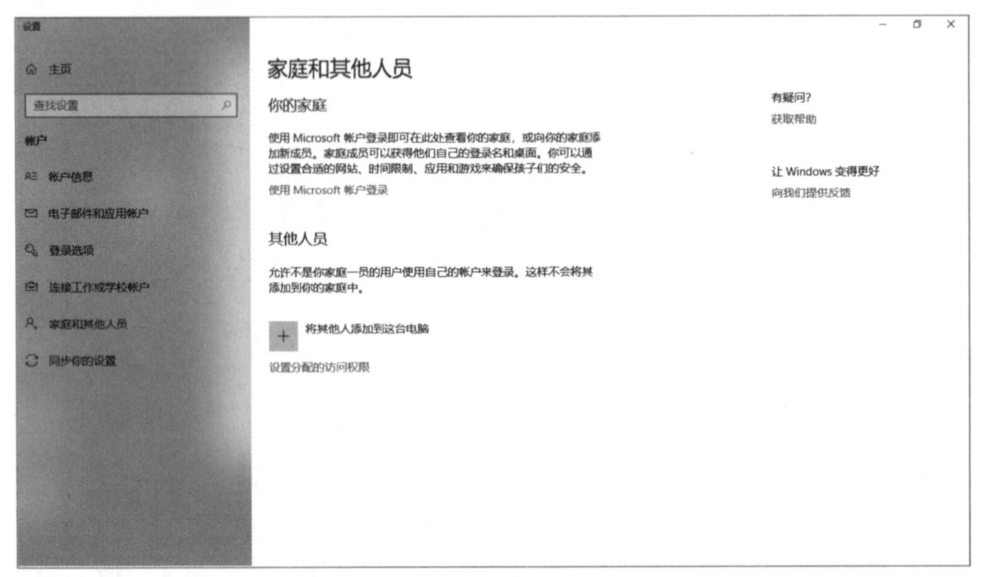

图2-11 “账户”管理窗口

四、思考与练习

① 如何利用“远程桌面”程序访问并控制远程计算机？

② 如何打开“命令提示符”？

③ 使用非向导方式创建用户时，如何更改账户的类型？

④ 设置任务栏，要求如下：

- 将任务栏移到屏幕的右边缘，再将任务栏移回原处。
- 改变任务栏的宽度。
- 取消任务栏上的时钟并设置任务栏为自动隐藏。
- 显示或隐藏任务栏上“快速启动”工具栏的文字。
- 在任务栏上调整工具栏的大小，或将它移动到任务栏上的其他位置。
- 在任务栏的右边区域显示“电源选项”图标。

⑤ 利用控制面板更改当前计算机的显示属性，如背景、屏幕保护及外观等。

⑥ 利用控制面板中的系统工具，查看并记录系统的相关信息，如完整的计算机名称、隶属于的域或工作组、网络适配器的型号。

⑦ 创建一个新的系统用户TEST，并授予其计算机管理员的权限。

⑧ 调整系统的日期和时间。

实验2.2　文件和文件夹管理

一、实验目的

◎熟练掌握Windows 10的“文件资源管理器”的使用。

◎熟练掌握Windows 10的几种文件管理功能。

视 频

文件和文件夹管理

二、实验环境

◎微型计算机。

◎Windows 10操作系统。

三、实验内容和步骤

1. 文件资源管理器的使用

（1）启动Windows 10文件资源管理器

启动Windows10文件资源管理器有三种方法：

① 依次单击“开始”→“文档”图标→“附件”命令，即可进入默认打开“文档”的“文件资源管理器”。

② 右击“开始”按钮，选择“文件资源管理器”命令。

③ 在桌面双击“此电脑”图标。

“文件资源管理器”主界面如图2-12所示，其中包括快速访问、桌面、OneDrive、“登录用户”、此电脑、库、网络、控制面板、回收站等分类。

（2）调整左、右两个子窗口的大小

移动鼠标指针到左右两个子窗口的分隔条上，当指针变为双箭头时拖动分隔条。

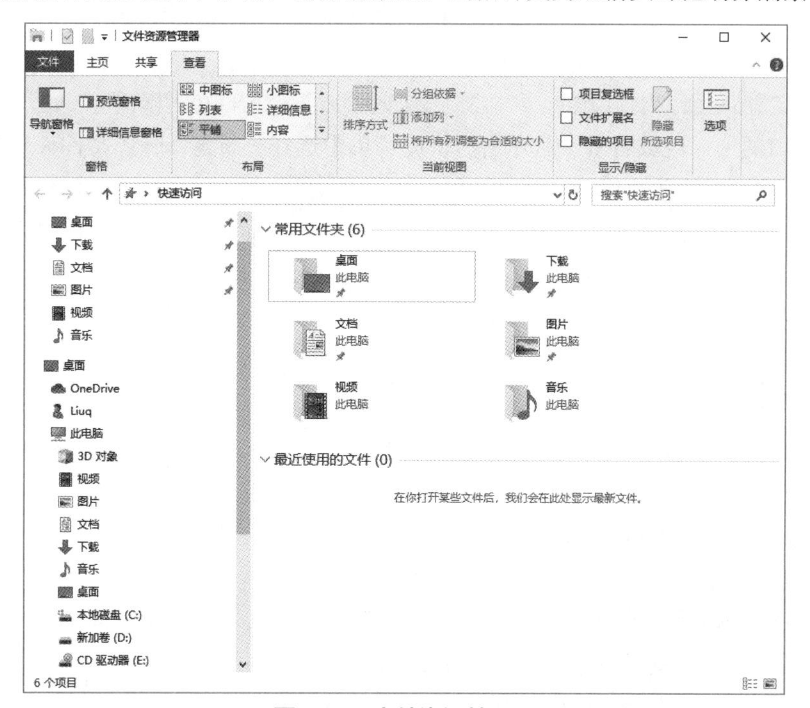

图2-12　文件资源管理器

（3）查看文件

① 通过“快速访问”查看文件。Windows 10中设置了“快速访问”区，打开Windows文件资源管理器看到的就是“快速访问”区，Windows 10中的“快速访问”区包括“桌面”“下载”“文档”“图片”“视频”“音乐”六种快速访问链接，单击某一个链接，会快速跳转到相应的文件夹。“快速访问”还会在右边的工作区列举“最近使用的文件”，选择某个文件可以快速打开文件。

② 通过“此电脑”子窗口查看文件。

③ 通过库查看文件。

从Windows 7开始，Windows提出了库的概念，打开Windows文件资源管理器，在左侧“此电脑”下可以看到库文件夹，Windows 10中的库为用户计算机磁盘中的文件提供统一的分类视图。用户可以不必记住哪一类的文件放在哪里，可以通过Windows 10提供的库快速查看文件。

以上②③方式中，在左边的子窗口中，前面有“ > ”的文件夹表示该文件夹内还含有子文件夹，单击“ > ”或双击文件夹分类图标可以展开该文件夹；前面有“ ⌄ ”的文件夹表示该文件夹已经展开，单击“ ⌄ ”或双击文件夹分类图标可以折叠该文件夹。

（4）更改视图

单击Windows文件资源管理器窗口上方的“查看”选项卡，单击“布局”区域选择相应的图标，可以更改视图。

（5）关闭文件资源管理器

单击文件资源管理器窗口右上角的“关闭”按钮。

2．建立新文件夹

在D盘的根目录下按照图2-13所示结构创建相应的文件夹。

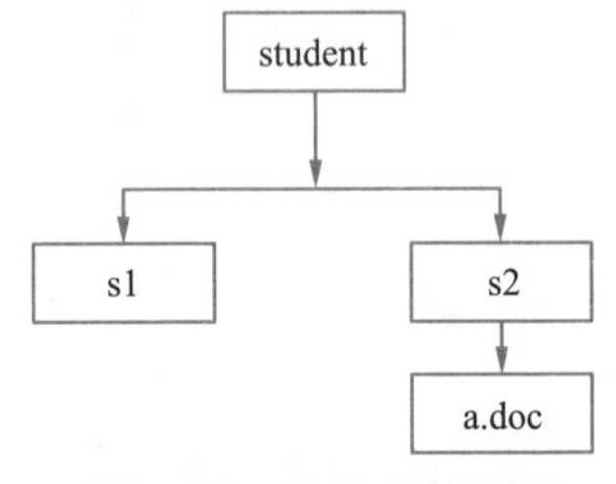

图2-13　文件夹结构图

① 依次双击桌面上“此电脑”→“本地磁盘（D:）”，打开D盘驱动器。

② 在窗口的空白区域右击，从弹出的快捷菜单中选择“新建”→“文件夹”命令，建立一个临时文件夹，名字为“新建文件夹”。

③ 右击“新建文件夹”，从弹出的快捷菜单中选择“重命名”命令，这时文件夹中的名称框成蓝色光标闪烁状态，直接输入名字student后按【Enter】键。

注意：

建议在做实验时，以“班级名_学号后两位_自己名字”作为文件夹名。

④ 双击打开student文件夹，按以上的步骤在该文件夹中建立名为s1和s2的两个子文件夹，最后在s2文件夹下建立名为a.doc的子文件。

3．查找计算机中的文件或文件夹

查找硬盘上的名字为WelcomeScan.jpg的文件。

① 在Windows文件资源管理器或进入“此电脑”窗口，在其右上角的搜索框中输入查询关键字，在输入关键字的同时系统开始进行搜索，进度条中显示搜索的进度。

② 在窗口的左端可以选择搜索的范围：此电脑（表示整个计算机）、C盘、D盘等，也可

以选择具体的文件夹进行搜索。

③ 通过单击搜索框启动“搜索工具”选项卡，如图2-14所示，此选项卡可以设置搜索位置、修改日期、类型、大小、名称、文件夹路径、标记等，应用这些设置项目可以提高搜索精度。

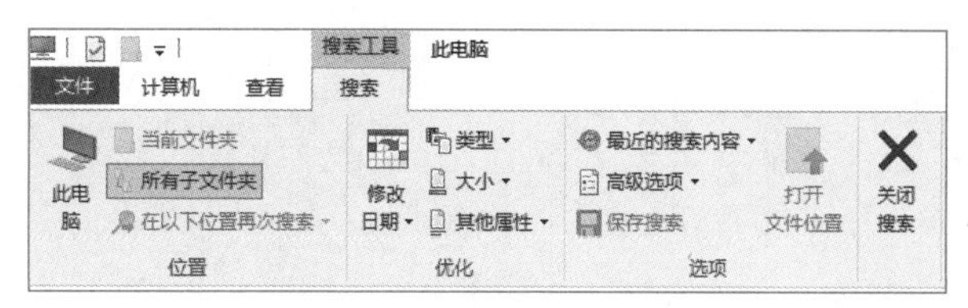

图2-14　“搜索工具”选项卡

例如，查找计算机中的上星期内被修改过的、大小不超过100 KB的GIF图像文件。具体操作：单击搜索框，在“搜索工具”选项下单击“修改日期”按钮，选择下拉列表中的“上周”，然后单击“搜索工具”选项下的“大小”，选择下拉列表中的“小（10～100 KB）”，再在搜索框中输入“.gif”，符合条件的搜索结果同时就会出现。

4．对计算机中的文件或文件夹进行模糊查找

在Windows系统中可以使用通配符“*”和“？”进行模糊查找。其中，“*”表示任意多个字符，“？”表示任意一个字符。例如，在左边子窗口中选择搜索范围，然后在搜索框中直接输入“?t*.*”，符合条件的搜索结果就会出现。

5．文件的复制

将查找到的WelcomeScan.jpg的文件复制到刚刚建立的D:\student\s2文件夹中。

方法一：

① 在“搜索结果”窗口中选中WelcomeScan.jpg文件，选择“主页”选项卡中的“复制”按钮。“主页”选项卡如图2-15所示。

② 双击桌面上“此电脑”→“本地磁盘（D:）”，打开D盘驱动器。

③ 双击“student”文件夹→“s2”子文件夹，打开s2子文件夹。

④ 选择“主页”选项卡中的“粘贴”按钮，即可完成复制。

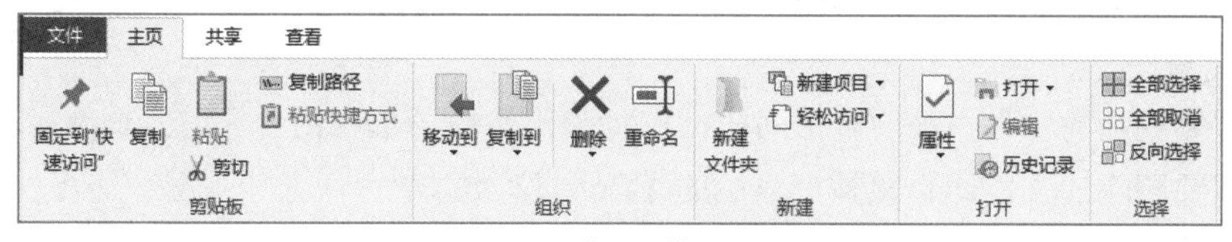

图2-15　“主页”选项卡

方法二：

① 右击“搜索结果”窗口中的WelcomeScan.jpg文件，在弹出的快捷菜单中选择“复制”命令。

② 右击“开始”按钮，在弹出的快捷菜单中选择“文件资源管理器”命令，打开文件资源管理器窗口。

③ 在文件资源管理器左子窗框中找到“D:\student\s2”文件夹，打开该文件夹。

④ 在文件资源管理器右子窗框中右击，在弹出的快捷菜单中选择“粘贴”命令。

方法三：

① 在“搜索结果”窗口中选中WelcomeScan.jpg文件，依次选择“主页”选项卡的“复制到”→“选择位置”命令，如果在下拉列表中存在目标文件夹，则选择此文件夹即可。

② 在打开的“复制项目”对话框中的“文件夹”文本框中输入“D:\student\s2”或者在树状目录中直接选择目标文件夹。

③ 单击“复制”按钮，完成文件的复制。

6. 文件的移动

方法一：

① 双击桌面上的“此电脑”图标，进入“此电脑”窗口，再双击“本地磁盘（D:）”，在D盘中选中具体的某个文件夹，再选择其中一个文件，如“样本.doc”文件，单击“主页”选项卡中的“剪切”按钮。

② 通过文件资源管理器选择移动到的目标文件夹，单击“主页”选项卡中的“粘贴”按钮，则“样本.doc”文件从刚才的文件夹移动到了目标文件夹。

方法二：

① 选择要移动的文件，右击文件，在弹出的快捷菜单中选择“剪切”命令。

② 进入目标文件夹，在空白处右击，在弹出的菜单中选择“粘贴”命令，则完成了文件的移动。

方法三：

① 选择要移动的文件，单击“主页”选项卡的“移动到”按钮，在下拉列表中选择推荐的位置，或者选择“选择位置”命令。

② 在打开的“移动项目”对话框中的“文件夹”文本框中输入目标文件夹路径或者直接在树状目录中选择目标文件夹。

③ 单击“移动”按钮，完成文件的移动。

7. 文件的删除及回收站

（1）删除文件

删除文件主要有以下几种操作方法：

- 选定要删除的文件，例如桌面上的“样本.doc”文件，在“主页”选项卡中单击“删除”按钮。
- 选定要删除的文件，在文件上右击，选择弹出快捷菜单中的“删除”命令。
- 选定要删除的文件，直接按键盘上的【Delete】键。

按以上三种方法删除后，文件将被暂时存放在回收站。

（2）永久性地删除文件

按住【Shift】键，按“（1）删除文件”中的任意一种方法操作，将出现“确实要永久地删除此文件吗？”系统提示框，选择“是”即可。按照这种方式删除的文件不会进回收站，而是直接删除了。

（3）回收站的相关操作

双击桌面上的“回收站”图标，打开“回收站”窗口，同时顶部会加载“回收站工具”选项卡，如图2-16所示。

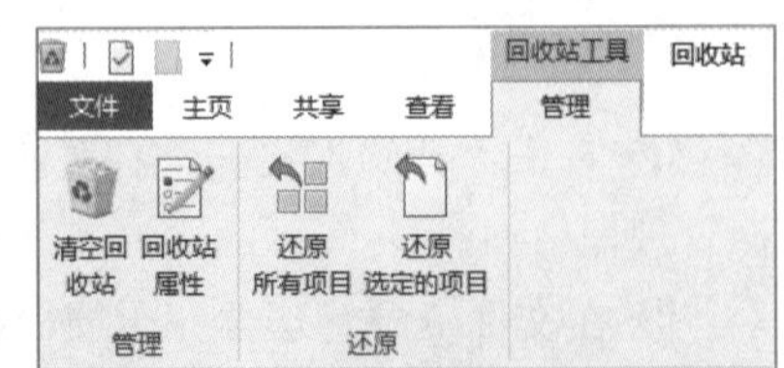

图2-16 “回收站工具”选项卡

● 选择“样本.doc”文件，单击“回收站工具”选项卡中的“还原选定的项目”按钮或者在“样本.doc”上右击，选择“还原”命令，将把文件移至原来的位置。

● 单击“回收站工具”选项卡中的“还原所有项目”命令，将恢复所有被删除的文件。

● 选择“回收站工具”选项卡中的“清空回收站”或者在回收站空白处右击，选择“清空回收站”命令，将把文件从计算机中彻底删除。

8．显示文件或文件夹

① 双击“此电脑”图标，进入窗口，选择“查看”选项卡。

● 单击“大图标”，图标以大图标方式显示，图标的下面是文字。

● 单击“小图标”，图标以小图标方式显示，图标的旁边是文字。

● 单击“列表”，图标以列表方式显示，图标以从上到下，从左向右的顺序排列。

● 单击“详细信息”，显示各种文件或文件夹的详细信息，对于驱动器，将显示其名称、类型、总大小和可用空间；对于文件和文件夹，将显示其名称、大小、修改日期和类型。单击列标题（名称、大小、修改日期和类型），可以按列标题的升序排列文件，再次单击列标题则以降序排列文件。

② 选择“查看”选项卡，单击“排序方式”，出现子菜单。

● 单击“名称”，图标根据文件名排列。

● 单击“修改日期”，图标根据文件最近的创建和修改时间排列。

● 单击“类型”，图标根据文件类型排列。

● 单击“大小”，图标根据文件的大小排列。

● 单击“递增”，图标根据文件名称进行升序排列。

● 单击“递减”，图标根据文件名称进行降序排列。

● 单击“选择列”，可以对文件的排列方式进行更详细的设置。

9．文件夹属性的设置或更改

修改D盘student文件夹的属性，将student文件夹设置为“只读”属性。

① 选中在D盘上建立的student文件夹，右击，在弹出的快捷菜单中选择“属性”命令。

② 在弹出的“属性”窗口中选择“常规”选项卡，如图2-17所示，在“只读”“隐藏”两种属性的复选框中选择将要设置或更改的文件夹属性。单击“只读”复选框，复选框中显示“√”。

③ 单击“确定”按钮。

注意：

如果要更换文件夹的属性，则先单击以前的属性框，将“√”去掉后，再选择另外的属性。

④ 将student文件夹设置为非“只读”属性。按①②③步骤，将D盘student文件夹的“只读”属性去掉。

注意：

如果要设置文件夹的“存档”属性、“压缩或加密属性”，则需要在“常规”选项卡中单击“高级”按钮。

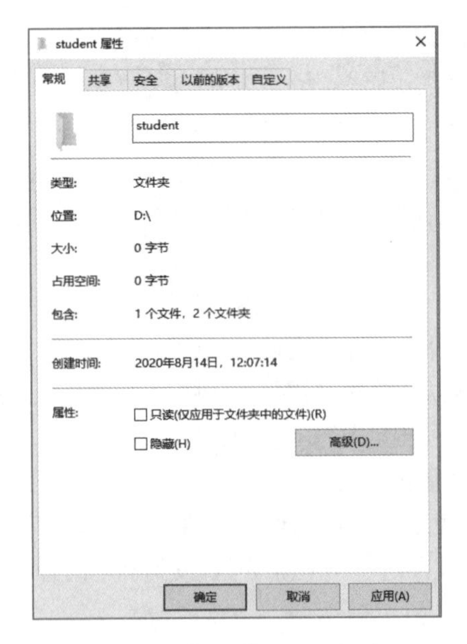

图2-17 “属性”设置对话框

10. 文件夹选项的设置

（1）显示/隐藏文件的扩展名

● 双击桌面上“此电脑”图标，打开“文件资源管理器”，单击“查看”选项卡，如图2-18所示，在“显示/隐藏”组中勾选“文件扩展名”，如果文件夹前的复选框显示“√”，则代表将显示所有文件的扩展名。将“√”去掉后，将隐藏文件的扩展名。

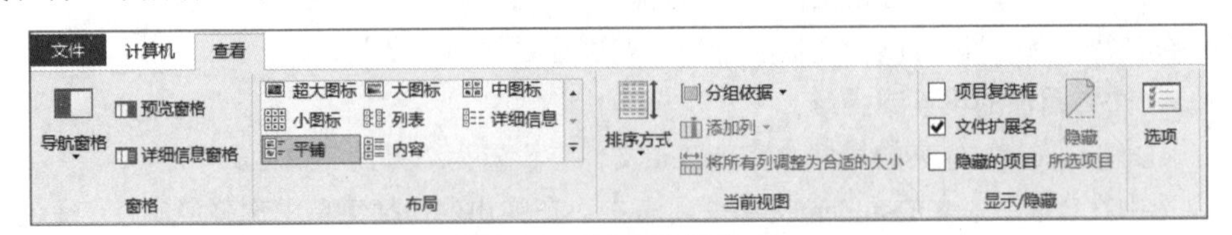

图2-18 “查看”选项卡

● 显示文件的扩展名也可以选择“查看”选项卡中“显示/隐藏”组中的“选项”，打开图2-19所示的“文件夹选项”对话框。选择“查看”选项卡，在“高级设置”中取消勾选“隐藏已知文件类型的扩展名”复选框，即会显示文件的扩展名。如果要隐藏文件的扩展名，则勾选此项即可。

（2）显示/隐藏文件/文件夹

Windows中部分系统文件和文件夹默认是隐藏的，有时候为了管理需要，可能需要取消隐藏，文件或文件夹显示或隐藏的操作方法如下：

● 在图2-18所示的“查看”选项卡“显示/隐藏”组中勾选“隐藏的项目”复选框，将会把隐藏的文件（将文件或文件夹的属性设置为了“隐藏”）显示出来，具有隐藏属性的文件夹将以图标半透明的方式显示出来。取消勾选“隐藏的项目”复选框，则具有隐藏属性的文件或文件夹将不再显示出来。

● 在图2-19所示的“文件夹选项”对话框中的“高级设置”列表中选中“显示隐藏的文

件、文件夹和驱动器”，则会显示具有隐藏属性的文件或文件夹，若选中“不显示隐藏的文件、文件夹和驱动器”，则不再显示。

● 如果要显示操作系统文件，则在图2-19所示的对话框中，在“高级设置”中取消勾选“隐藏受保护的操作系统文件（推荐）”；如果要隐藏操作系统文件，则勾选“隐藏受保护的操作系统文件（推荐）”。

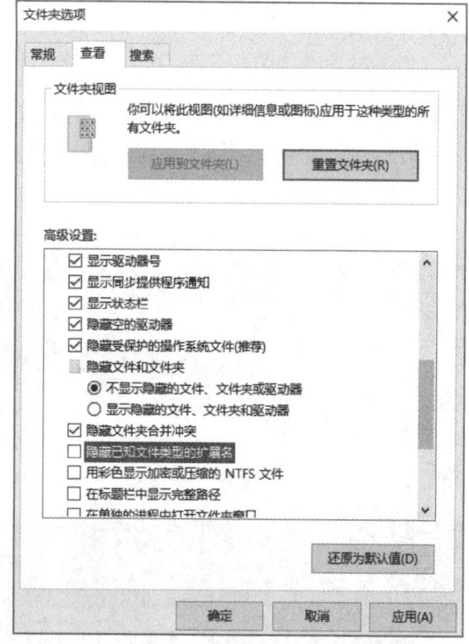

图2-19 “文件夹选项”对话框

四、思考与练习

① 在桌面上新建一个文件夹，命名为UserTest，再在其中新建2个子文件夹user1、user2。

② 更改子文件夹user2名称为UserTemp。

③ 格式化一个U盘，并在盘中创建一个文件夹，也命名为“UserTest”。

④ 利用记事本或写字板编辑一个文档，在文档中练习输入汉字，输入约有500个汉字、500个英文字符的文章，以wd1命名保存在桌面的UserTest文件夹中。

⑤ 将桌面上的UserTest文件夹中的文件和子文件夹复制到U盘中。

⑥ 完成以上操作后，将桌面的UserTest子文件夹设置只读属性。

⑦ 删除子文件夹User1和UserTemp中的文件wd2和wd3，再练习从“回收站”将wd3文件还原。

⑧ 删除桌面上的UserTest文件夹。

实验2.3　Windows 10 的安装

一、实验目的

◎掌握Windows 10的安装过程。

◎了解各种操作系统的安装方法。

二、实验环境

◎微型计算机。

◎Windows 10操作系统安装光盘。

三、实验内容和步骤

Windows 10的安装方式有两种：升级安装和全新安装。升级安装是指可在以前版本的Windows操作系统的基础上升级到Windows 10。

以下的实例是Windows10的全新安装。

1. 安装程序

① 在BIOS中设置好启动顺序，在开机状态下放入存放有Windows10安装程序的光盘或可启动U盘使其自动运行，当屏幕出现“Press any key to boot from CD or DVD……”时，按任意键，计算机将开始加载安装程序文件。

② 安装程序文件加载完成后出现Windows 10安装界面，如图2-20所示。建议将键盘和输入方法修改为“中文（简体）-美式键盘”。

③ 在图2-20所示界面中单击“下一步”按钮，开始安装Windows，进入图2-21所示的界面。单击“现在安装”按钮开始安装Windows，之后会出现“输入产品密钥以激活Windows”的提示，如果之前升级过Windows10系统，或者暂时不想激活Windows，则直接选择“跳过”，如果购买了Windows 10系统，可以直接输入该密钥，然后单击“下一步”按钮。

图2-20　Windows安装时“输入语言和其他首选项”设置界面

图2-21　Windows 安装界面

④ 输入了激活密钥或跳过激活步骤后，安装程序会提示“正在启动”，稍后进入图2-22所示的操作系统版本选择界面，这里需要选择正确的版本（与激活密钥匹配的版本）。本次安装以安装“Windows 10 专业版”操作系统为例，因此这里选择“Windows 10 专业版”并单击“下一步”按钮，进入如图2-23所示的界面。

⑤ 选中“我接受许可条款”复选框，接着单击“下一步”按钮。

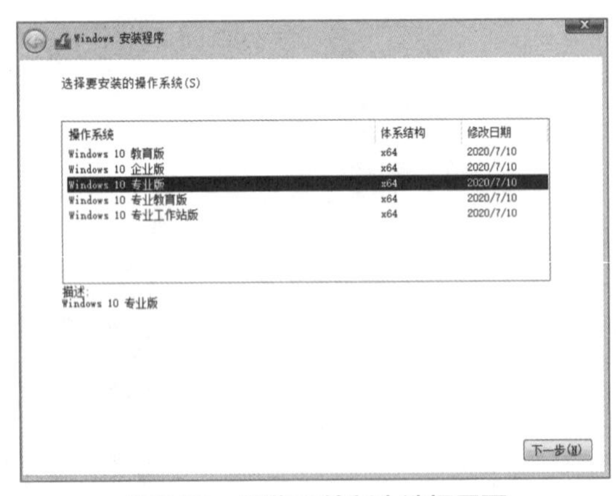

图2-22　操作系统版本选择界面

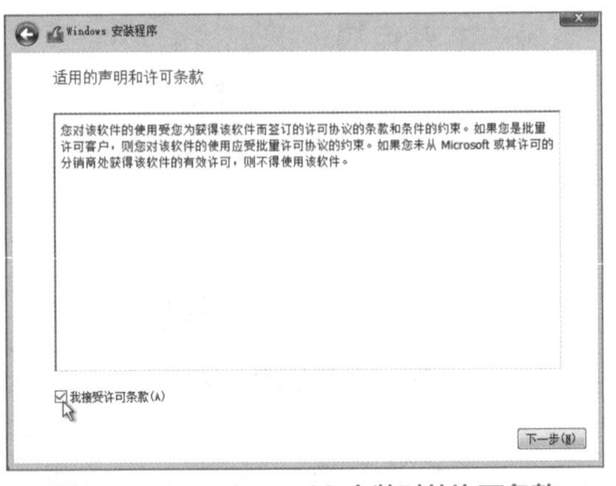

图2-23　Windows 10 安装时的许可条款

⑥ 弹出图2-24所示的安装类型选择界面，因为这里不是升级，所以选择“自定义：仅安装Windows（高级）”选项。

⑦ 弹出图2-25所示的安装位置选择界面，在这里选择安装系统的分区，如果要对硬盘进行分区或格式化操作，可首先选中驱动器，然后根据需要单击“新建”“格式化”等驱动器操

作选项。

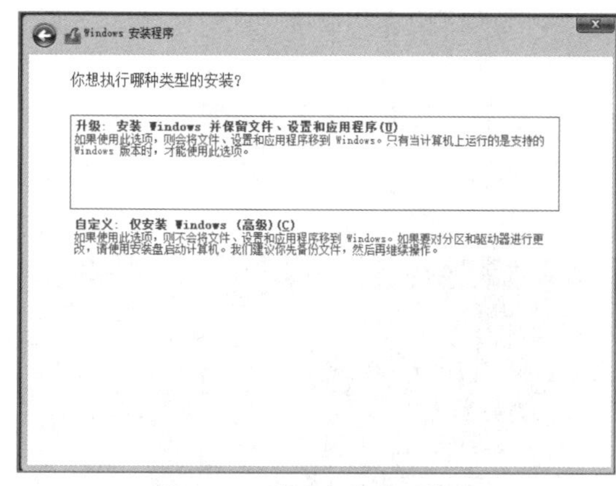

图2-24　选择安装类型窗口

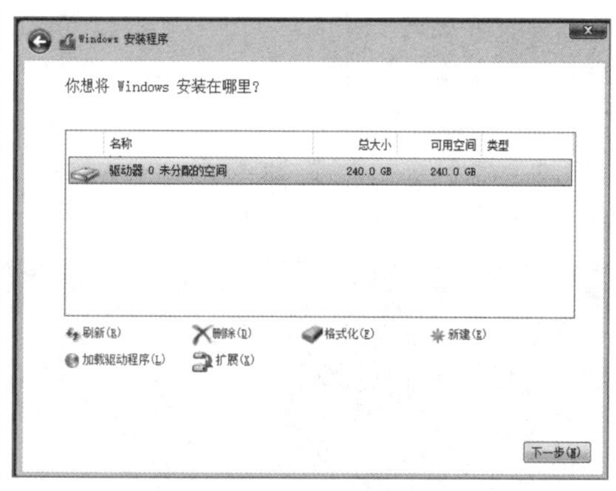

图2-25　选择安装位置

⑧ 如果是新硬盘，可以首先对硬盘进行分区。此时单击“新建”按钮，在下端出现的“大小”列表中输入容量，一般Windows 10系统盘（即常说的C盘）需要40～60 GB左右的空间即可，也就是40 000～60 000 MB，输入完后单击“应用”按钮即可。如果有提示“若要确保Windows的所有功能都能正常使用，Windows可能要为系统文件创建额外的分区”，只需单击“确定”按钮即可，系统将创建一个100 MB左右的“系统分区”和16 MB的“MSR（保留）”分区（其他分区创建方法相同，只需分配想要的容量大小即可）。

⑨ 分区和格式化操作完成后，单击类型为“主分区”的那一栏，然后单击“下一步”按钮，进入安装Windows界面，Windows 10开始自动安装，如图2-26所示。在安装期间，计算机会重启数次。

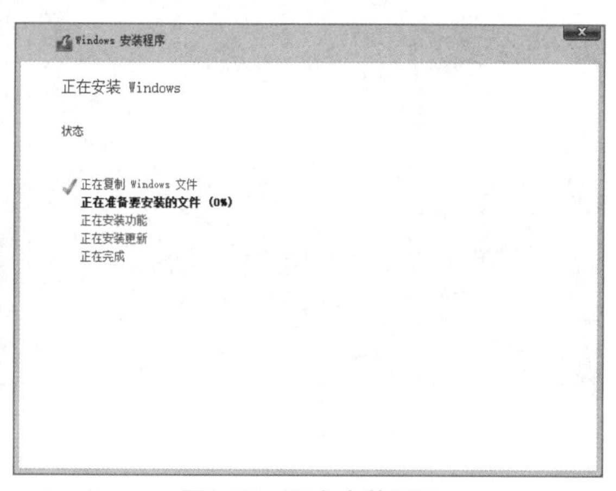

图2-26　正在安装界面

⑩ 安装完成后，还是需要重新启动。开始更新注册表设置、启动服务、准备设备等，然后进入最后的完成安装阶段。进入图2-27所示的界面，设置所在区域，选定后，单击“是”按钮，进入选择键盘布局界面，选择“微软拼音”或“微软五笔”，单击“是”按钮，进入下一步，安装程序会提示“是否想要添加第二种键盘布局？”，如果无须添加，则单击“跳过”按钮；如果需要添加，则选择“添加布局”，这里选择“跳过”，进入等待“网络”自动设置界面，默认是通过有线网络连接互联网，如果未检测到有线网络，将提示进行设置或选择无线网络。等待网络设置完毕，将进入账户设置界面，如图2-28所示。

⑪ 图2-28为账户设置方式选择界面，在这里选择“针对个人使用进行设置”，然后单击“下一步”按钮，进入图2-29所示的界面。安装程序默认要求用户设置“Microsoft 账号”，如果建立此类账号，必须联网方可登录，这里选择左下角的“脱机账户”后进入下一步，在出现的界面左下角选择“有限的体验”，之后将进入图2-30所示的创建账户界面。

⑫ 图2-30为创建新账户界面，这里输入用户名“HUTJsj”，接着单击“下一步”按钮，将

提示输入“密码”“确认密码”“为此账户创建安全问题”等，按照向导提示操作即可。如果这里不设置密码（留空），则在密码设置界面，直接单击“下一步”按钮，以后计算机启动时就不会出现输入密码的提示，而是直接进入系统。

⑬ 账户创建完毕，将进入“为你的设备选择隐私设置”界面，如图2-31所示，可根据自己的实际情况进行设置，如果选择默认设置，直接单击右下角的“接受”按钮即可，后续安装步骤根据向导提示，选择相应的选项即可。

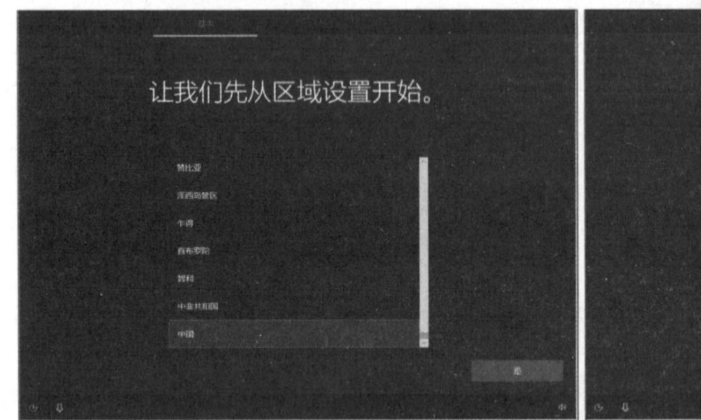

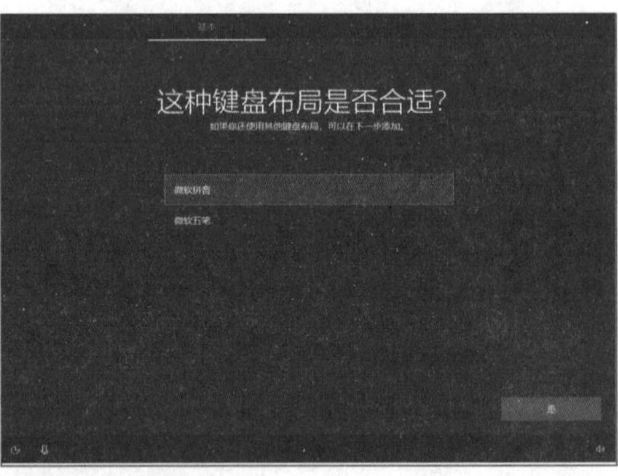

图2-27　区域设置及键盘布局设置

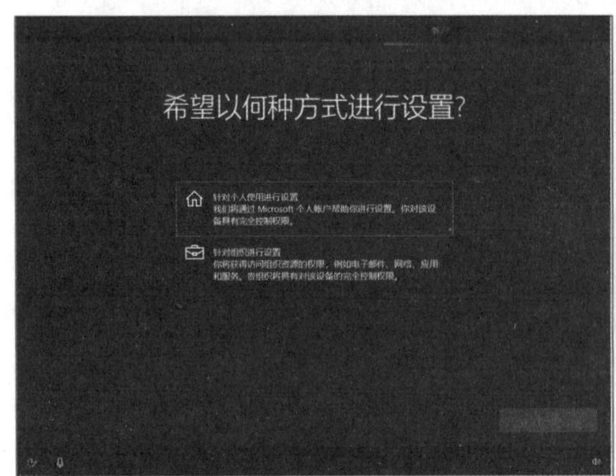

图2-28　账户设置方式

图2-29　创建账户界面

图2-30　创建新账户界面

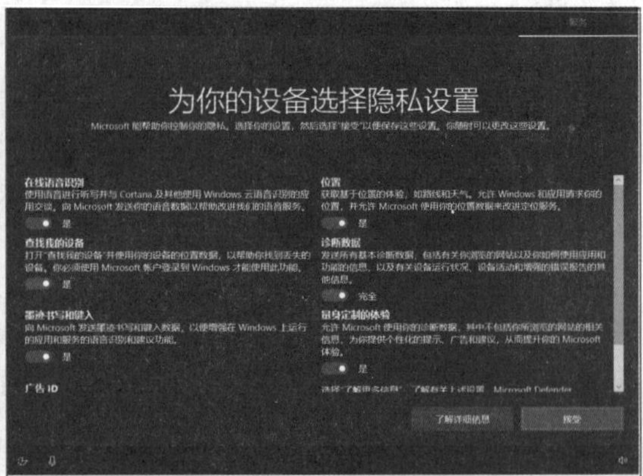

图2-31　隐私设置界面

⑭ 经过一段时间的等待，系统安装完成，进入图2-32所示的初始化界面。

⑮ 此时的Windows如果还没有激活，将只能使用基本功能，不能进行各类个性化设置，进入个性化设置时，会提示“激活Windows”，连接互联网，输入激活密钥，即可完成Windows的激活。激活Windows后，如果要调整桌面的图标、显示设置等，只需要按照实验2.1的操作步骤完成设置即可。

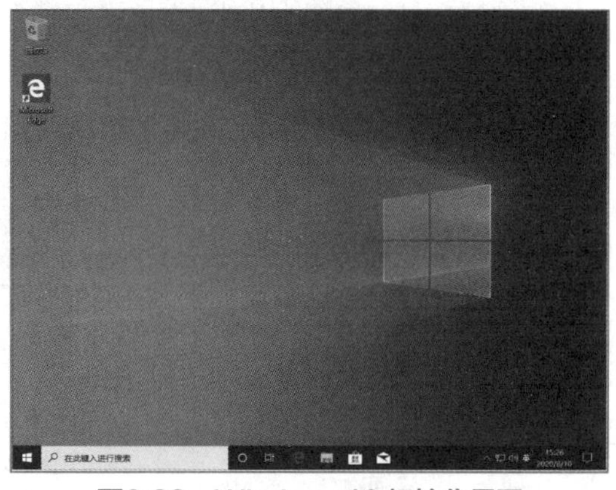

图2-32　Windows10 初始化界面

四、思考与练习

① 总结安装操作系统的步骤。

② 如果假设在同一计算机上安装多个操作系统，应该如何安装？

③ 使用Windows10自带的Hyper-V管理器或VMware Workstation虚拟机管理软件在计算机上安装Windows或Ubuntu Linux操作系统。

实验2.4　银河麒麟操作系统的安装

一、实验目的

◎掌握银河麒麟操作系统V10的安装过程。

◎了解各种操作系统的安装方法。

二、实验环境

◎微型计算机。

◎操作系统安装光盘或安装程序ISO文件。

三、实验内容和步骤

1．银河麒麟操作系统版本介绍

银河麒麟操作系统分为服务器版本、桌面版本、嵌入式操作系统、麒麟容器云系统以及开源社区版本优麒麟等。

银河麒麟桌面操作系统V10是新一代面向桌面应用的图形化桌面操作系统，面向国产软硬件平台开展了大量优化的简单易用、稳定高效、安全创新的操作系统产品。

银河麒麟容器云是基于Kubernetes构建的以应用为中心的面向政务、企业及行业用户的分布式容器云平台。

优麒麟是由中国CCN（CSIP、Canonical、NUDT三方联合组建）开源创新联合实验室与麒麟软件有限公司主导开发的全球开源项目，其宗旨是通过研发用户友好的桌面环境以及特定需求的应用软件，为全球Linux桌面用户带来非凡的体验。2020年4月23日，优麒麟开源操作系统20.04 LTS版本（代号FocalFossa）正式发布，搭载最新的Linux 5.4内核和全新的UKUI 3.0桌面环境预览版，同时支持x86和 ARM64体系结构，进一步优化提升4K高清屏显示效果和应用组件稳定性，新增麒麟云账户功能，统一麒麟各平台身份认证，并提供用户常用配置云端同步功能。

银河麒麟操作系统V10的最低配置与推荐配置见表2-1，本实验以银河麒麟桌面操作系统V10为蓝本进行介绍。

表2-1　银河麒麟操作系统V10 的最低配置与推荐配置

版本形态	最小内存	推荐内存	最小硬盘空间	推荐硬盘空间
桌面系统 飞腾平台	2 GB	4 GB以上	10 GB（安装不选备份还原） 20 GB（安装时选择备份还原）	20 GB（安装不选备份还原） 40 GB（安装时选择备份还原）
桌面系统 海光平台	2 GB	4 GB以上	10 GB（安装不选备份还原） 20 GB（安装时选择备份还原）	20 GB（安装不选备份还原） 40 GB（安装时选择备份还原）
桌面系统 鲲鹏平台	2 GB	4 GB以上	10 GB（安装不选备份还原） 20 GB（安装时选择备份还原）	20 GB（安装不选备份还原） 40 GB（安装时选择备份还原）
桌面系统 龙芯平台	2 GB	4 GB以上	10 GB（安装不选备份还原） 20 GB（安装时选择备份还原）	20 GB（安装不选备份还原） 40 GB（安装时选择备份还原）
桌面系统 兆芯平台	2 GB	4 GB以上	10 GB（安装不选备份还原） 20 GB（安装时选择备份还原）	20 GB（安装不选备份还原） 40 GB（安装时选择备份还原）

银河麒麟操作系统的安装主要分为三步，即安装准备、启动引导及安装系统，在安装系统时，可以选择高级安装功能进行更为详细的配置。

2. 安装准备

在安装前，需要做相应的准备以便后续操作顺利进行，可分为以下几步：

① 准备好安装光盘或安装U盘及操作系统安装ISO包。

② 检查硬件兼容性。银河麒麟桌面操作系统具有良好的兼容性，可以与多数硬件进行兼容。但是由于硬件技术规范频繁改动，很难保证百分之百地兼容硬件。

③ 备份数据。安装系统之前，一定先将硬盘上的重要数据备份到其他存储设备中，如移动硬盘、U盘等。

④ 硬盘分区。一块硬盘可以被划分为多个分区，分区之间是相互独立的，访问不同的分区如同访问不同的硬盘。一块硬盘最多可以有四个主分区，如需在一块硬盘上划分更多的分区，就需要把分区类型设置为逻辑分区。

3. 启动引导

启动引导需要插入安装U盘，或者将安装光盘放入光驱中，重启计算机。根据固件启动时的提示，进入固件管理界面，选择从USB或光驱启动。启动后进入“启动引导”界面，如图2-33所示。

图2-33　银河麒麟操作系统“启动引导”界面

4. 系统安装

（1）开始安装系统

在图2-33所示“启动引导”界面中，选择“试用银河麒麟操作系统而不安装”选项，可进入Live系统界面进行试用，试用完毕后双击“安装Kylin”图标进行系统安装，如图2-34所示。也可以直接在“启动引导”界面中选择“安装银河麒麟操作系统”选项进行系统安装。

然后进入“选择语言”界面选择语言，如图2-35所示。

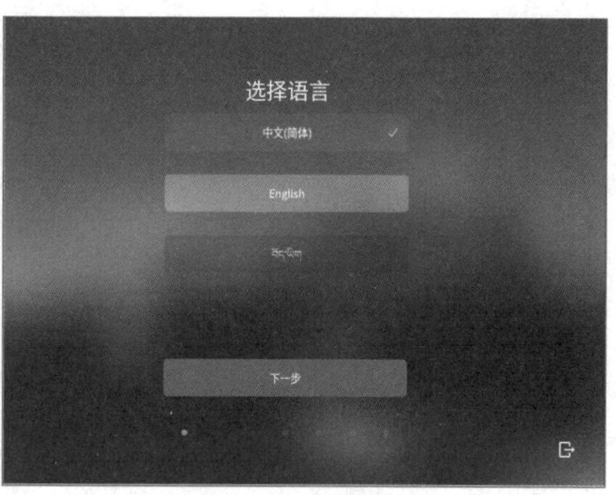

图2-34　“试用银河麒麟操作系统而不安装”界面　　图2-35　语言选择界面

（2）选择时区、阅读许可协议

在图2-35所示的界面中，单击“下一步”按钮进入下一个界面，即“阅读许可协议”界面，如图2-36所示。进入“阅读许可协议”界面后勾选“我已经阅读并同意协议条款”复选框，并且完整阅读该协议后方可单击“下一步”按钮进入下一个界面——“选择时区”界面，选择合适的时区之后，单击“下一步”按钮，进入“选择安装途径”界面，选择“从Live安装”或“从Ghost安装”，一般选择默认的“从Live安装”，单击“下一步”按钮进入图2-37所示的“选择安装方式”界面。

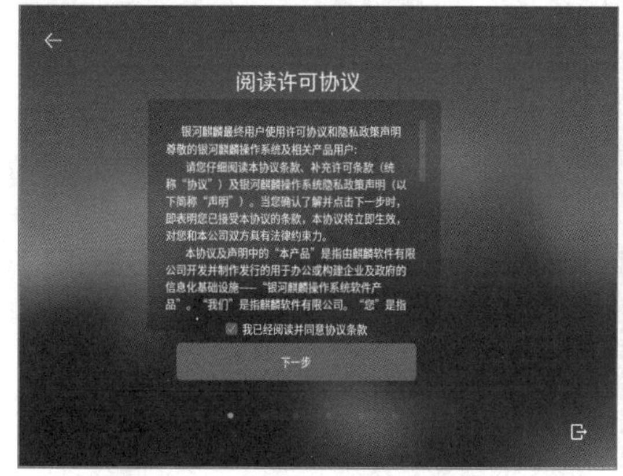

图2-36　“阅读许可协议”界面　　图2-37　“选择安装方式”界面

（3）选择安装方式

有两种安装方式可以选择：

● 全盘安装：系统会清除整个磁盘，然后对硬盘自动创建分区表，但要求硬盘剩余空间大小必须大于50 GB，推荐使用快速安装功能安装银河麒麟操作系统。

● 自定义安装：如果想要自己手动创建分区，可以选择“自定义安装”选项，自行设计各硬盘分区的大小；切换至“自定义安装”选项卡，如图2-38所示。单击“创建分区表”按钮，弹出提示窗口，单击“+”按钮，即可创建分区。

首先可以选择“新分区的类型”为“主分区”或者“逻辑分区”；其次可以选择“新分区

的位置”是从“剩余空间头部”开始还是从“剩余空间尾部”开始；然后调整当前分区的大小，以MB为单位；然后再选择文件系统，包含ext4、ext3、fat16等文件系统选项；最后选择“挂载点”。

① 创建boot分区。boot分区必须是主分区中的第一个分区。在创建boot分区时，“新分区的类型”选中“主分区”单选按钮，“新分区的位置”选中“剩余空间头部”单选按钮，“用于”选择“ext4”选项，在“挂载点”文本框中输入“/boot”，“大小（MiB）”参考系统推荐即可，如图2-39所示。

② 创建根分区。在创建根分区时，“新分区的类型”选中“逻辑分区”单选按钮，“新分区的位置”选中“剩余空间头部”单选按钮，“用于”选择“ext4”选项，在“挂载点”文本框中输入“/”，“大小（MiB）”参考系统推荐即可，如图2-40所示。

③ 创建交换分区。在创建交换分区时，“新分区的类型”选中“逻辑分区”单选按钮，“新分区的位置”保持默认，“用于”选择“linux-swap”选项，交换分区的“大小（MiB）”一般设置为内存的2倍，如图2-41所示。

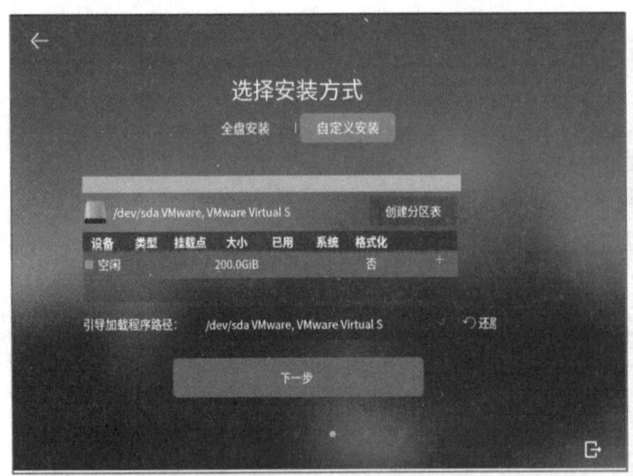

图2-38 “自定义安装”界面

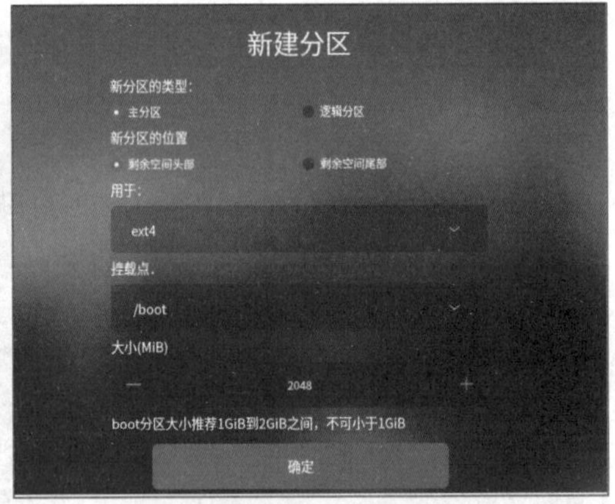

图2-39 创建boot分区

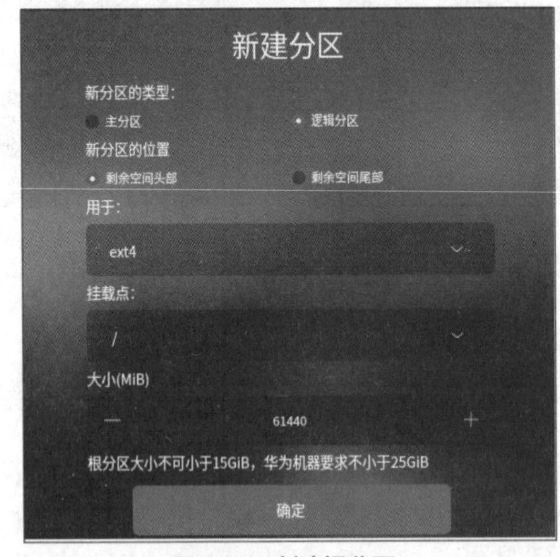

图2-40 创建根分区

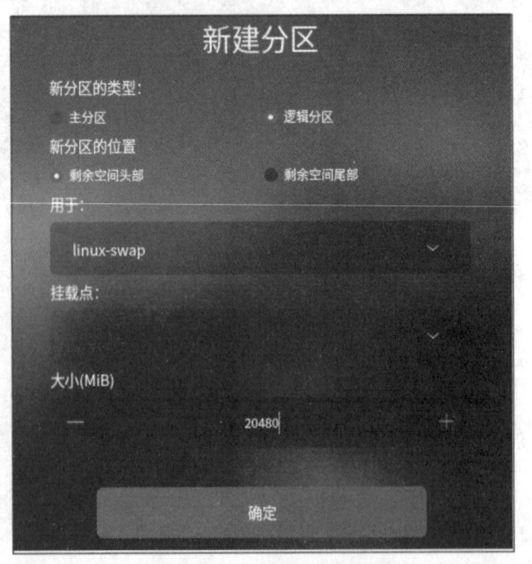

图2-41 创建交换分区

④ 创建备份还原分区。用户可以创建“/backup”分区作为系统的备份还原分区，这样备份还原功能才可以使用。备份还原功能对用户恢复数据或系统非常有帮助，因此建议创建“/backup”分区。在创建“/backup”分区时，“新分区的类型”选中“逻辑分区”，“新分区的位置”保持默认，“用于”选择“ext4”选项，在“挂载点”文本框中选择“/backup”，建议使“/backup”分区的大小和根分区的大小保持一致，如图2-42所示。

⑤ 创建数据分区。创建“/data”分区，/data类似于Windows系统除C盘外的其他盘符，建议创建“/data”分区。创建数据盘挂载点为“/data”，分区大小为整个磁盘除其他分区外的所有空间，“新分区的类型”选中“逻辑分区”单选按钮，“新分区的位置”选中“剩余空间头部”单选按钮，“用于”选择“用户数据区域”选项，在“挂载点”文本框中选择“/data”即可，如图2-43所示。

（4）确认安装方式

无论是选择“全盘安装”选项还是“自定义安装”选项，最终都会进入安装确认界面。“确认自定义安装”界面上显示创建的分区名称及各分区使用的文件系统名称，如图2-44所示，勾选下方的“确认以上操作”复选框之后，“下一步”按钮变得可用，单击“下一步”按钮，进入图2-45所示的“创建账户”方式选择界面。

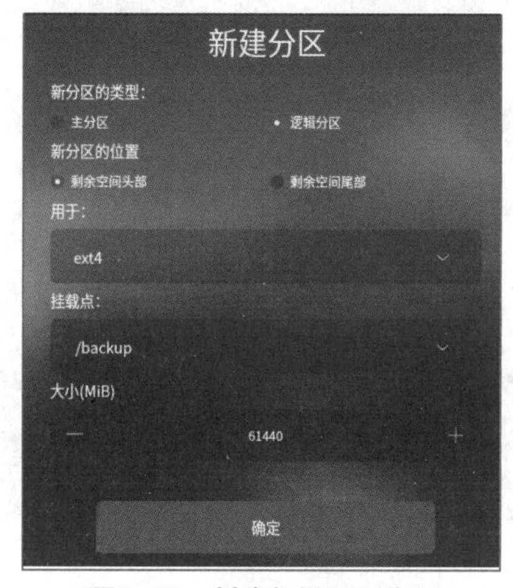

图2-42　创建备份还原分区

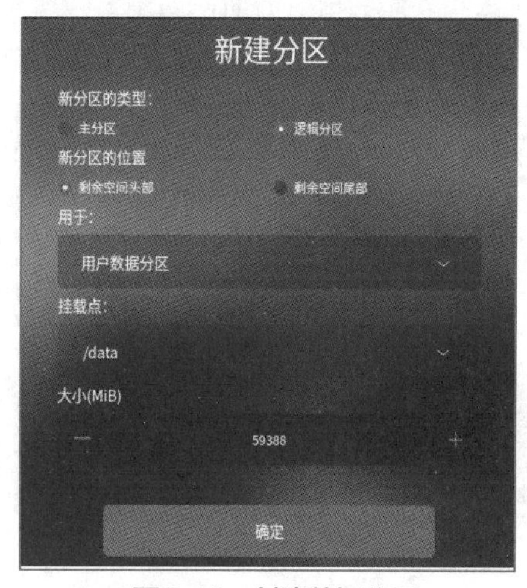

图2-43　创建数据分区

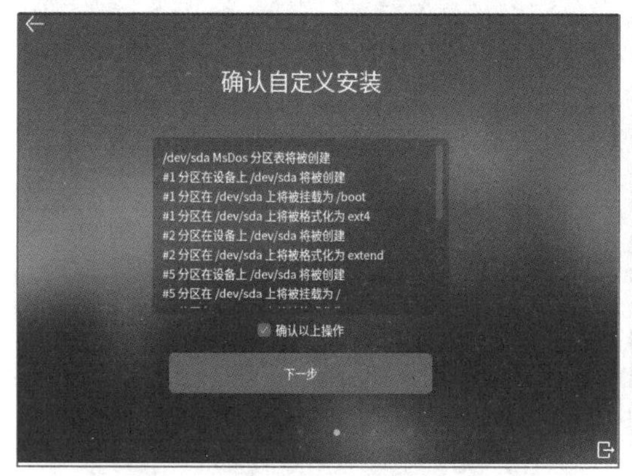

图2-44　“确认自定义安装”界面

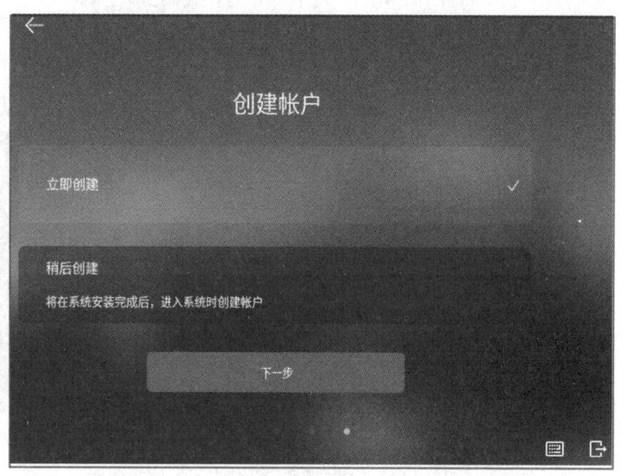

图2-45　“创建账户”方式选择界面

（5）创建用户

在图2-45所示的界面中单击“下一步”按钮，进入图2-46所示的“创建用户”界面。在第一个输入栏中输入创建的用户名称，系统会自动在第二个输入栏中创建计算机名称，在第三个输入栏输入密码，注意，这里的用户密码需要通过安全性测试才可以继续，最后在第四个输入栏重复输入用户密码以完成验证及确认，此时四个输入栏右侧都会出现绿色对钩，表示设置成功。

图2-46 “创建用户”界面

下方有“开机自动登录”复选框，可以根据个人需要决定是否勾选，设置完成后单击“下一步”按钮，进入“选择你的应用”界面，如图2-47所示。

（6）安装系统

在图2-47所示界面中，单击“开始安装”按钮，系统开始安装，如图2-48所示，完成后，会进入“安装完成”界面，如图2-49所示，此时需要单击“现在重启”按钮重启系统，进入图2-50所示的系统启动项选择界面。至此银河麒麟操作系统的安装就完成了。

图2-47 “选择你的应用”界面

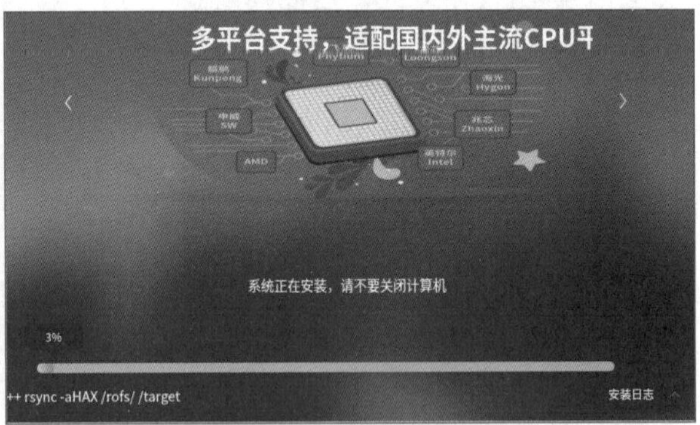

图2-48 系统安装界面

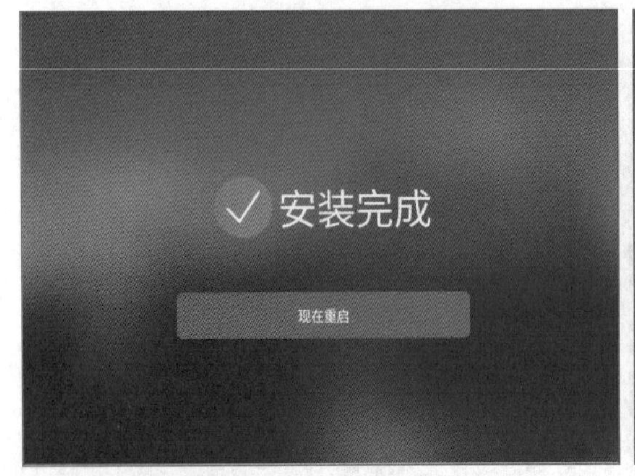

图2-49 系统安装完成界面

图2-50 银河麒麟系统启动项选择界面

（7）系统更新

系统更新（系统升级）功能是对系统进行更新、升级。银河麒麟操作系统在设置中为用户提供了更新选项，以方便用户进行关键软件和系统的更新，支持主动和被动两种更新方式。下面主要介绍，在V10版本中，银河麒麟更新管理器打开方式及当打开后未响应时的解决方法。

银河麒麟更新选项有以下三种打开方式：

方法一：单击“开始”，在所有软件中找到并单击“设置”选项，再单击“更新”选项进入更新页面；或者单击“开始”→“字母排序”，在所有软件中找到并单击“设置”选项，再单击“更新”选项进入更新页面；或者单击“开始”→“功能分类”，在所有软件中找到并单击“设置”选项，再单击“更新”选项进入更新页面，如图2-51所示。

图2-51　通过菜单命令打开“设置”

方法二：单击“开始”，在上方输入框中输入“设置”，单击下方的“设置”选项，再单击“更新”选项进入更新页面，如图2-52所示。

方法三：在银河麒麟操作系统界面中单击“开始”按钮，单击右下角的“设置”按钮，再单击“更新”选项进入更新页面，如图2-53所示。从“设置”中打开更新选项的界面，如图2-54所示。

图2-52　通过搜索方式打开“设置”

图2-53　菜单栏右侧快捷栏打开“设置”

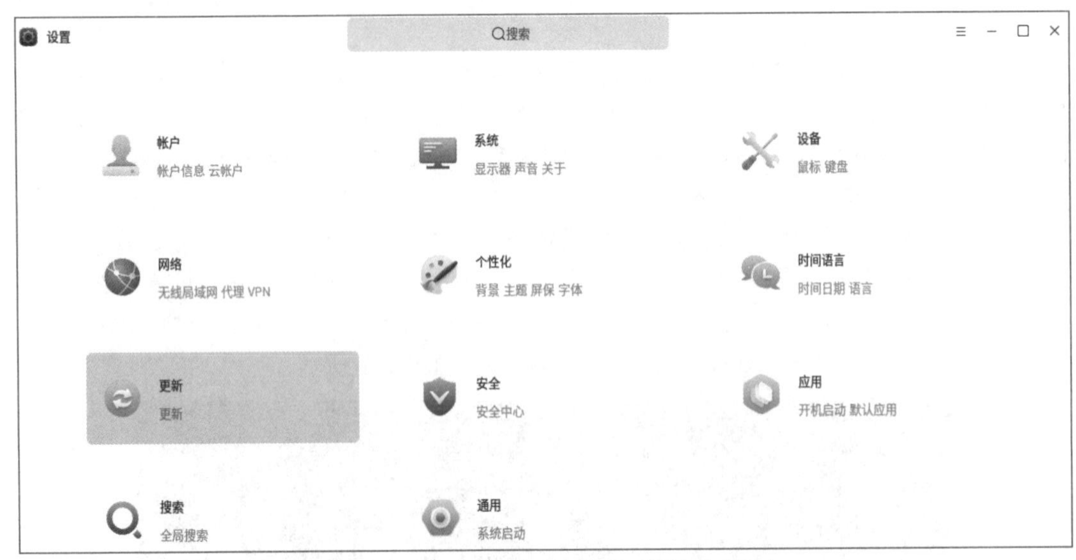

图2-54 从“设置”界面打开“更新”选项

在“更新”界面中可以查看更新历史信息，也可以进行更新设置，在更新设置中可以设置“允许通知可更新的应用”功能及“全部更新前备份当前系统为可回退的版本”功能。

（8）“更新”未响应时解决方法

若单击“更新”选项后系统未响应，则可以从终端中更新数据。依次单击“开始”→“所有程序”→“系统工具”→“终端”命令（快捷键为【Ctrl+Alt+T】），打开终端窗口。输入命令“sudo apt-get update”，然后输入当前用户密码；按【Enter】键，系统自动获取软件包列表即可完成操作。

四、思考与练习

① 总结安装操作系统的步骤。

② 使用Windows 10自带Hyper-V管理器或VMware Workstation虚拟机管理软件在计算机上安装银河麒麟操作系统。

实验2.5 银河麒麟操作系统的基本操作

一、实验目的

◎掌握银河麒麟V10启动与关闭方法。

◎了解银河麒麟V10的桌面组成及基本操作。

◎掌握银河麒麟系统的基本操作。

◎掌握利用“设置”对计算机的相关资源进行设置。

二、实验环境

◎微型计算机。

◎银河麒麟操作系统。

三、实验内容和步骤

1. 登录、注销、关机与重启

（1）登录是使用系统的第一步，用户应该首先拥有一个系统的账户，作为登录凭证。开机后会进入登录界面，如图2-55所示，根据设置，系统会默认选择自动登录或停留在登录界面等待登录。用户名和口令通常在系统安装时进行设置，选择登录用户后，输入在安装过程中创建用户时设置的密码并按回车键即可登录系统，进入银河麒麟系统桌面环境，如图2-56所示。

图2-55　用户登录界面

图2-56　银河麒麟系统桌面环境

（2）注销

注销就是退出某个用户的登录，是登录操作的反向操作。注销会结束当前用户的所有进程，但是不会关闭系统，也不影响系统中其他用户的工作。注销当前登录的用户，目的是以其他用户身份登录系统。单击桌面左下角的按钮，在弹出的“开始”菜单中单击“电源”按钮。可以进入电源界面，如图2-57所示的“系统监视器”界面，单击“注销”按钮进行注销并进入登录界面。

（3）锁屏、重启与关机

锁屏后不会影响系统的运行状态，可以防止误操作。当用户返回后，输入密码即可重新进入系统。在默认设置下，系统在一段空闲时间后，自动锁定屏幕。在图2-57所示的“系统监视器”界面中还可以选择“重启”或“关机”。

2. 桌面的基本操作

银河麒麟采用类似Windows系统的用户界面，如图2-56所示，首次登录时，只看到一个空旷的桌面和任务栏，底部任务栏包括系统菜单、快捷启动面板、任务栏以及状态栏。桌面上可以放置应用程序的快捷方式、文件和目录等，还可以在桌面上右击，弹出快捷菜单，如图2-58所示。

（1）新建文件或文件夹

在文件夹或桌面右击，在弹出的快捷菜单中选择“新建”→“文件夹”命令即可创建一个文件夹。

（2）设置图标排列

鼠标指针悬停在应用图标上，按住鼠标左键不放，将应用图标拖动到指定的位置，松开左键释放图标，可以对桌面上的图标按照需要进行排序。在桌面上右击，在弹出的快捷菜单中选择“排序方式”命令，系统提供以下四种排序方式：“文件名称”“文件大小”“文件类型”“修改时间”。

图2-57 “系统监视器”界面

图2-58 快捷菜单

（3）设置图标大小

桌面图标的大小可以进行调节。在桌面右击，在弹出的快捷菜单中选择“视图类型”命令，选择合适的图标大小。系统提供四种图标大小，分别为小图标、中图标（默认）、大图标和超大图标。

（4）更改桌面背景

用户可以选择精美、时尚的壁纸来美化桌面，让计算机的显示与众不同。在桌面上右击，在弹出的快捷菜单中选择“设置背景”命令，选择“个性化”→“背景”选项，在选项卡中可以预览系统自带的壁纸，选择某一壁纸后即可生效。

（5）设置屏保

在桌面上右击，在弹出的快捷菜单中选择“设置背景”命令，选择“个性化”→“屏保”选项，在选项卡中，设置是否开启屏保、屏保样式和等待时间，在计算机无操作到达设置的等待时间后，计算机将启动选择的屏幕保护程序。

（6）设置分辨率

通过设置中的显示器选项进行设置。在桌面上右击，在弹出的快捷菜单中选择“设置背景”命令，打开“设置”窗口，选择“系统”→“显示器”选项，在选项卡中可以对显示器的分辨率、方向、缩放屏幕等进行设置，如图2-59所示。

3．任务栏基本操作

（1）“开始”菜单

单击左下角的“开始”按钮，弹出“开始”菜单，这是使用系统的“起点”，在其中可以查看并管理系统中安装的所有应用软件。在“开始”菜单中，可以选择使用“字母排序”或“功能分类”功能对应用程序进行分类导航，也可以直接在搜索框中输入应用的名称或关键字快速定位。此外，还可以单击“开始”菜单右侧的扩展按钮将菜单扩展为全屏显示，方便查找相应的程序。

（2）切换任务视图

单击“开始”按钮右侧的“显示任务视图”按钮，可以打开任务视图选择界面，用于切换到不同的任务视图。在银河麒麟系统中，可以使用任务视图将应用程序组织在一起，将应用程序放在不同的任务视图中是组织和归类窗口的一种有效的方法。

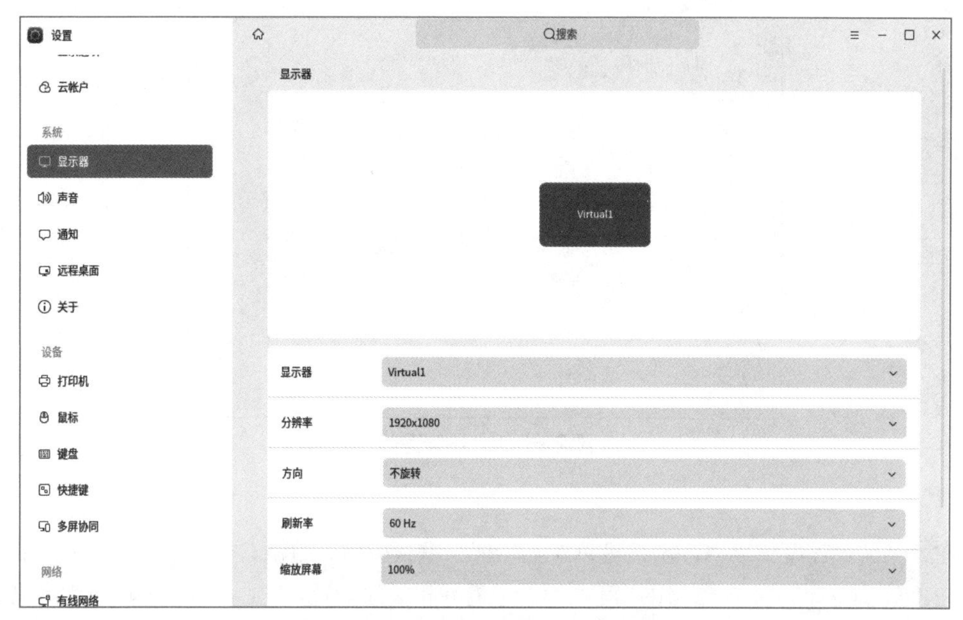

图2-59　“系统—显示器”选项卡

（3）运行应用

与Windows系统的操作类似，对于已经创建了桌面快捷方式的应用，可以双击快捷方式启动应用程序。除此之外，还可以在系统的“开始”菜单里选择要启动的应用程序，单击或右击应用图标选择“打开”命令启动应用程序。对于固定到任务栏上的应用，可以直接单击应用图标，或右击应用图标选择“打开”命令启动应用程序。运行图形用户界面应用程序时都会打开相应的窗口，多个窗口之间可以使用组合键【Alt+Tab】进行切换。

（4）卸载应用

对于不再使用的应用，可以选择将其卸载以节省硬盘空间。卸载的方法是在“开始”菜单中找到想要卸载的应用程序，右击该应用图标，在弹出的快捷菜单中选择“卸载”命令，通常会弹出“卸载器”窗口，在窗口中显示要卸载的应用程序的名称、包名、版本等信息，确认无误后，单击“卸载器”窗口中的“卸载”按钮即可卸载该程序。

（5）文件管理器

单击任务栏中的“文件管理器”按钮，可以打开文件管理器，类似于Windows的资源管理器，如图2-60所示，用于访问本地文件和文件夹以及网络资源。文件管理器中，文件或文件夹默认以图标方式显示，也可切换为列表方式，还可以指定排序方式。

4．系统设置

操作系统通过“设置”功能来管理系统，包括系统、设备、个性化、网络、账户、时间和日期、更新、通知和操作等。当进入桌面环境后，单击“开始”菜单中的“设置”按钮，即可打开“设置”窗口。

“设置”窗口如图2-54所示，支持全屏模式与窗口模式，用户可以通过窗口上方的搜索框直接搜索想要修改的设置项。在“设置”窗口中，用户可以设置打印机、网络、声音、鼠标、键盘等常用硬件设备的功能，也可以设置壁纸、屏保、字体、账户、时间与日期、电源管理、个性化等功能。

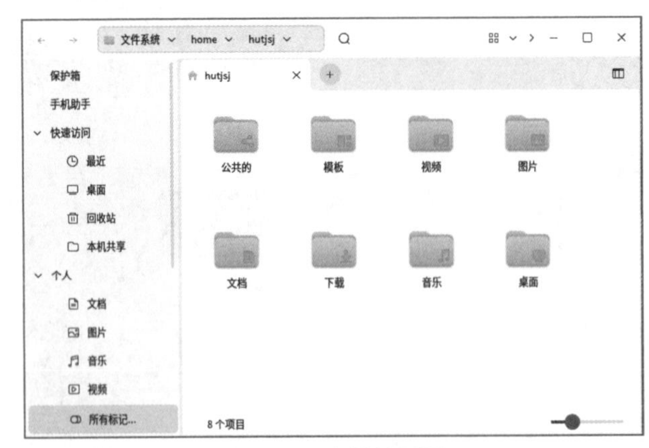

图2-60 文件管理器

（1）系统

在“系统”设置模块中，用户可以对显示器、默认应用、电源、开机启动进行基础配置。

在“显示器”选项卡中，用户可以对显示进行相关的配置，“显示器”选项卡中的具体内容见表2-2。

表2-2 显示器选项卡具体内容

名 称	描 述
显示器	可以选择已连接的显示器，设置主屏
分辨率	可以根据显示器情况调整分辨率
方向	可以对显示器进行90°的环绕旋转
刷新率	可以对显示器的刷新率进行调整
缩放屏幕	可以对显示内容进行成倍数的缩放
打开显示器	控制已连接的显示器的开启和关闭
夜间模式	可以进行夜间模式的自定义配置

在“默认应用”选项卡中，用户可以对系统默认使用的应用程序进行相关的配置，如果需要修改，可以在修改项后面的下列列表中选择要设置为默认的应用程序，“默认应用”选项卡的具体内容见表2-3。

表2-3 默认应用列表

名 称	描 述
浏览器	选择默认使用的浏览器软件
电子邮件	选择默认使用的电子邮件软件
图像查看器	选择默认使用的图像查看软件
音频播放器	选择默认使用的音频播放软件
视频播放器	选择默认使用的视频播放软件
文档编辑器	选择默认使用的文档编辑软件

（2）设备

在“设备”设置模块中，用户可以对硬件进行维护和管理，包括打印机、鼠标、触摸板、键盘、快捷键、声音。

在“打印机”选项卡中，用户可以添加和管理打印机设备，银河麒麟操作系统使用了CUPS打印子系统，除了支持的打印机类型更多，CUPS还能设置并允许任何联网的计算机通过局域网访问单个CUPS服务器。

投屏功能可以开启或关闭投屏、设置投屏设备名称等。支持接入确认、PIN码认证；支持源端画面与声音重定向输出；支持鼠标自动隐藏、任意窗口大小以及全屏。

为满足用户的对鼠标使用习惯的个性化需求，用户可以在“鼠标”选项卡中对鼠标、指针、光标进行个性化设置。

“触摸板”选项卡中，用户可以设置开启或关闭“插入鼠标时禁用触摸板”“打字时禁用触摸板”“启动触摸板的鼠标单击”，同时可以设置触摸板的滚动方式。

“声音”选项卡中，用户可以对输出声音和输入声音进行相关的配置。

（3）个性化

在“个性化”设置模块中，用户可以对背景、主题、锁屏、字体、屏保、桌面进行相关的配置。

（4）网络

用户可以对网络连接、VPN、代理、桌面共享进行相关的配置。如图2-61所示，在“有线网络”选项卡中，用户可以对网卡设备等进行设置；在图2-61所示的界面中，单击“有线连接1”后的“ⓘ”按钮，进入图2-62所示的“有线连接1”设置界面，在“IPv4”选项卡中，用户可以对IP、网关等进行设置。用户可根据实际情况选择“手动”“自动（DHCP）”等连接方法。一个网卡配置多个IP可以连接多个网段，比如，同时连接外网和局域网，此功能需要这些网段的物理层是连通的。

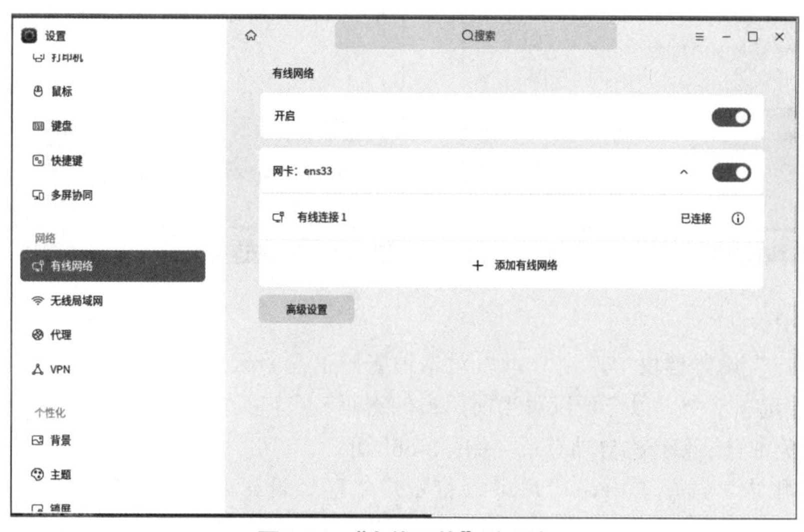

图2-61　“有线网络”选项卡

多IP配置方法：在图2-61所示的界面中，单击“高级设置”按钮，在出现的“网络连接”界面中，双击“有线连接1”，进入图2-63所示的界面，选择“IPv4设置”选项卡，出现图2-64所示的界面，在“IPv4设置”选项卡中，当光标在“地址”文本框中时，会出现提示。单击“添加”按钮，即可增加一个新的IP地址。单击选项卡右下方的“路由”按钮，会弹出“正在编辑 有线连接1的IPv4路由”窗口，如图2-65所示，在窗口中填入IP的具体信息，并勾选“仅将此连接用于相对应的网络上的资源”复选框。

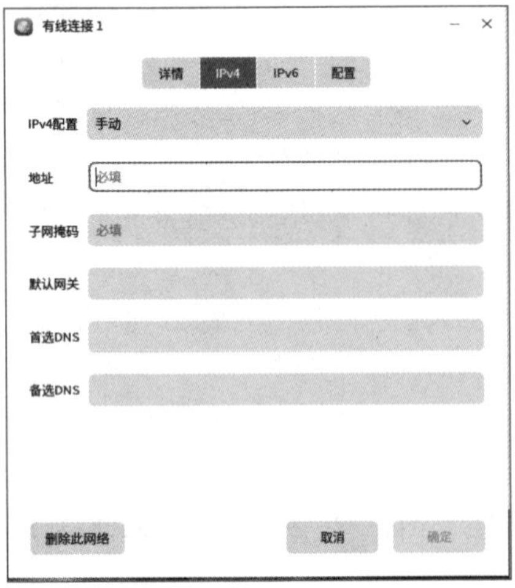

图2-62 IPv4 配置界面

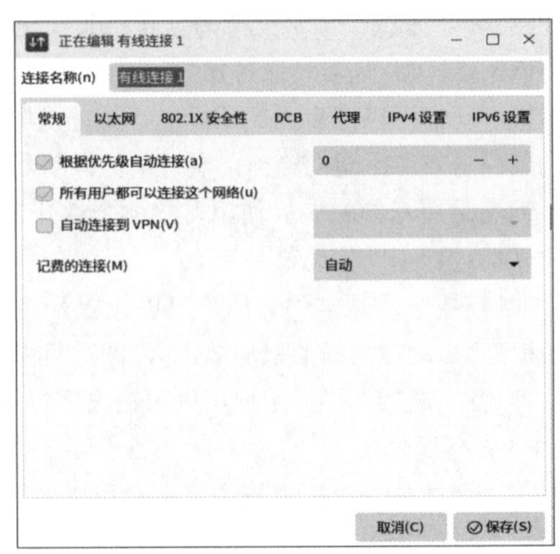

图2-63 “有线连接1”常规选项卡

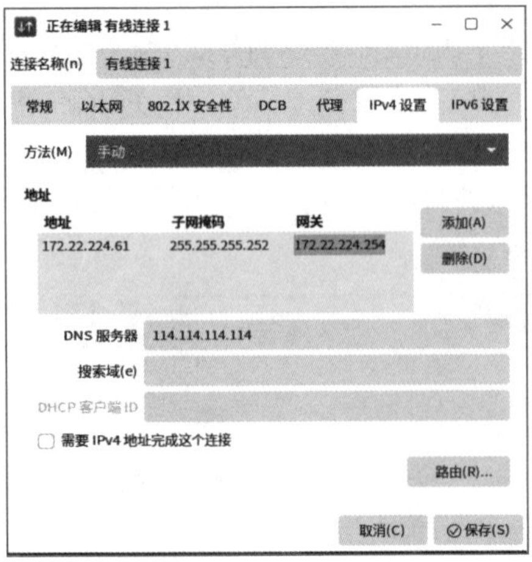

图2-64 “有线连接1”—“IPv4 设置”选项卡

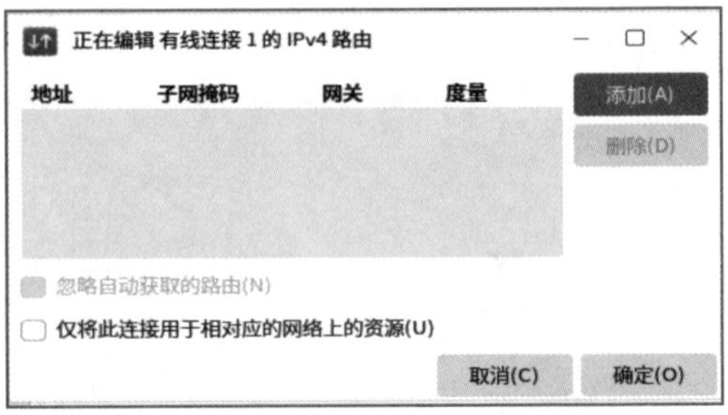

图2-65 “有线连接1”—“IPv4 路由”选项卡

（5）账户

在“账户”设置模块中，用户可以对本地账户信息、云账户信息进行相关的配置。在“账户信息”选项卡中，用户可以对当前用户的密码、账户类型、用户组、头像等进行设置，也可以设置免密登录和开机自动登录，如图2-66所示。

在“云账户”选项卡中，用户可以将账户中已经设置好的系统配置到云端，如“系统”“设备”“个性化”“网络”等设置模块。当使用另一台计算机时，用户只要登录相同的云账户，就可以一键同步之前保存的相关计算机的配置。

（6）时间语言

在“时间语言”设置模块中，用户可以对时间、日期、语言、地区进行相关的配置，其中，“时间和日期”选项卡如图2-67所示。系统默认为自动同步系统设定时区的网络时间，选择“手动设置时间”单选按钮，即可手动调整时间与设置。

根据所在区域，用户还可以对时区进行设置。在上方的搜索栏中搜索并选择地区，并确认已设置完成。修改成功后，时间自动同步到系统面板的时钟菜单。

图2-66　“账户信息”设置界面

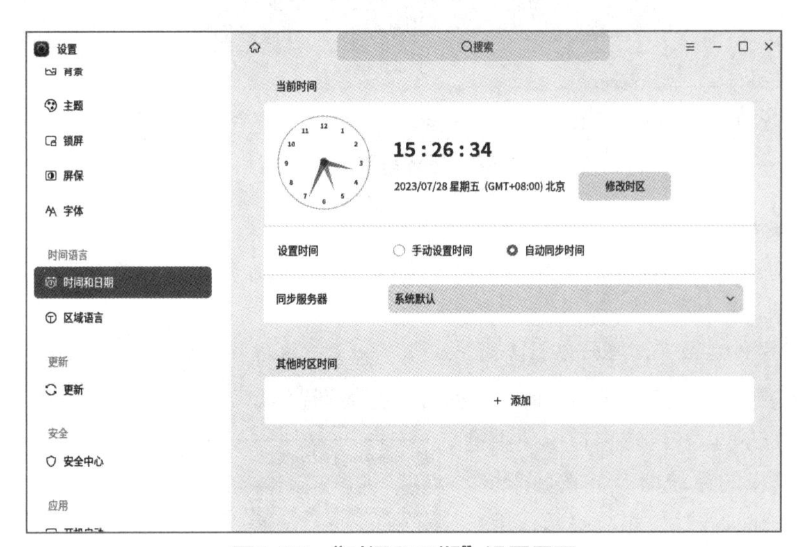

图2-67　“时间和日期”设置界面

（7）安全与更新

用户可以对安全中心、更新、备份进行相关的配置。“安全中心”选项卡提供账户安全、安全体检、病毒防护、网络保护、应用控制与保护、系统安全配置等功能。单击“更新”选项卡中的“检测更新”按钮，会自动打开银河麒麟更新管理器获取更新内容。单击“备份”选项卡中的“开始备份”按钮，会打开银河麒麟备份还原工具进行系统备份。

（8）通知关于

设置是否“获取来自应用和其他发送者的通知”，如果开启通知，则可在“通知中心”窗格进行查看，单击托盘区“通知中心”按钮，即可打开“通知中心”窗格，查看、管理收到的通知信息。

5. 安装与卸载软件

银河麒麟软件商店是银河麒麟软件自主研制的应用商店，为用户提供日常、办公软件的下载、安装、升级和卸载服务。选择“开始”菜单→“所有软件”→“软件商店”或在“开始”菜单中搜索“软件商店”打开，也可以单击任务栏中的“软件商店”按钮，进入软件商店。银河麒麟软件商店的首页如图2-68所示。

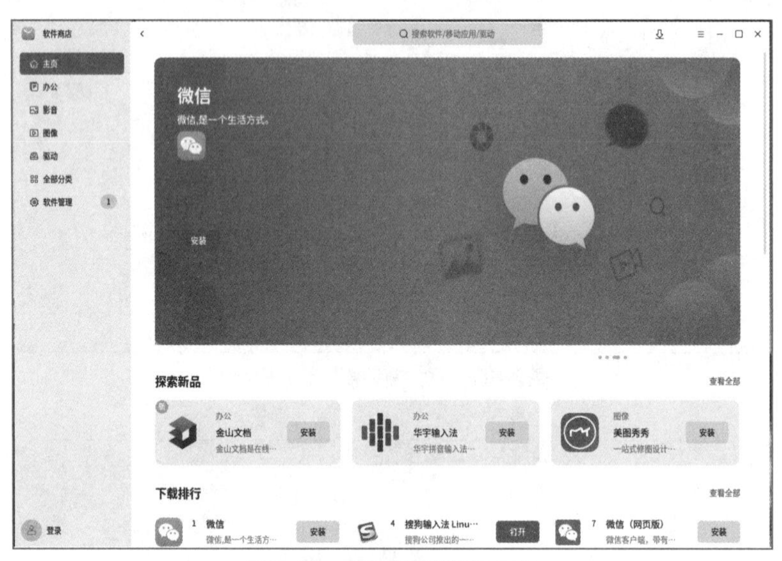

图2-68 银河麒麟软件商店

6. 认识终端

终端是所有Linux系统使用系统命令操作的媒介，通过在终端窗口输入系统指令达到与系统交互的目的。

打开“开始”菜单，在导航栏中选择“终端”命令可以打开工具，或在任意位置右击，在弹出的快捷菜单中选择“打开终端”命令，即可打开终端窗口，如图2-69所示。根据当前用户权限的不同，用户可以在终端窗口中使用键盘直接输入相应的系统命令并按回车键，终端根据指令判断并输出相应提示，用户可以同时打开多个终端窗口进行操作。

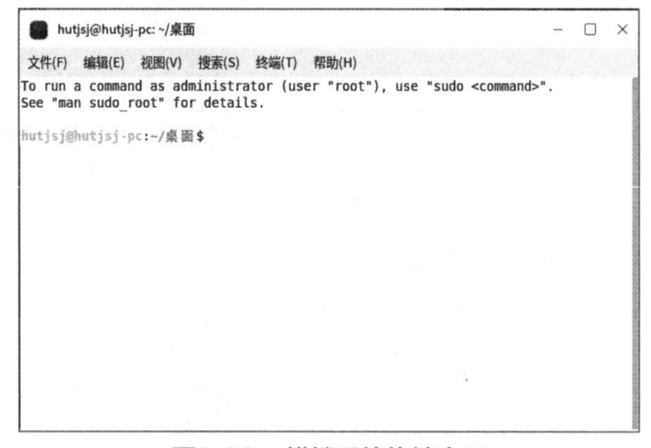

图2-69 麒麟系统终端窗口

终端窗口上显示的字符内容为hutjsj@hutjsj-pc: ~/桌面$，各部分表示的内容如下：

- hutjsj：登录系统的用户名。
- hutjsj-pc：计算机名。
- ~/桌面：当前打开终端的路径。
- $：当前用户权限为普通用户。

终端就是Linux中的shell，也就是命令行环境。shell是一个接收键盘命令并将其传递给操作系统来执行的程序。几乎所有的Linux发行版本都提供shell程序。

如果Linux没有安装图形用户界面（在服务器上往往不安装图形用户界面），Linux启动后就会进入shell；如果安装了图形用户界面，则需要启动终端仿真器（terminal emulator）来和shell交互，上面在银河麒麟操作系统桌面上启动的就是终端仿真器，通常称之为终端。

运行后的终端在不同的Linux发行版中显示的提示符有所不同，但通常包括username@machinename，之后是当前工作目录和一个$符号。登录系统后，看到的提示符为“user@localhost: ~$”，表示当前用户是user，当前计算机名为localhost，当前的工作目录为~，在Linux系统中“~”代表当前用户的主目录，$符号表示当前用户是一个普通用户，光标停在$符号后面，在光标位置处就可以输入命令了。

尝试在终端中随意输入一些字符并按【Enter】键，由于这个字符串没有任何意义，会返回类似“Could not find command-not-found database. Run 'sudo apt update' to populate it.”这样的信息。按键盘的上、下方向键，刚才输入的命令会出现在提示符后，称为命令历史记录，默认的情况下，大部分Linux发行版能保存最近输入的500条命令。

下面介绍几个简单的shell命令。

（1）显示系统时间

date命令，该命令显示当前系统的时间和日期。

（2）显示日历信息

cal命令，显示系统当月的日历。cal命令是英文单词calendar的缩写，在Linux中很多命令采用这种缩写方式以提高输入效率。

（3）关闭终端

直接关闭终端窗口或在shell提示符下输入exit命令，或按下组合键【Ctrl+D】，就可以结束终端会话。

（4）关机

在终端环境中实现关机也很简单，执行关机命令：

```
hutjsj@hutjsj-pc:~/桌面$ shutdown -h now↓
```

执行该命令后，系统会马上关机。

（5）重启

```
hutjsj@hutjsj-pc:~/桌面$ shutdown -r now↓
```

执行该命令后，系统会马上重启，重启和关机命令，仅仅是命令中相差了一个字母。

（6）切换界面

在桌面环境按组合键【Ctrl+Alt+F1】切换到虚拟控制台（终端），系统默认提供了六个虚拟控制台，每个虚拟控制台可以独立的使用，使用组合键【Ctrl+Alt+F1】~【Ctrl+Alt+F6】进行虚拟控制台之间的切换。

虚拟控制台环境下按组合键【Ctrl+Alt+F7】可以切换回图形用户界面，前提是系统安装了图形用户界面，并且图形用户界面处于运行状态。如果系统没有安装图形用户界面，那么按下组合键后会进入字符登录界面。此时在“login:”后输入用户名，按【Enter】键，会提示输入Password，在这里输入密码时是不会出现类似Windows系统中的“*”回显字符的，这也是从安全的角度考虑，直接输入密码并按回车键即可。

（7）注销

按组合键【Ctrl+D】即可完成当前用户的注销，注销后回到字符登录界面。也可以在字符界面的命令行里输入“logout”或“exit”并按【Enter】键来注销。

（8）显示和设置主机名称

使用“hostname”命令可以查看以及设置当前系统的名字，查看主机名称，可以执行以下命令：

```
hutjsj@hutjsj-pc: ~/桌面$ hostname↓
hutjsj-pc
```

可以对这个名称进行修改，使用hostname命令，后面加上要修改后的名字即可，修改系统信息，要用超级权限，所以使用sudo命令来获得临时的超级权限：

```
hutjsj@hutjsj-pc: ~/桌面$ sudo hostname kylinVM↓
```

修改后的终端提示符变为如下信息：

```
kylin@kylinVM: ~/桌面$
```

（9）查看手册

Linux的命令众多，几乎不可能完全掌握每个命令的使用细节。为了方便用户随时查阅，Linux提供了命令手册，用户可以查阅获取命令信息。在终端中查阅手册的命令是man（manual），命令格式为“man 要查看的命令的名称”，如要查看“date”命令的详细信息，命令如下：

```
hutjsj@hutjsj-pc: ~/桌面$ man date↓
```

详细信息如图2-70所示。

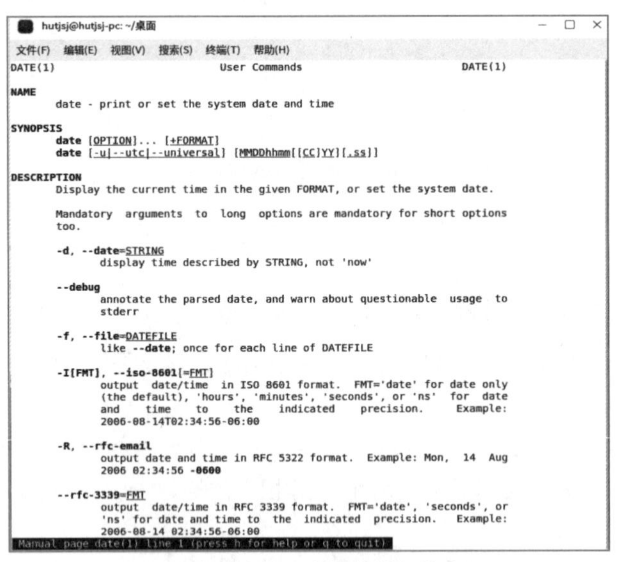

图2-70 date命令的详细信息

四、思考与练习

① 对“安全中心”进行设置，了解麒麟系统中如何对系统进行安全体检、病毒防护、网络保护以及应用控制与保护。

② 使用shell命令操作文件和目录。

③ 了解麒麟系统如何实现远程登录。

第 3 章 文字处理软件WPS文字

实验3.1 文档的基本操作

一、实验目的

◎掌握文档的输入。
◎掌握文档的编辑。
◎掌握字符格式设置。
◎掌握段落格式设置。
◎掌握首字下沉和分栏设置。

二、实验环境

◎微型计算机。
◎Windows 10操作系统。
◎WPS Office 2023应用软件。

三、实验内容和步骤

在线实训

WPS文档基本操作

说明：

本实训的时间是2023年8月15日，当时的网页信息如二维码所示。

文字处理软件应用广泛，是常用的办公软件之一，一般用于文字的录入、存储、编辑、排版及打印等。目前个人计算机中常用的中文文字处理软件主要有Microsoft公司的Word、金山办公的WPS Office中的WPS文字等。

现在我们就从最简单的新建文档开始，逐步掌握文字处理软件的常用方法，让它成为我们工作生活中的好帮手。

1. 新建文档

WPS 文字是最常用的字处理软件之一，作为WPS Office套件的核心应用软件之一，WPS文字提供多种创建文档的方法。

操作要求

新建空白文档，输入图3-1中的内容。

（1）新建空白文档

新建空白文档的方法比较多，常用的有以下几种：

方法一：如果是初次启动WPS，则单击桌面左下角的“开始”按钮，选择WPS Office→WPS Office命令。在弹出的图3-2所示的窗口中单击“新建”选项，在弹出的图3-3所示的窗口中先单击“新建文字”，再单击“空白文档”，就可以创建一个主文件名默认为“文字文稿1”的新文档，如图3-4所示，最后在文档编辑区中输入案例内容中的文字即可。

燕子去了，有再来的时候；杨柳枯了，有再青的时候；桃花谢了，有再开的时候。但是，聪明的，你告诉我，我们的日子为什么一去不复返呢？——是有人偷了他们罢：那是谁？又藏在何处呢？是他们自己逃走了罢：现在又到了哪里呢？

我不知道他们给了我多少日子；但我的手确乎是渐渐空虚了。在默默里算着，八千多日子已经从我手中溜去，像针尖上一滴水滴在大海里，我的日子滴在时间的流里，没有声音，也没有影子。我不禁头涔涔而泪潸潸了。

你聪明的，告诉我，我们的日子为什么一去不复返呢？去的尽管去了，来的尽管来着；去来的中间，又怎样地匆忙呢？早上我起来的时候，小屋里射进两三方斜斜的太阳。太阳他有脚啊，轻轻悄悄地挪移了；我也茫茫然跟着旋转。于是——洗手的时候，日子从水盆里过去；吃饭的时候，日子从饭碗里过去；默默时，便从凝然的双眼前过去。我觉察他去的匆忙了，伸出手遮挽时，他又从遮挽着的手边过去，天黑时，我躺在床上，他便伶伶俐俐地从我身上跨过，从我脚边飞去了。等我睁开眼和太阳再见，这算又溜走了一日。我掩着面叹息。但是新来的日子的影儿又开始在叹息里闪过了。

在逃去如飞的日子里，在千门万户的世界里的我能做些什么呢？只有徘徊罢了，只有匆忙罢了；在八千多日的匆忙里，除徘徊外，又剩些什么呢？过去的日子如轻烟，被微风吹散了，如薄雾，被初阳蒸融了；我留着些什么痕迹呢？我何曾留着像游丝样的痕迹呢？我赤裸裸来到这世界，转眼间也将赤裸裸的回去罢？但不能平的，为什么偏要白白走这一遭啊？

韶华易逝，青春难再。时光匆忙如流水，总在不经意间就一去不复返。

图3-1 案例内容

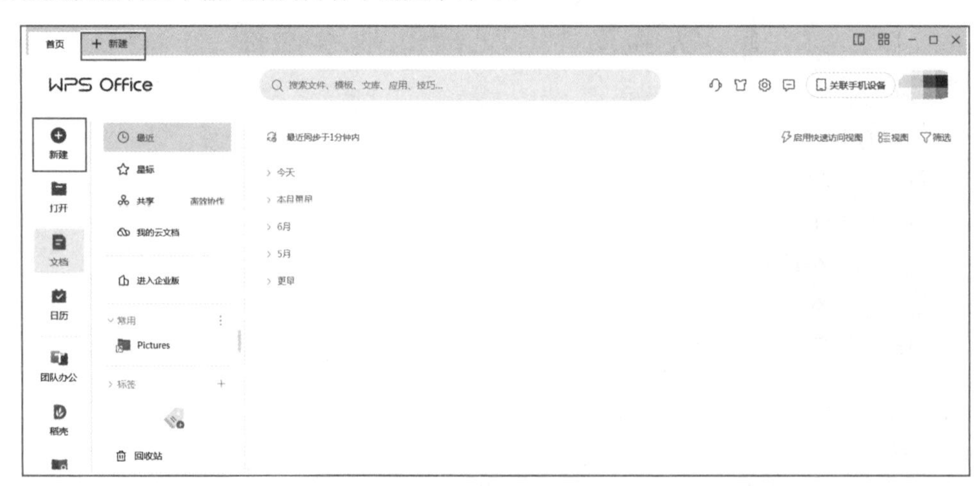

图3-2 WPS 首页

图3-3 WPS新建文档窗口

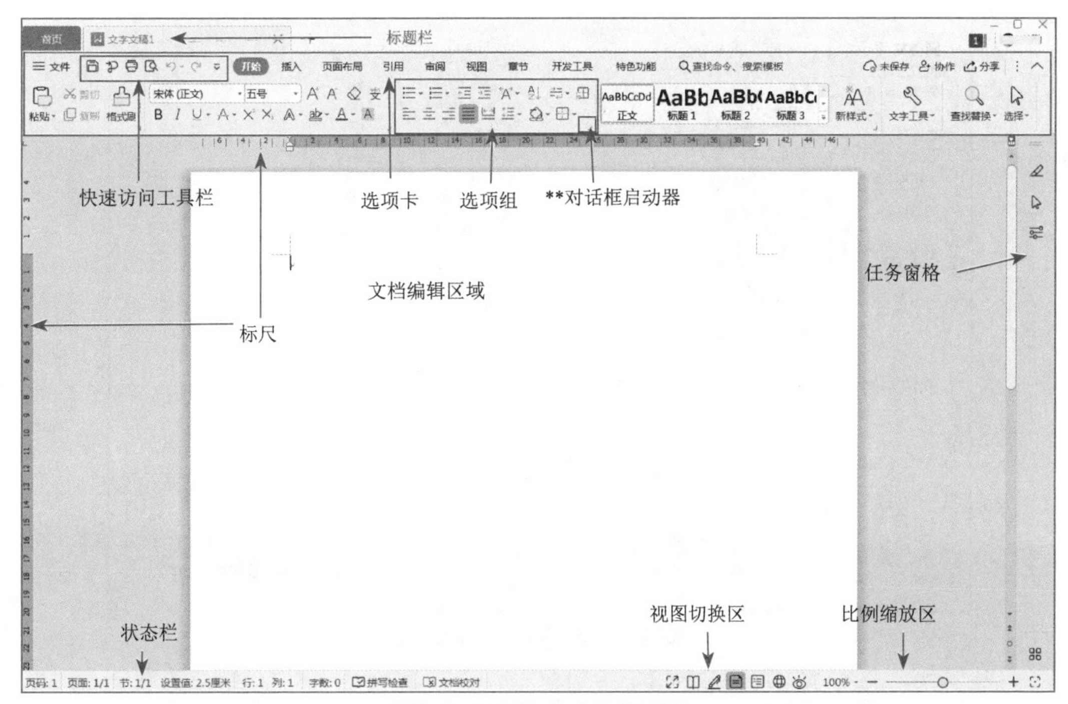

图3-4　WPS 文字工作界面

方法二：如果WPS文字已经启动，则单击“文件”菜单，选择“新建”选项即可。

方法三：在WPS文字已经启动情况下直接按组合键【Ctrl+N】。

方法四：单击快速访问工具栏中的“新建”按钮。如果快速启动栏中没有“新建”按钮，可以单击快速访问工具栏右侧的下拉按钮，在弹出的菜单中选中“新建”选项。

（2）根据模板新建文档

WPS 文字除了新建空白文档外，还有一些模板文档，用户可根据自己的需求创建模板文档。操作方法：在WPS 文字文档中单击“首页”标签，在弹出的窗口中单击“新建”选项，然后在打开的图3-3所示窗口里的“新建”区域中，用户可直接选择现有的模板进行文档编辑。

2．保存文档

为了避免一些诸如停电、计算机故障等意外情况对正在编辑的文档造成损失，更是为了后期便于访问，我们都应及时对文档进行保存。

操作要求

在D盘中建立自己的班级加姓名的文件夹，如：计算机1班张三。将前面的已输入完整内容的文档以“匆匆.DOCX”为文件名保存到D盘的班级加姓名文件夹中。

（1）保存新建的文档

对于新建的文档，单击“文件”菜单，单击“保存”选项，弹出图3-5所示的“另存文件”对话框，再根据要求设定文档所在的位置、名称及类型，最后单击右下角的“保存”按钮即可。

（2）保存之前已保存过的文件

① 默认保存。单击“文件”菜单，选择“保存”命令；或单击左上角快速访问工具栏中的“保存”按钮；或按【Ctrl+S】组合键。这三种方法都是使用现有文档的名称、类型和位置进行保存。

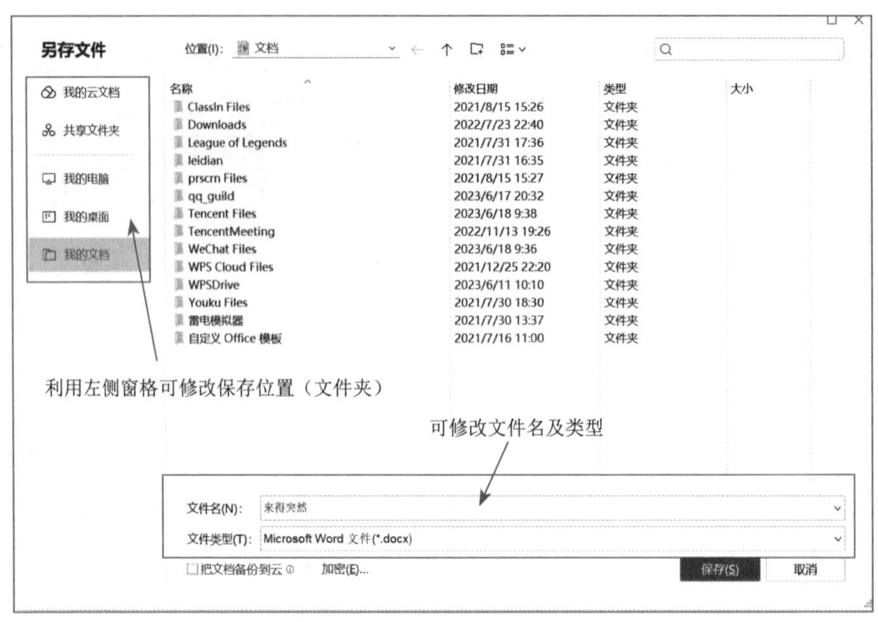

图3-5 “另存文件”对话框

② 另存为。单击“文件”菜单，选择“另存为”命令，弹出图3-5所示的“另存文件”对话框，再根据要求设置保存位置、名称和类型即可。

③ 即时保存。这种保存方式能让遇到电脑死机或突然停电而没有及时保存文档时，在重新开机后可恢复未保存的文档。具体设置：单击“文件”菜单，选择“备份与恢复”命令，在弹出的“备份中心”窗口中选择“本地备份设置”按钮，然后在弹出的“本地备份配置”对话框中按需进行设置即可。如可以选择“定时备份”，并设置时间间隔为“5分钟”。

3. 关闭文档

操作要求

关闭文档“*匆匆*.DOCX”。

对于已完成操作的文档，我们需要及时关闭。常用的关闭文档方法如下：

方法一：关闭单个文档，单击标题栏上该文档标签右侧的“关闭”按钮 × 或按【Ctrl+F4】组合键。

方法二：关闭已打开所有的WPS文档，单击标题栏最右侧的“关闭”按钮 × 或单击“文件”菜单中的“退出”选项或按【Alt+F4】组合键。

4. 打开文档

操作要求

打开之前所建的文档“*匆匆*.DOCX”。

打开文档常用以下几种方法：

方法一：直接找到文档所在位置，双击该文档图标即可打开该文件。

方法二：启动WPS之后，单击“文件”菜单中的“打开”选项或使用【Ctrl+O】组合键，打开图3-6所示的对话框，用户可以根据需要选择用“最近”或“此电脑”等来找到所需文档，最后单击右下角的“打开”按钮即可。

图3-6 “打开文件”对话框

5．编辑文档

操作要求

在“匆匆.DOCX”中完成以下操作：

① 请在文档最前面插入一行，输入标题：匆匆。再在标题与正文第一段之间插入一行副标题，内容为作者姓名：朱自清。

② 将正文的第三段（“你聪明的，告诉我……”）在“去的尽管去了，”的第一个“去”之前分成两段。

③ 删除文档的最后一段。

④ 将文章中的以下文字（即正文第三段）移动到文章的最后。

“你聪明的，告诉我，我们的日子为什么一去不复返呢？”

完成以上要求后，文档内容显示如图3-7所示。

匆匆↵
朱自清↵
燕子去了，有再来的时候；杨柳枯了，有再青的时候；桃花谢了，有再开的时候。但是，聪明的，你告诉我，我们的日子为什么一去不复返呢？——是有人偷了他们罢：那是谁？又藏在何处呢？是他们自己逃走了罢：现在又到了哪里呢？↵
我不知道他们给了我多少日子；但我的手确乎是渐渐空虚了。在默默里算着，八千多日子已经从我手中溜去，像针尖上一滴水滴在大海里，我的日子滴在时间的流里，没有声音，也没有影子。我不禁头涔涔而泪潸潸了。↵
去的尽管去了，来的尽管来着；去来的中间，又怎样地匆匆呢？早上我起来的时候，小屋里射进两三方斜斜的太阳。太阳他有脚啊，轻轻悄悄地挪移了；我也茫茫然跟着旋转。于是—洗手的时候，日子从水盆里过去；吃饭的时候，日子从饭碗里过去；默默时，便从凝然的双眼前过去。我觉察他去的匆忙了，伸出手遮挽时，他又从遮挽着的手边过去，天黑时，我躺在床上，他便伶伶俐俐地从我身上跨过，从我脚边飞去了。等我睁开眼和太阳再见，这算又溜走了一日。我掩着面叹息。但是新来的日子的影儿又开始在叹息里闪过了。↵
在逃去如飞的日子里，在千门万户的世界里的我能做些什么呢？只有徘徊罢了，只有匆匆罢了；在八千多日的匆匆里，除徘徊外，又剩些什么呢？过去的日子如轻烟，被微风吹散了，如薄雾，被初阳蒸融了；我留着些什么痕迹呢？我何曾留着像游丝样的痕迹呢？我赤裸裸来到这世界，转眼间也将赤裸裸的回去罢？但不能平的，为什么偏要白白走这一遭啊？↵
你聪明的，告诉我，我们的日子为什么一去不复返呢？↵

图3-7 初步编辑后的案例

（1）插入文本

插入文本方法：将鼠标指针移动到要插入文本的位置，当鼠标指针变成“Ｉ”字形时单击，然后再输入要插入内容即可。

操作要求①的操作方法：将鼠标指针移动到文本的第一个字符之前单击，再按【Enter】键则插入一行空行，在空行中输入标题内容“匆匆”。此时，光标在标题行的“匆”字之后，接着再按【Enter】键又插入一行空行，然后在空行中输入“朱自清”。

（2）人工分段

将光标定位到要分段的文本前，按【Enter】键即可。

操作要求②的操作方法：将光标定位到“去的尽管去了，”的“去”字前面，再按【Enter】键即可。

（3）选定文本

对于文档的编辑，许多操作都需要先选定文本。选定文本方法有多种，常用的几种见表3-1。

表3-1 选定文本

被选对象	操作方法
单个区域文本	将鼠标指针置于需选定文本的开始处，按住鼠标左键拖动鼠标到所需内容的末尾，松开鼠标
一行	把鼠标指针移到该行左侧，当鼠标指针变成向右倾斜箭头时单击
一个段落	方法一：把鼠标指针移到该段左侧，当鼠标指针变成向右倾斜箭头时双击 方法二：在该段落中的任意位置连续单击3次
连续较长的文本	单击要选定文本的开始处，然后在要选定文本的末尾处，按住【Shift】键的同时单击，即可选定两次单击之间的文本
矩形区域	按住【Alt】键的同时拖动鼠标
整篇文档	方法一：使用【Ctrl+A】组合键 方法二：把鼠标指针移到文档中任意正文的左侧，当鼠标指针变成向右倾斜箭头时连续单击3次 方法三：单击“开始”选项卡中的“选择”按钮，再单击弹出菜单中的“全选”命令
不连续的多个区域	先选定一个区域，按住【Ctrl】键的同时再选定其他区域
取消选定	在文档内容编辑区域单击

（4）删除文本

删除文本常用的方法是：先选定要删除的内容，再按【Delete】键或【Backspace】键，或按【Ctrl+X】组合键即可。

实际上，也可以使用【Backspace】键或【Delete】键一个字符一个字符地删除。

（5）移动文本

移动文本常常用以下四种方法：

方法一：利用鼠标。选定要移动的文本，将鼠标指针放在选定的文本上，按住鼠标左键拖动到要移动到的目标位置，再松开鼠标。

方法二：利用“开始”选项卡功能区中的“剪切”和“粘贴”按钮。先选定需要移动的文本，再单击“剪切”按钮，然后将光标移动到目标位置，单击“粘贴”按钮。

方法三：使用快捷菜单。选定需要移动的文本，右击，选择弹出的快捷菜单中的“剪切”命令，将光标移动到目标位置，右击，选择弹出的快捷菜单中“粘贴”命令即可。

方法四：使用快捷键。选定要移动的文本，按【Ctrl+X】组合键，将光标定位目标位置按【Ctrl+V】组合键。

（6）复制文本

复制文本与移动文本的操作方法类似，也是先选定要复制的文本。具体操作可用如下任意一种方法来完成：

方法一：利用鼠标。选定文本，按住【Ctrl】键的同时拖动鼠标到目标的位置，再松开鼠标。

方法二：采用“开始”选项卡功能区中的相关按钮。选定文本，单击“复制”按钮，将光标移动到目标位置，单击“粘贴”按钮。

方法三：使用快捷菜单。选定文本，右击，选择弹出的快捷菜单中的“复制”命令，将光标移动到目标位置，右击，选择弹出的快捷菜单中“粘贴”命令即可。

方法四：使用快捷键。选定要复制的文本，按【Ctrl+C】组合键，将光标定位目标位置按【Ctrl+V】组合键。

6. 字符格式设置

操作要求

在“匆匆.DOCX”中进行如下设置：

① 对标题“匆匆”进行字符格式设置，要求：方正姚体，小一号，加粗，绿色，标题文字添加20%的黄色图案底纹及2.25磅的红色双线方框。

② 对副标题“朱自清”进行字符格式设置，要求：楷体，三号，加粗倾斜；字间距设置为加宽1磅。

③ 对文档正文内容进行字符格式设置，要求：宋体，小四号。

④ 对正文最后一段内容进行字符格式设置，要求：添加绿色的波浪线。

完成以上要求后，文档内容如图3-8所示。

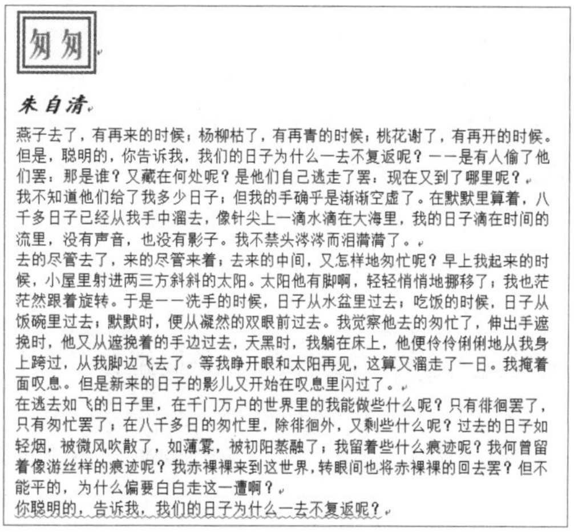

匆匆

朱自清

燕子去了，有再来的时候；杨柳枯了，有再青的时候；桃花谢了，有再开的时候。但是，聪明的，你告诉我，我们的日子为什么一去不复返呢？——是有人偷了他们罢：那是谁？又藏在何处呢？是他们自己逃走了罢：现在又到了哪里呢？

我不知道他们给了我多少日子；但我的手确乎是渐渐空虚了。在默默里算着，八千多日子已经从我手中溜去，像针尖上一滴水滴在大海里，我的日子滴在时间的流里，没有声音，也没有影子。我不禁头涔涔而泪潸潸了。

去的尽管去了，来的尽管来着；去来的中间，又怎样地匆忙呢？早上我起来的时候，小屋里射进两三方斜斜的太阳。太阳他有脚啊，轻轻悄悄地挪移了；我也茫茫然跟着旋转。于是——洗手的时候，日子从水盆里过去；吃饭的时候，日子从饭碗里过去；默默时，便从凝然的双眼前过去。我觉察他去的匆忙了，伸出手遮挽时，他又从遮挽着的手边过去，天黑时，我躺在床上，他便伶伶俐俐地从我身上跨过，从我脚边飞去了。等我睁开眼和太阳再见，这算又溜走了一日。我掩着面叹息。但是新来的日子的影儿又开始在叹息里闪过了。

在逃去如飞的日子里，在千门万户的世界里的我能做些什么呢？只有徘徊罢了，只有匆忙罢了；在八千多日的匆忙里，除徘徊外，又剩些什么呢？过去的日子如轻烟，被微风吹散了，如薄雾，被初阳蒸融了；我留着些什么痕迹呢？我何曾留着像游丝样的痕迹呢？我赤裸裸来到这世界，转眼间也将赤裸裸的回去罢？但不能平的，为什么偏要白白走这一遭啊？

你聪明的，告诉我，我们的日子为什么一去不复返呢？

图3-8　设置字符格式后案例效果图

（1）文字格式设置

字符格式设置通常采用以下几种方式完成：

① 使用“开始”选项卡功能区中的有关“字体”选项命令。

利用图3-9所示的“字体”选项命令和工具按钮完成字符格式设置，如单击“字体”选项等线右侧的下拉按钮，将显示出所有字体供用户选择使用；单击“字号”选项五号右侧的下拉按钮，将显示出所有字号供用户选择使用；单击“加粗”按钮**B**，会使选中的文字加粗或取消已设置的文字加粗；单击“倾斜”按钮*I*，会使选中的文字倾斜或取消已设置的文字倾斜；单击“下划线”U右侧的下拉按钮，选择需要的下划线线型，可以为已选中的文字下添加指定的下划线或取消已添加的下划线。

当然，也可以直接在图3-9所示的字体输入框和字号输入框中直接输入想设置的字体和字号。

② 使用字体“浮动工具栏”。当选定文本时，被选文本附近会出现一个若隐若现的工具栏，当鼠标指针移动到该工具栏上即实质化为可用工具栏，如图3-10所示，用户可以利用此工具栏对所选内容进行格式设置。

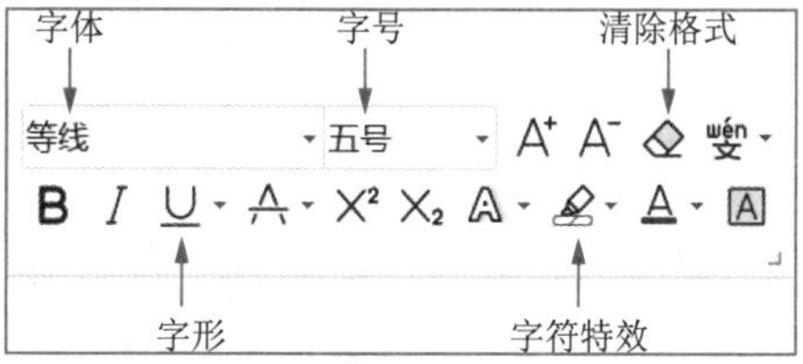

图3-9　有关“字体”选项命令

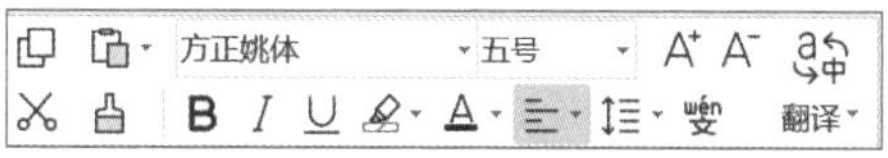

图3-10　字体“浮动工具栏”

③ 利用“字体”对话框。“字体”仅是字符格式中最常用的部分，要设置更多字符格式，则可以打开“字体”对话框进行设置。单击“开始”选项卡功能区中有关“字体”选项命令右下角的“字体”对话框启动器按钮或按【Ctrl+D】组合键，或右击后再单击弹出快捷菜单中的“字体”选项字体(F)...，弹出“字体”对话框，单击“字体”选项卡，可对文字的字体、字号、字形进行设置，如图3-11所示。

（2）西文字体的中文格式设置

选中要设置的西文文本，打开图3-11所示的“字体”对话框，在“西文字体”列表框中设置西文的格式。需要说明的是，这里的字体设置是把中文字体和西文字体分开的，而不是像工具栏把中西文一起设置。西方字符用中文字体的操作方法：选择文本，单击“中文字体”下拉列表框，选择需要的字体，再单击“西文字体”下拉列表框，选择“（使用中文字体）”，这样西文字体与中文字体即保持相同。

（3）字符特殊效果设置

工作中，用户常需要对文字进行特殊效果设置，比如数学公式中常用的上标、下标，报纸、书刊排版中常用到空心字、阴影字等。字符特殊效果设置方法：选中字符，打开“字体”对话框，选中“效果”选择区域中的相应选项或单击底部的“文本效果”按钮进行相应的设置即可。

（4）字符间距设置

字符间距是指字符与字符之间的距离。合理地设置字符间距，可以增强文档的视觉效果。具体设置方法如下：打开图3-11所示的“字体”对话框，单击“字符间距”选项卡，再根据需要设置合适的字符间距，字符间距有多个不同的单位可以选择，操作时要注意。

（5）字符添加边框和底纹

为字符添加边框和底纹通常采用以下两种方式：

方法一：比较单一的字符底纹和边框的设置。选中文字，单击“开始”选项卡功能区中的“字符底纹”按钮A或“拼音指南”按钮右侧的下拉按钮，选择“字符边框”选项 a 字符边框(B)，即可为选中的文字添加灰色的底纹或字符边框。这些按钮能为字符添加比较单调的底纹和边框。如果想要更加美观的效果，则可采用第二种方式。

方法二：利用“边框和底纹”对话框进行设置。选中要添加边框和底纹的文字，单击“页面布局”选项卡功能区中的“页面边框”按钮，出现“边框和底纹”对话框，如图3-12所示，然后对“边框”和“底纹”选项卡中各项进行设置即可。注意：要确定“应用于”是选择“文字”还是“段落”，这两个是有区别的，本案例中要选择应用于“文字”。

当然，也可以单击“开始”选项卡中的“边框”选项下拉列表中的“边框和底纹”选项 边框和底纹(O)... 进行设置。

图3-11 “字体”对话框

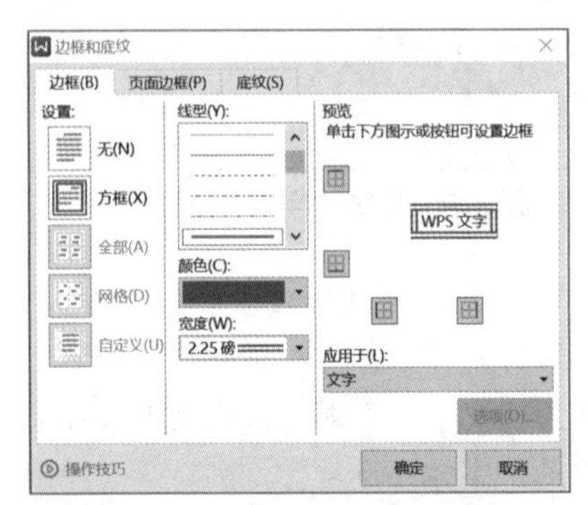

图3-12 “边框和底纹”对话框

7. 段落格式设置

操作要求

在“匆匆.DOCX”中完成以下格式设置操作：

① 对标题“匆匆”的设置要求：居中对齐。

② 对第二段即副标题“朱自清”的设置要求：右对齐，段前及段后间距均为1行。

③ 对正文内容的设置要求：两端对齐，每段首行缩进两个字符，1.3倍行距。

④ 对正文最后一段内容加上项目符号❖。

⑤ 为文本加上自己喜爱的页面边框。

完成以上要求后，文档内容如图3-13所示。

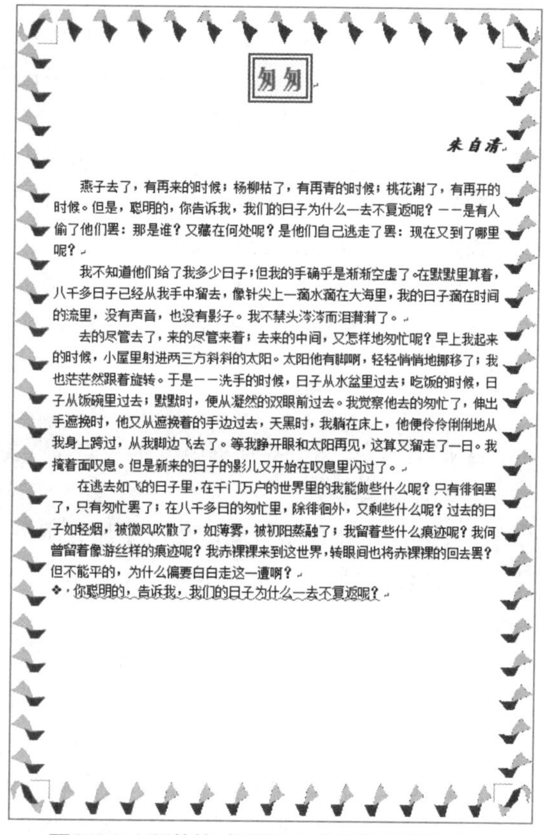

匆匆

朱自清

燕子去了，有再来的时候；杨柳枯了，有再青的时候；桃花谢了，有再开的时候。但是，聪明的，你告诉我，我们的日子为什么一去不复返呢？——是有人偷了他们罢：那是谁？又藏在何处呢？是他们自己逃走了罢：现在又到了哪里呢？

我不知道他们给了我多少日子；但我的手确乎是渐渐空虚了。在默默里算着，八千多日子已经从我手中溜去，像针尖上一滴水滴在大海里，我的日子滴在时间的流里，没有声音，也没有影子。我不禁头涔涔而泪潸潸了。

去的尽管去了，来的尽管来着；去来的中间，又怎样地匆忙呢？早上我起来的时候，小屋里射进两三方斜斜的太阳。太阳他有脚啊，轻轻悄悄地挪移了；我也茫茫然跟着旋转。于是——洗手的时候，日子从水盆里过去；吃饭的时候，日子从饭碗里过去；默默时，便从凝然的双眼前过去。我觉察他去的匆忙了，伸出手遮挽时，他又从遮挽着的手边过去，天黑时，我躺在床上，他便伶伶俐俐地从我身上跨过，从我脚边飞去了。等我睁开眼和太阳再见，这算又溜走了一日。我掩着面叹息。但是新来的日子的影儿又开始在叹息里闪过了。

在逃去如飞的日子里，在千门万户的世界里的我能做些什么呢？只有徘徊罢了，只有匆忙罢了；在八千多日的匆忙里，除徘徊外，又剩些什么呢？过去的日子如轻烟，被微风吹散了，如薄雾，被初阳蒸融了；我留着些什么痕迹呢？我何曾留着像游丝样的痕迹呢？我赤裸裸来到这世界，转眼间也将赤裸裸的回去罢？但不能平的，为什么偏要白白走这一遭啊？

❖ 你聪明的，告诉我，我们的日子为什么一去不复返呢？

图3-13　段落格式设置完成后的案例效果图

WPS文字中的段落是文字、图形、对象等的集合，段落以回车符↵作为段落之间的分隔标记。段落的排版主要包括设置缩进量、行间距、段间距和对齐方式等。

对段落进行排版操作，如果是对一个段落进行操作，只需光标定位到该段落中，再进行排版操作。如果是对多个段落进行操作，则应先选定段落，再进行排版操作。

段落格式设置主要有以下两种方法：

方法一：利用“开始”选项卡“段落”相关命令按钮进行设置，如图3-14所示。

方法二：利用“段落”对话框来进行设置，如图3-15所示。

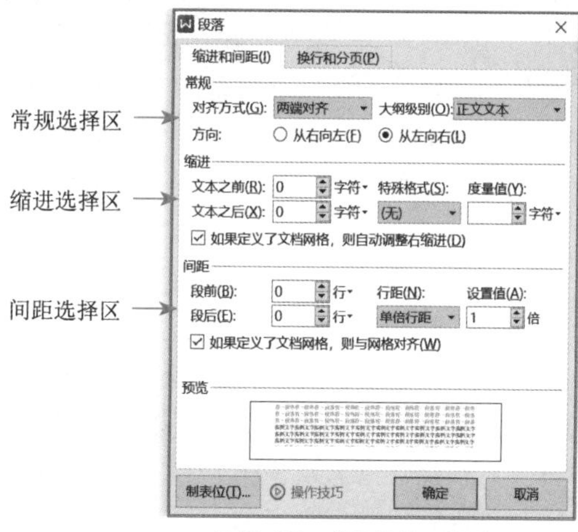

图3-14　“段落”相关命令按钮

图3-15　“段落”对话框

（1）对齐方式

段内文字在水平方向上的排列方式可以通过设置对齐方式控制，WPS文字中段落的对齐方式有五种。

● 左对齐：使段中字符以段落左边界和设定的字符间距为基准，向左靠拢。

● 右对齐：使段中字符以段落右边界和设定的字符间距为基准，向右靠拢。

● 居中对齐：使段中字符以段落中间线和设定的字符间距为基准，向中线靠拢。

● 两端对齐：当一行中非中文以外的字符串（如英文单词、图片、数字或符号等）超出右边界时，WPS 文字不允许把非中文的字符串拆开放在两行中，而会强行将该单词移到下一行，上一行剩下的字符将在本行内以均匀的间距排列。

● 分散对齐：把非满行中的所有字符等间距地分散并布满在该行中。

设置段落对齐方式有以下几种方法：

方法一：对齐按钮。单击“开始”选项卡中的相应按钮进行设置，如图3-14所示，常用的有“左对齐”按钮，“居中”按钮，“右对齐”按钮，“两端对齐”按钮，“分散对齐”按钮。

方法二：“段落”对话框。单击“开始”选项卡下“段落”对话框启动按钮，在弹出的图3-15所示的“段落”对话框中，在“常规”选择区中选择“对齐方式”进行设置。

（2）段落缩进

为了使文档中段落之间的层次更加分明，错落有致，需要设置段落缩进效果。段落缩进就是指段落两边离页边距的距离。WPS提供了文本之前、文本之后、首行缩进和悬挂缩进四种形式。

● 文本之前：段落中每行最左边的字符与正文区域左侧之间的距离。

● 文本之后：段落中每行最右边的字符与正文区域右侧之间的距离。

● 首行缩进：段落中的第一行最左边的字符与正文区域左侧之间的距离。

● 悬挂缩进：段落中除第一行外，其他行最左边的字符与正文区域左侧之间的距离。

用户可以通过使用“段落”对话框的“缩进”选择区进行所需的缩进操作。

（3）段落间距

段落间距是指段落与段落之间的距离，包括“段前”间距和“段后”间距，常见操作方法如下：

① 将光标定位到要设置的段落中或选择段落。

② 单击“开始”选项卡功能区中的“段落”对话框启动按钮，弹出图3-15所示的“段落”对话框，在“间距”选择区中根据需要设置“段前”及“段后”间距。

（4）行距

行距是指段落中各行文字之间的垂直距离，即段落中的行与行之间的距离。

设置段落行距常用以下两种方法：

方法一：选择段落，单击“开始”选项卡中的“段落”对话框启动按钮，弹出“段落”对话框，单击“缩进和间距”选项卡“间距”选择区中的“行距”下拉按钮，再选择所需行距即可。若是选择“多倍行距”“最小值”“固定值”三种方式，则应在“设置值”输入框中输入相应的数值。

方法二：使用“开始”选项卡中的“行距”按钮完成相应设置，如图3-16所示。

（5）段落的边框和底纹

为了强调某个段落，可以给段落加边框或底纹。操作方法与文字加底纹和边框的方法类似，可通过“边框和底纹”对话框进行设置，注意：对于段落边框和底纹的设置，“应用于”选择框一定要为“段落”。

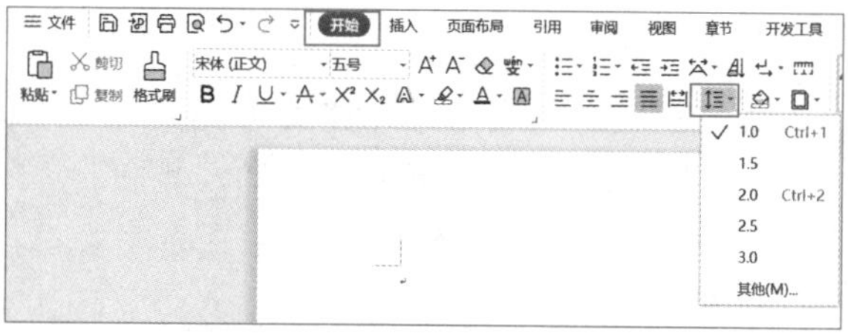

图3-16 “行距”设置窗口

（6）项目符号和编号

在WPS文字中添加项目符号和编号，可以使文档更有层次感，易于阅读和理解。项目符号和编号设置均以段落为单位。

① 项目符号。

● 添加项目符号。选中段落或将光标定位到段落中，单击“开始”选项卡中的“项目符号”选项右侧的下拉按钮，再选择所需项目符号即可。

● 删除项目符号。

方法一：把光标定位到项目符号之后，按【Backspace】键可以去掉项目符号。

方法二：将光标定位到要去掉项目符号的段落中，单击“项目符号”按钮即可。

● 改变项目符号的样式。单击“项目符号”选项右侧的下拉按钮，出现下拉菜单，根据需要选择所需的项目符号即可。

● 自定义项目符号。用户可以根据自己的喜好定义项目符号，操作方法：单击“项目符号”选项右侧的下拉按钮，出现下拉菜单，选择“定义新项目符号”命令，弹出图3-17所示“项目符号和编号”对话框，选择“项目符号”选项卡，再单击右下角的“自定义”按钮，弹出图3-18所示的“自定义项目符号列表”对话框，选择任意所需的一种项目符号，单击“确定”按钮即可。

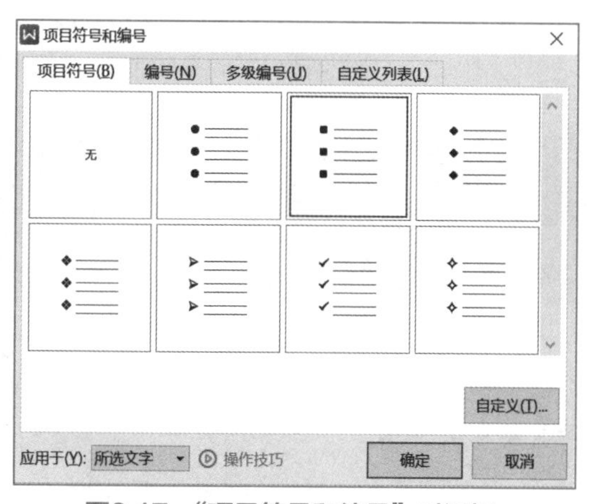

图3-17 “项目符号和编号”对话框

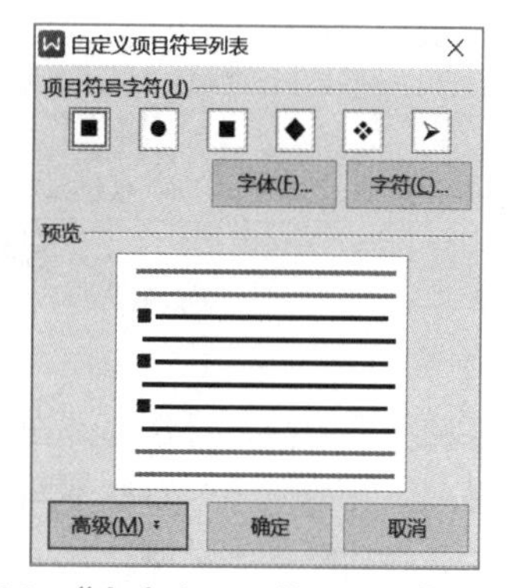

图3-18 “自定义项目符号列表”对话框

② 编号。

自动编号可自动识别输入，当输入“1.”或“一.”之类的，然后输入文本信息，按【Enter】键，下一行自动出现符号“2.”或“二.”；系统认为输入的是编号，自动调用编号功能，使用方便、快捷。如果不想要这个编号，按【Backspace】键，编号就消失。

自定义编号的操作方法：在图3-17所示的“项目符号和编号”对话框中选择“编号”选项卡，再单击右下角的“自定义”按钮，弹出“自定义编号列表”对话框，用户可根据需要对编号样式及编号格式进行设置，最后单击“确定”按钮即可。

8. 其他格式设置

操作要求

在“匆匆.DOCX”文档中完成以下操作：

① 将正文第二段设置首字下沉，其中下沉行数为2，距离正文0.5厘米，并将下沉字的颜色设置为“绿色”。

② 将正文第三、四段分成两栏，第1栏栏宽为17字符，第2栏栏宽为20字符，两栏之间有分隔线。

③ 将文档中所有的“匆忙”这个字改成“匆匆”。

完成以上要求后，文档内容如图3-19所示。

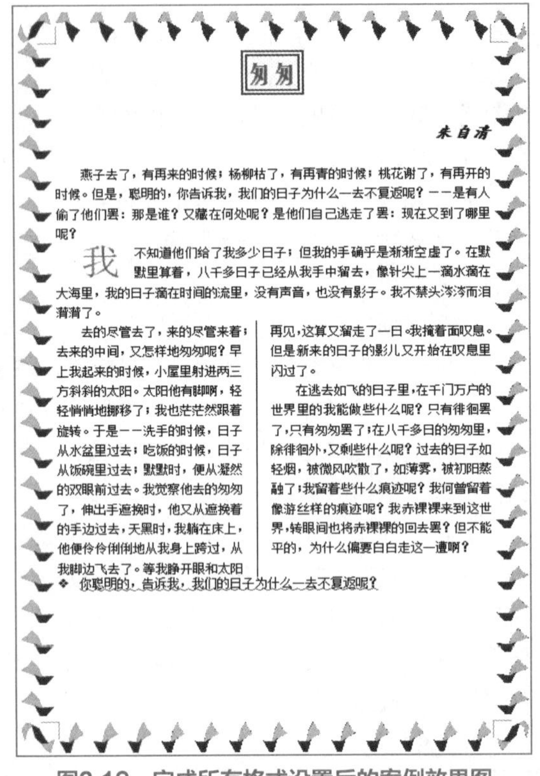

匆匆

朱自清

燕子去了，有再来的时候；杨柳枯了，有再青的时候；桃花谢了，有再开的时候。但是，聪明的，你告诉我，我们的日子为什么一去不复返呢？——是有人偷了他们罢：那是谁？又藏在何处呢？是他们自己逃走了罢：现在又到了哪里呢？

我不知道他们给了我多少日子；但我的手确乎是渐渐空虚了。在默默里算着，八千多日子已经从我手中溜去，像针尖上一滴水滴在大海里，我的日子滴在时间的流里，没有声音，也没有影子。我不禁头涔涔而泪潸潸了。

去的尽管去了，来的尽管来着；去来的中间，又怎样地匆匆呢？早上我起来的时候，小屋里射进两三方斜斜的太阳。太阳他有脚啊，轻轻悄悄地挪移了；我也茫茫然跟着旋转。于是——洗手的时候，日子从水盆里过去；吃饭的时候，日子从饭碗里过去；默默时，便从凝然的双眼前过去。我觉察他去的匆匆了，伸出手遮挽时，他又从遮挽着的手边过去，天黑时，我躺在床上，他便伶伶俐俐地从我身上跨过，从我脚边飞去了。等我睁开眼和太阳再见，这算又溜走了一日。我掩着面叹息。但是新来的日子的影儿又开始在叹息里闪过了。

在逃去如飞的日子里，在千门万户的世界里的我能做些什么呢？只有徘徊罢了，只有匆匆罢了；在八千多日的匆匆里，除徘徊外，又剩些什么呢？过去的日子如轻烟，被微风吹散了，如薄雾，被初阳蒸融了；我留着些什么痕迹呢？我何曾留着像游丝样的痕迹呢？我赤裸裸来到这世界，转眼间也将赤裸裸的回去罢？但不能平的，为什么偏要白白走这一遭啊？

❖ 你聪明的，告诉我，我们的日子为什么一去不复返呢？

图3-19 完成所有格式设置后的案例效果图

（1）首字下沉

设置首字下沉的操作方法：

① 将光标定位到要设置首字下沉的段落，单击图3-20所示的“插入”选项卡功能区中的“首字下沉”按钮。

② 弹出“首字下沉”对话框，如图3-21所示，单击“下沉”或“悬挂”按钮，然后根据要求在“选项”选择区中设置字体、下沉行数及距正文距离。本案例选择“下沉”按钮。

③ 单击“确定”按钮。

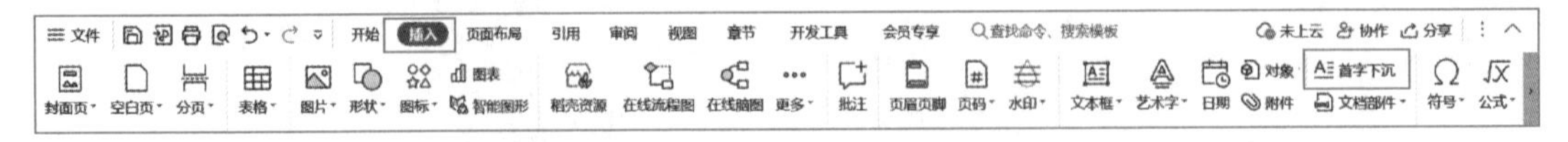

图3-20 “插入”选项卡“首字下沉”

（2）分栏

各种报刊的内容通常都是在水平方向上分成多栏，文字是按栏排列，文档内容分布在不同的栏中，这种效果利用WPS文字中的分栏功能就能实现。

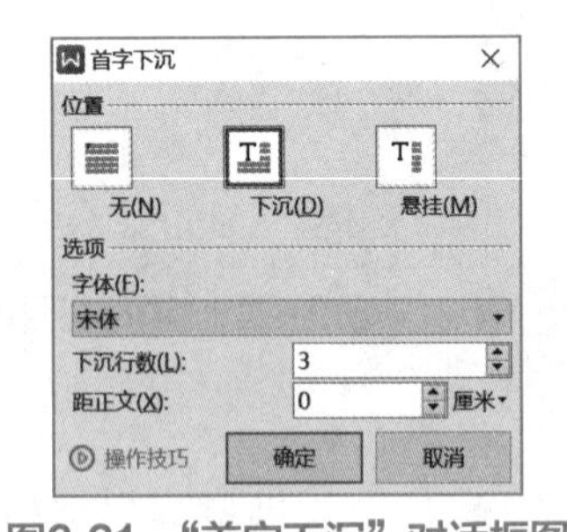

图3-21 “首字下沉”对话框图

选定要分栏的文字，单击“页面布局”选项卡功能区中的“分栏”按钮，在图3-22所示的下拉菜单中选择“更多分栏”，打开图3-23所示的“分栏”对话框，根据需要输入栏目数，同时还可以对栏的宽度和间距进行设置；如果需要栏宽相等，可以选中“栏宽相等”复选框；如果需要在栏间加入分隔线，则应选中“分隔线”复选框，最后单击“确定”按钮即可。

（3）查找和替换

WPS文字的查找替换不但可以快速地定位到想要的内容，而且还可以批量修改文档中的内容。

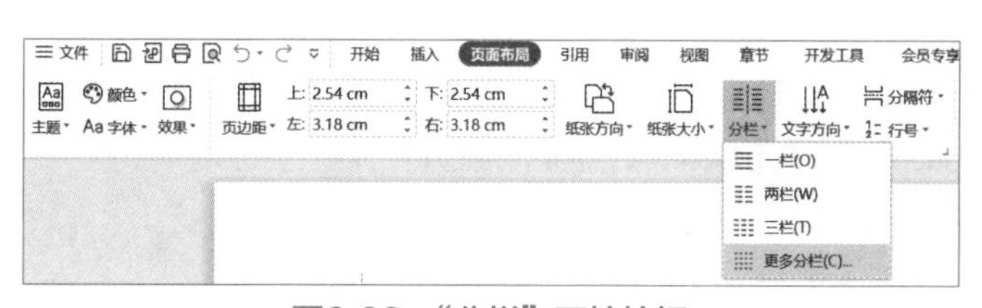

图3-22 “分栏”下拉按钮

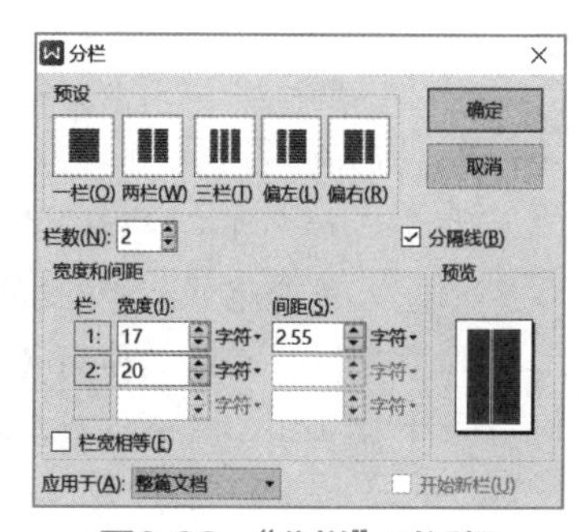

图3-23 “分栏”对话框

① 查找文本。常用的查找文本有以下几种操作方法：

方法一：先在文档中选定要查找的文本，单击图3-24所示的“开始”选项卡功能区中的“查找替换”按钮，再选择下拉菜单中的“查找”命令，或按【Ctrl+F】组合键，再根据需要设置查找方式以便查找。

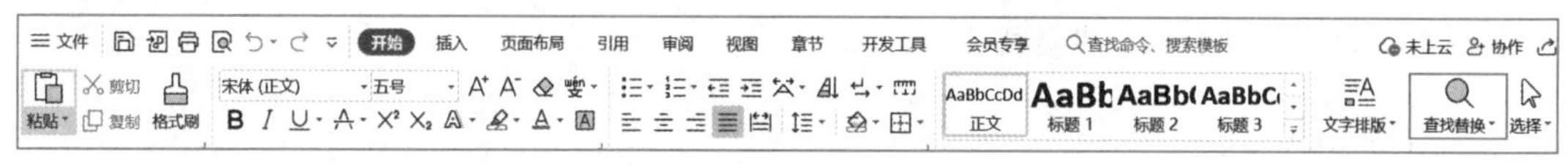

图3-24 “开始”选项卡中“查找替换”按钮

方法二：不选定文本，单击“开始”选项卡功能区中的“查找替换”按钮，再选择下拉菜单中的“查找”命令，或按【Ctrl+F】组合键，在弹出的图3-25所示的“查找和替换”对话框中选择“查找”选项卡，在“查找内容”后的文本框中输入要查找的内容，再根据需要设置查找方式即可。

② 替换文本。替换文本操作步骤如下：

A. 单击“开始”选项卡功能区中的“查找替换”按钮，再选择下拉菜单中的“替换”命令。

B. 弹出“查找和替换”对话框，单击“替换”选项卡，并在下方对应文本框中输入要查找及替换的内容。如本案例要在“查找内容”输入框中输入“匆忙”，在“替换为”输入框中输入“匆匆”，如图3-26所示。

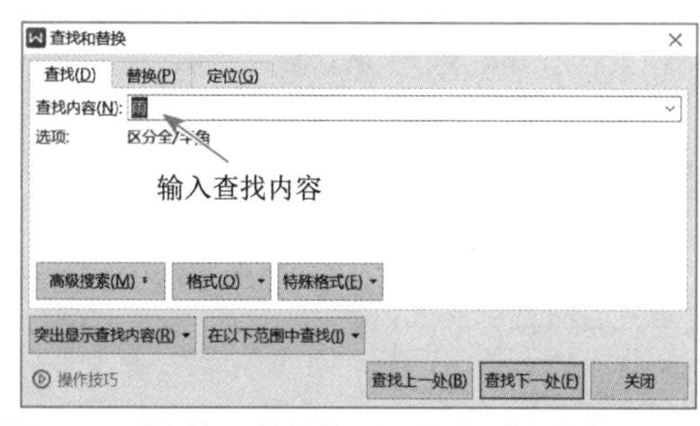

图3-25 “查找和替换”对话框中“查找”选项卡

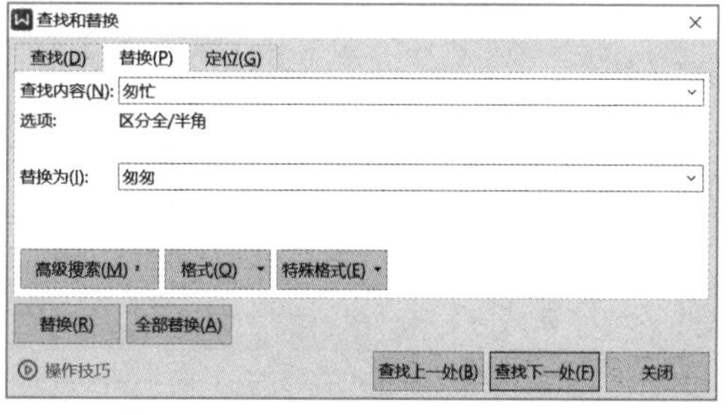

图3-26 “查找和替换”对话框中“替换”选项卡

C. 若单击“替换”按钮，则只替换当前光标处符合条件的文本，且自动选中下一个符合条件的文本；若单击“全部替换”按钮，则选定范围或全文一次性将所有符合条件的文本进行替换；若单击“查找下一处”按钮，则不替换当前符合条件的内容，且自动选中下一个符合条件的文本。

四、思考与练习

① 需设置多处格式相同的文本，可以用哪几种方法去实现？

② 能不能带格式替换？试试用替换功能实现删除文本。

③ 在删除字符时，使用【Backspace】键和【Delete】键完成删除有什么区别？

④ 利用单击格式刷与双击格式刷完成格式复制有什么不同？

实验3.2 表格制作

一、实验目的

◎熟练掌握插入表格。

◎熟练掌握表格的编辑和格式化。

◎掌握表格中的数据计算及排序。

二、实验环境

◎微型计算机。

◎Windows 10操作系统。

◎WPS Office 2023 应用软件。

在线实训

WPS表格基本操作

三、实验内容和步骤

说明：

本实训的时间是2023年8月15日，当时的网页信息如二维码所示。

在WPS中，表格由一行或多行单元格组成，用于显示数字和其他项以便快速引用和分析。表格的垂直方向为列，水平方向为行，表中的每一格是单元格。

1．插入表格

操作要求

新建一个名为“成绩表.DOCX”的文档，并在其中插入一个图3-27所示的8行4列的表格。

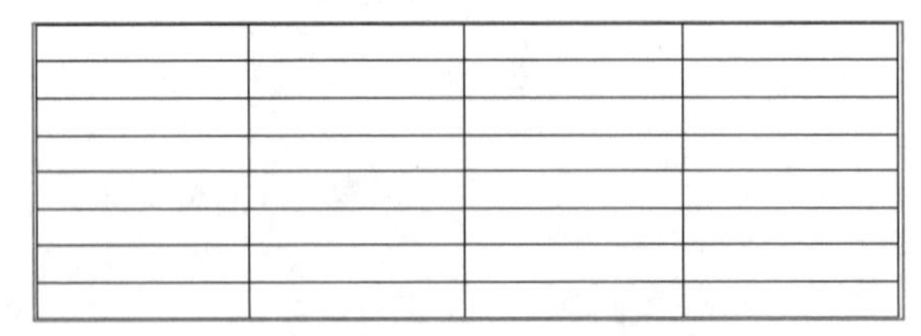

图3-27　8行4列的表格

插入表格的方法有多种，常用的有以下两种：

方法一：利用“表格”按钮。将光标定位到需插入表格的位置，单击“插入”选项卡功能区中的“表格”按钮，出现图3-28所示下拉菜单，拖动鼠标选择“插入表格”下方的白色小方格，确定好行数和列数后，单击就可插入表格。

方法二：使用“插入表格”对话框。将光标定位到需插入表格的位置，单击“插入”选项卡中“表格”按钮，单击图3-28所示的下拉菜单中的“插入表格”选项，弹出图3-29所示的“插入表格”对话框，根据要求设置好列数、行数及列宽，再单击“确定”按钮即可。

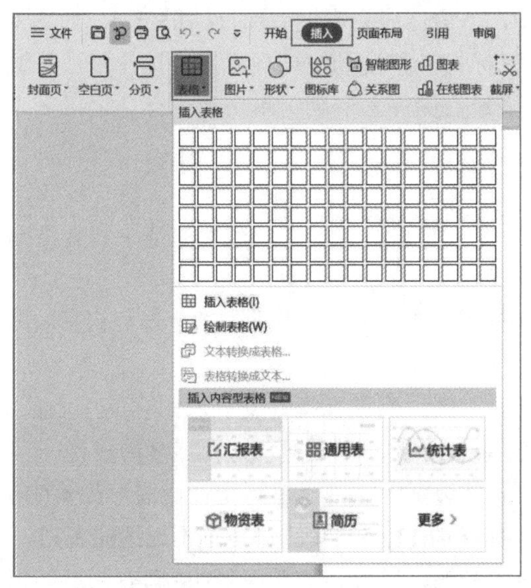

图3-28 “插入”选项卡中的“表格”下拉菜单

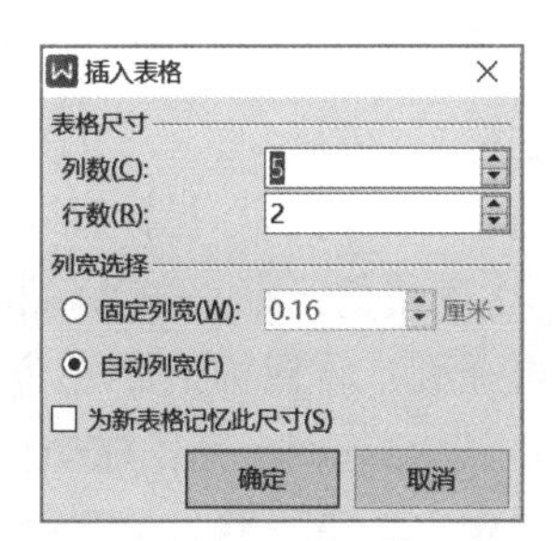

图3-29 “插入表格”对话框

注意：

在WPS中，利用插入表格功能可制作简单的表格。如果用户需要创建一个复杂的表格，则可以对表格进行进一步的编辑，如可以采用合并单元格、拆分单元格等操作来实现。

2．编辑表格

操作要求

在“成绩表.DOCX”文档中完成以下操作：

① 在表格的最右侧插入一列，底部插入一行，变成一个9行5列的表格。

② 设置表格的行高和列宽，其中第一行行高设为1.2厘米，其他行的行高均为0.7厘米，第1列列宽设为2厘米，其他列的列宽均为1.6厘米。

③ 所有单元格的对齐方式为水平居中、垂直居中。

④ 将最后一行部分单元格进行合并单元格操作，结果如图3-30所示，然后再输入除第1个单元格以外的所有单元格的数据。

⑤ 如图3-30所示，在第1个单元格中绘制斜线，输入该单元格中的行列标题及修改该单元格的段落对齐方式。

⑥ 设置第一行底纹为“黄色”。

⑦ 设置表格的外边框为2.25磅的红色单实线，内部线为0.5磅的蓝色虚线。

⑧ 将表格置于页面的中间。

表格按照上面要求完成后，结果如图3-30所示。

课程 姓名	语文	数学	英语	总分
潘志阳	88	77	80	
蒋文奇	94	87	83	
苗超鹏	88	77	83	
阮军胜	89	80	87	
邢尧磊	85	77	81	
王圣斌	84	82	80	
焦宝亮	93	85	83	
平均分				

图3-30 表格样图

操作方法如下：

（1）表格的移动与缩放

当鼠标指针移动到表格上时，表格左上角会出现全选标记⊞，其右下角会出现表格缩放标记⤡，表格右边框线上会出现追加列标记+，下边框线会出现追加行标记[+]，如图3-31所示。拖动表格全选标记，可移动表格；当将鼠标指针移动到缩放标记上，按住鼠标左键拖动可改变表格的大小；单击追加列标记可在表格最右侧插入一列；单击追加行标记可在表格最下方插入一行。

（2）选取单元格

表格是由一个或多个单元格组成的。要对单元格进行操作，一般要先选中它。下面介绍几种常用方法：

① 选定整个表格：将鼠标指针移动到表格上，单击表格的左上方的全选标记⊞，即可选定整个表格。

② 选择行：将鼠标指针移动到要选择行的左侧，当鼠标指针变成形如↗的空心箭头时，单击可选中表格的一行，拖动可选取多行；按【Ctrl】键再单击则可选不连续的多行。

③ 选择列：将鼠标指针移动到要选择列的上边框上方，当鼠标指针变成形如⬇的向下箭头时，单击即可选取一列；拖动可选取多列；按【Ctrl】键再单击则可选不连续的多列。

④ 选定单元格：将鼠标指针移到单元格的左侧，鼠标指针变成形如↗向右倾斜的黑色箭头，单击可选定一个单元格；拖动可选定多个单元格；按【Ctrl】键再单击则可选取不连续的多个单元格。

⑤ 选取行、列、单元格或者整个表格：把光标定位相应的单元格中，在“表格工具”选项卡功能区中单击“选择”按钮，可选取行、列、单元格或者整个表格，如图3-32所示。

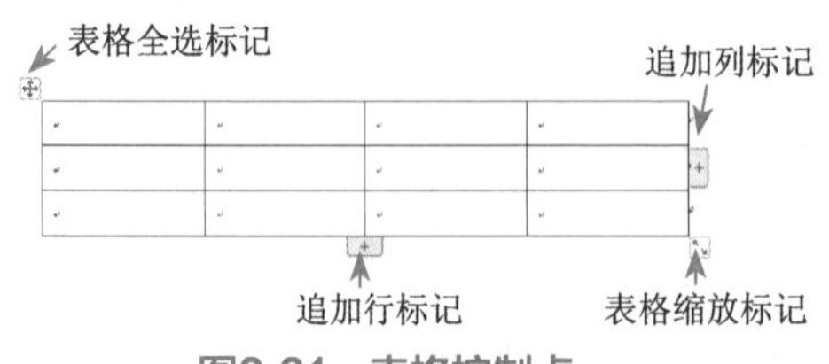

图3-31 表格控制点

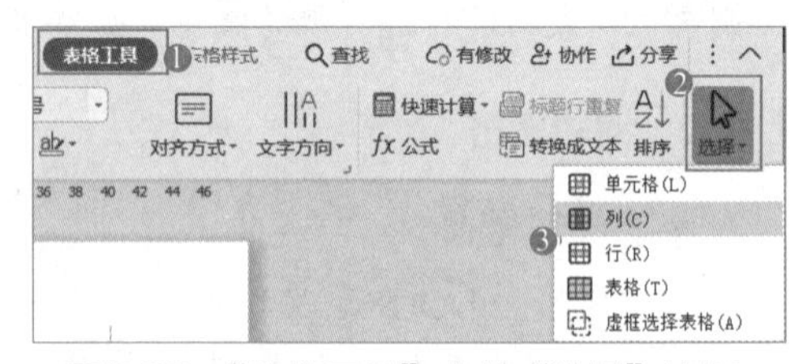

图3-32 “表格工具”中的“选择”按钮

（3）插入行、列、单元格

插入行、列、单元格的方法比较多，除了利用前面讲的单击追加行或列标记可追加行或列之外，还有以下几种常用的方法：

方法一：将光标定位到相应的单元格中，在图3-33所示的“表格工具”选项卡中单击插入行或列的相应按钮即可。

方法二：将光标定位到相应的表格线左侧或顶端，当出现图3-34所示的“⊕”时，单击，即可快速插入一行或一列。

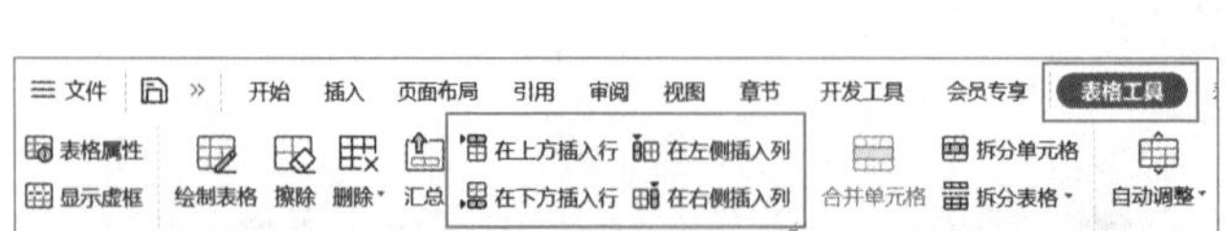

图3-33 “表格工具”选项卡功能区中的插入行列按钮

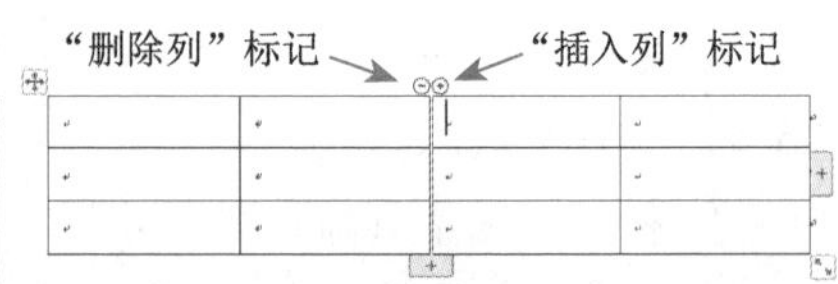

图3-34 “插入列”和“删除列”标记

方法三：光标定位到相应的单元格中，右击，弹出快捷菜单，单击“插入”选项下的相应子菜单即可，如图3-35所示。

（4）设置行高和列宽

设置行高和列宽常用以下两种方式：

方法一：使用“表格工具”选项卡功能区中的有关高度和宽度的按钮。选择对应的行或列或将光标定位到对应的某个单元格中，在图3-36所示的“表格工具”选项卡中，直接设置其中的高度或宽度的值即可。

方法二：利用“表格属性”设置。将光标定位到要设置的行或列的某个单元格中或选择对应的行或列，单击“表格工具”选项卡功能区中的“表格属性”按钮，弹出“表格属性”对话框，再选择“行”或“列”选项卡按需进行设置即可，如图3-37所示。

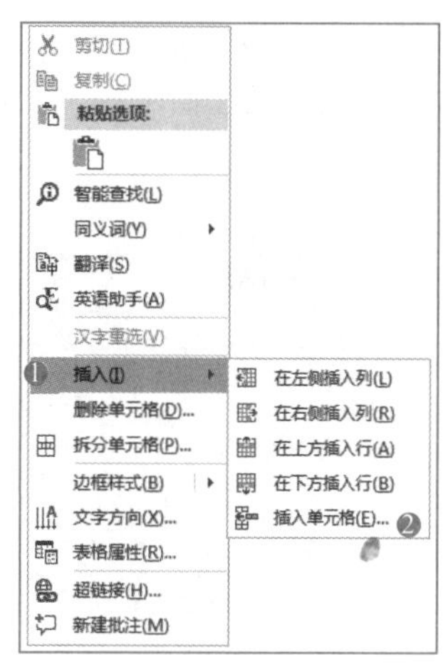

图3-35　“插入”子菜单

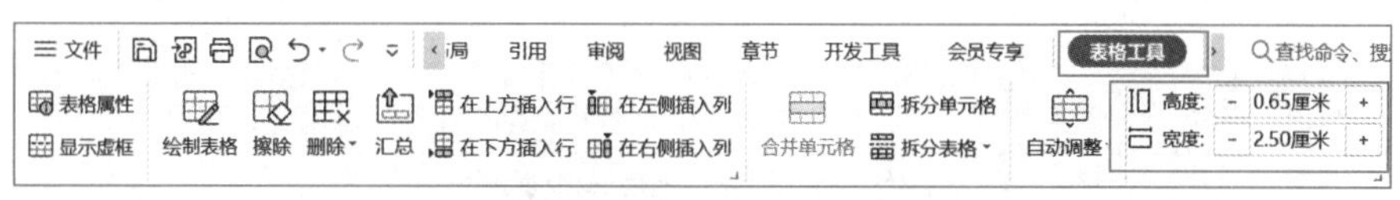

图3-36　“表格工具”选项卡中高度与宽度按钮

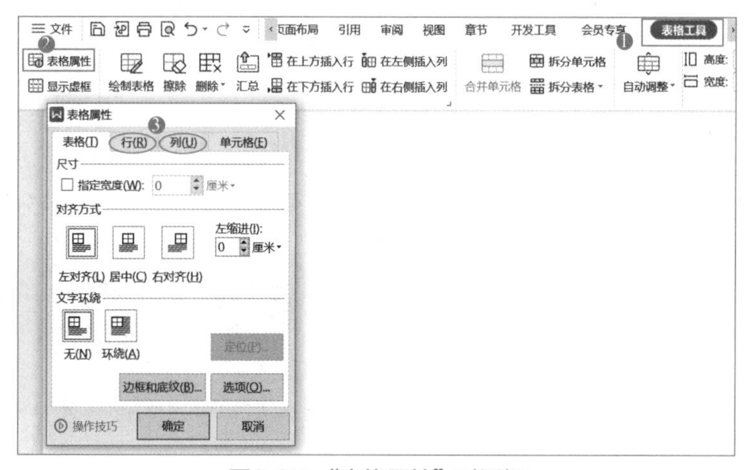

图3-37　“表格属性”对话框

方法三：直接使用鼠标拖动。将鼠标指针指向表格边线，当鼠标指针变成形如÷或⫲的双向箭头时按住鼠标左键拖动，进行尺寸的修改，满意后松开鼠标左键即可。

（5）单元格对齐方式

为了使表格更加规整、美观，WPS 文字提供了九种单元格中文字的对齐方式。设置单元格对齐方式操作方法如下：

选取所需单元格，在图3-38所示的“表格工具”选项卡功能区中“对齐方式”下拉菜单中，单击所需的对齐方式即可。

（6）合并单元格

合并单元格常用如下两种方法：

方法一：选中需要合并的单元格，单击图3-39所示的“表格工具”选项卡功能区中的

“合并单元格”按钮，选中的单元格即可合并成一个单元格。

方法二：选中需要合并的单元格，在选中区域内右击，弹出快捷菜单，单击“合并单元格”命令即可。

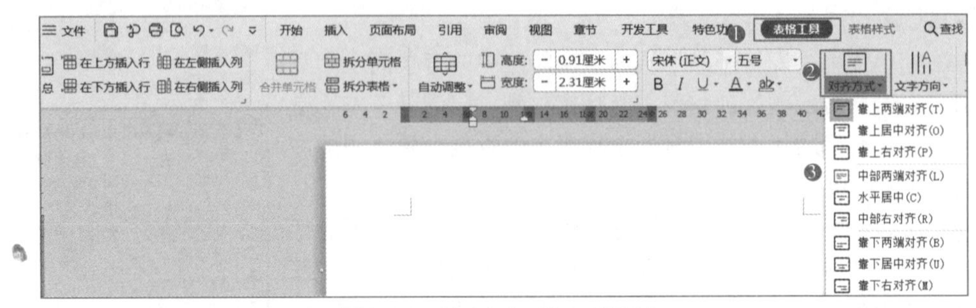

图3-38 “对齐方式”下拉列表

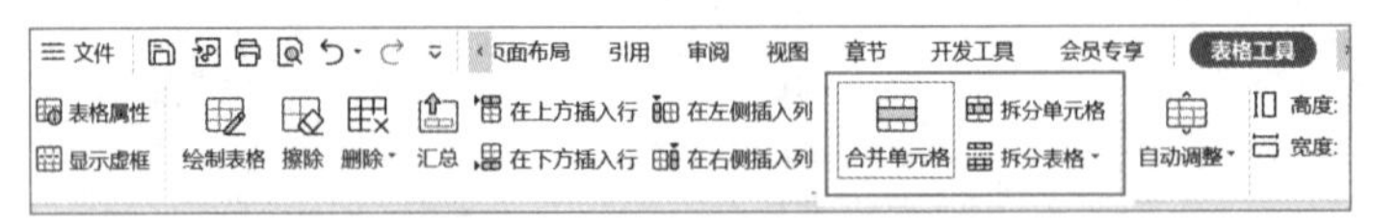

图3-39 “合并单元格”按钮

（7）拆分单元格

拆分单元格的操作方法与合并单元格操作方法类似，常用如下两种方法：

方法一：选中需要拆分的单元格，单击“表格工具”选项卡功能区中的“拆分单元格”按钮，弹出图3-40所示的“拆分单元格”对话框，输入需拆分成的行数和列数，最后单击“确定”按钮即可。

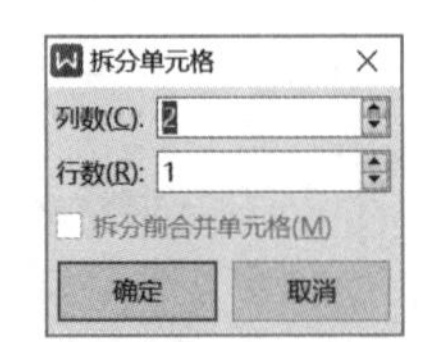

图3-40 “拆分单元格”对话框

方法二：选中需要拆分的单元格，在所选单元格范围内，右击，在弹出的快捷菜单中选择“拆分单元格”命令，弹出“拆分单元格”对话框，输入所需的行数和列数，最后单击“确定”按钮即可。

当然，如果只是将一个单元格拆分成多个单元格，用户可以不选择单元格，只要将光标定位到单元格中就可以。

（8）单元格中绘制斜线

方法一：单击“表格样式”选项卡功能区中的“绘制斜线表头”按钮，如图3-41所示，可以选择所需斜线。

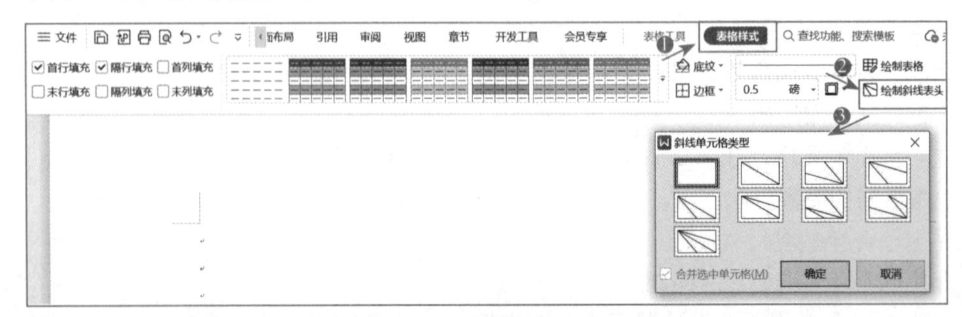

图3-41 绘制斜线表头

方法二：单击“表格样式”选项卡功能区中的“绘制表格”按钮，在需要绘制斜线的单元格中直接绘制。

（9）表格的边框和底纹

表格的任何一条线条都可以单独设置线型、粗细和颜色，任意一个单元格都可以单独设置底纹。

设置表格和单元格边框和底纹有多种方法。

方法一：选中表格或单元格，利用前面提到过的“开始”选项卡功能区中的“边框”按钮，通过“边框和底纹”对话框来完成边框和底纹的设置。

方法二：选中表格或单元格，单击“表格工具”选项卡功能区中的“表格属性”按钮，再选择弹出的“表格属性”对话框中“表格”选项卡，然后单击下方的“边框和底纹”按钮，弹出“边框和底纹”对话框，后续操作与之前用过的设置段落的边框和底纹操作方法类似。

方法三：选中表格或单元格，单击“表格样式”选项卡功能区中的“底纹”按钮 底纹 进行底纹设置，或单击“边框”按钮 边框 进行边框设置。

方法四：选中表格，直接选择“表格样式”选项卡的表格主题样式，可以快速地为表格设置边框和底纹。

（10）表格对齐方式

方法一：表格对齐方式操作方法与文本类似，先选中整个表格，再单击“开始”选项卡中“段落”相关命令中的相应选项，如“居中”按钮，“右对齐”按钮，即可调整表格在页面中的位置。

方法二：光标定位到表格中，单击“表格工具”选项卡的“表格属性”按钮，弹出“表格属性”对话框，单击“表格”选项卡，如图3-42所示，最后在对齐方式选择区中选择所需的对齐方式即可。

图3-42　“表格属性”之“表格”选项卡

3．表格数据的计算

操作要求

计算出“成绩表.DOCX”中每位同学的总分、所有单科成绩的平均分及总分的平均分。

WPS表格具有简单的计算功能，用户可以借助这些计算功能完成简单的统计工作，表格中进行数据计算的操作步骤如下：

① 将光标定位到要存放结果的单元格中。

② 单击“表格工具”选项卡功能区中的“公式”按钮 *fx* 公式，弹出图3-43所示的“公式”对话框。

③ 在公式文本框中输入正确的公式。

④ 单击“确定”按钮。

公式要是以等号开头，后可接函数、常量及单元格名称等组成的表达式，如常用的函数公式为“=函数(计算范围)”，建立公式时要注意以下几项：

① 常用的基本函数有：求和函数SUM()、求平均值函数AVERAGE()、最大值函数MAX()和最小值函数MIN()。

② 计算范围的关键字有LEFT（左边），ABOVE（上面）。

③ 计算范围可以使用单元格名称。

单元格名称是由列标+行号组成的，列标采用字母编号，如第一列为A，第二列为B……；行号用数字编号，如第一行为1，第二行为2……；以此类推。因此第3列第2行所对应的单元格名称为C2，如图3-44所示。

图3-43 “公式”对话框

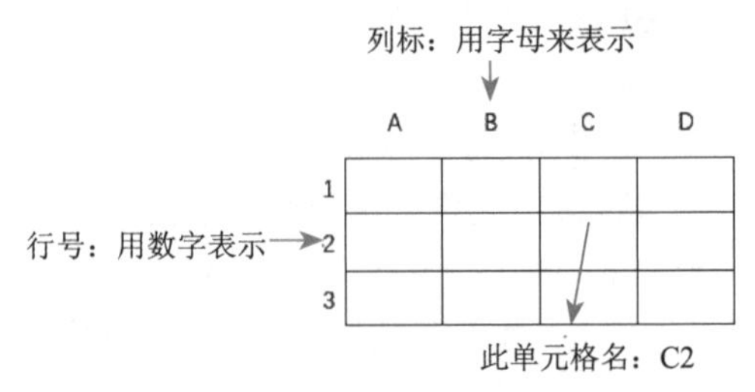

图3-44 “单元格名称”说明图

选择不连续的单元格用“,”来分隔。如(A2,C3)表示被计算的是A2和C3两个单元格。

选择连续的单元格用“:”来分隔。如(A2:C3)表示被计算的是A2到C3中所有的单元格（即A2、B2、C2、A3、B3、C3这6个单元格）。

④ 在复制有关计算时，复制的是计算公式，并不是计算结果。

⑤ 当被计算的数据发生变化时，需要选中原来的计算结果，右击，再单击弹出的快捷菜单中的“更新域”命令或直接按【F9】键重新计算。

案例操作提示：

① 第2行到第8行总分列的计算公式为：=SUM(LEFT)。

② 最后一行所有同学单科成绩的平均分（B9单元格）计算公式为：=AVERAGE(B2:D8)。

③ 最后一行中总分列所对应的单元格，即所有总分的平均分计算公式为：=AVERAGE(ABOVE)。

4．表格数据排序

操作要求

对“成绩表.DOCX”中的每位同学按语文成绩由低到高排序，若语文成绩相同，则按总分由高到低排序。结果如图3-45所示。

排序是指将表格中的行按指定的方式重新调整顺序。排序的操作步骤如下：

① 光标定位到要排序的表格中或选择参与排序的区域。

② 单击“表格工具”选项卡“数据”选项组中的“排序”按钮，弹出图3-46所示的“排序”对话框。

③ 设置排序方式。

④ 单击“确定”按钮。

说明：

WPS不能对合并后的单元格进行排序，因此如果有合并单元格或有某些数据不需要参加排序时，用户就要注意区域的选择。因此，本案例中大家要选择的区域为第2行到第8行。

课程 姓名	语文	数学	英语	总分
王圣斌	84	82	80	246
邢尧磊	85	77	81	243
苗超鹏	88	77	83	248
潘志阳	88	77	80	245
阮军胜	89	80	87	256
焦宝亮	93	85	83	261
蒋文奇	94	87	83	264
平均分	83.95			251.86

图3-45　“成绩表.DOCX”的结果样图

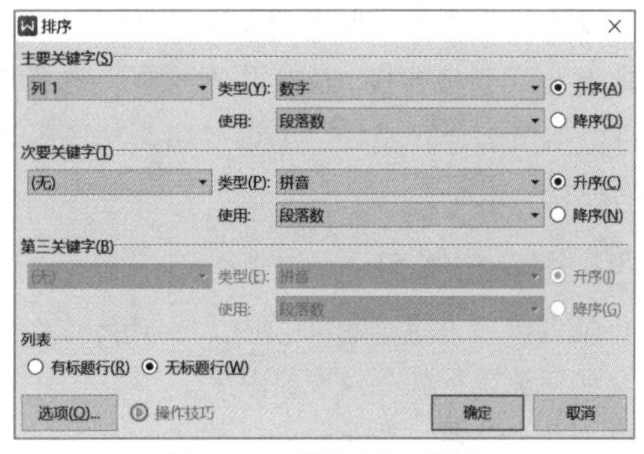

图3-46　“排序”对话框

5．表格与文本的转换

（1）文本转换为表格

操作要求

将下列的1到15这15个数字转换为3行5列的表格。

1,2,3,4,5

6,7,8,9,10

11,12,13,14,15

操作步骤如下：

① 选定要转换成表格的数据区域。

② 单击“插入”选项卡功能区中的“表格”选项，再单击下拉列表中的“文本转换成表格”命令，如图3-47所示。

③ 弹出“将文字转换成表格”对话框，如图3-48所示,确认对话框中的各项内容是否与要求相符，如果没有问题，则单击“确定”按钮。本例直接单击“确定”按钮即可。结果如图3-49所示。

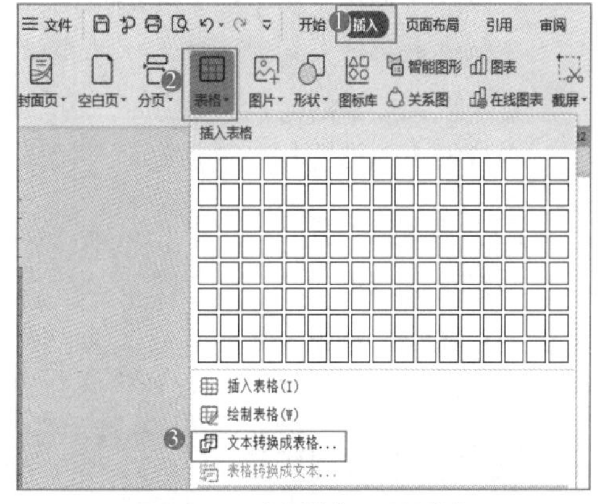

图3-47　“表格”下拉列表

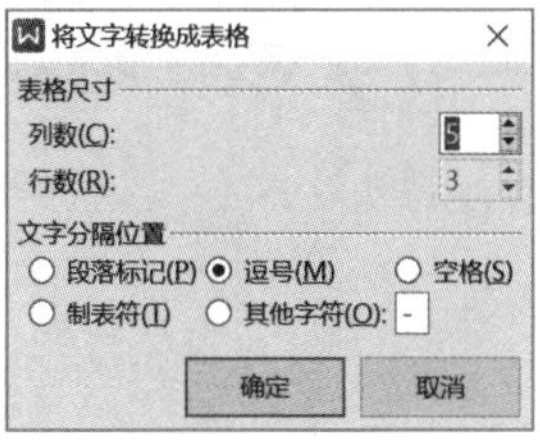

将文字转换成表格
表格尺寸
列数(C): 5
行数(R): 3
文字分隔位置
段落标记(P)　逗号(M)　空格(S)
制表符(T)　其他字符(O): -
确定　取消

图3-48　“将文字转换成表格”对话框

1	2	3	4	5
6	7	8	9	10
11	12	13	14	15

图3-49　转换完成后的表格

（2）表格转换为文本

操作要求

将图3-49所示的表格转换成3行纯文本，同行的数值间用西文逗号分隔。

操作步骤如下：

① 选定表格或将光标定位到表格中。

② 单击“表格工具”选项卡功能区中的“转换成文本”按钮 转换成文本。

③ 弹出“表格转换成文本”对话框，选择所需的文字分隔符，本例选择“逗号”单选按钮，如图3-50所示，单击“确定”按钮即可。

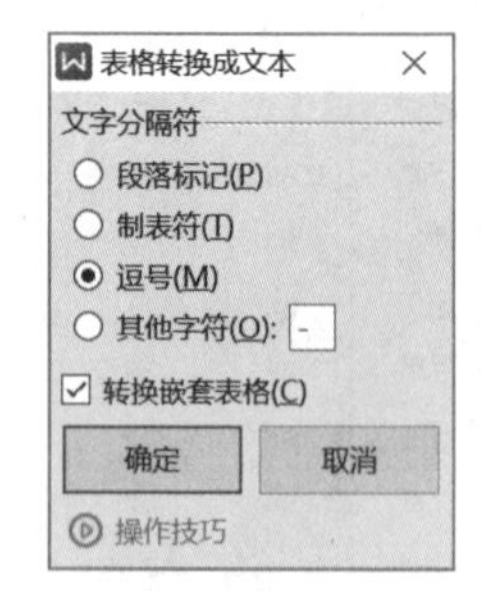

图3-50 “表格转换成文本”对话框

四、思考与练习

① 是否可用“绘制表格”手工绘制表格？

② 如何删除行、列及表格？

③ 对于长表格，如何让第二页及后面页的表格第一行与第一页的表头保持相同？

实验3.3 图文混排

一、实验目的

◎熟练掌握在文档中插入和编辑图片的方法。

◎熟练掌握插入和编辑艺术字的操作方法。

◎掌握文本框的插入与设置。

◎掌握页面设置与打印设置。

二、实验环境

◎微型计算机。

◎Windows 10操作系统。

◎WPS Office 2023 应用软件。

三、实验内容和步骤

图3-51 家长会通知样文图

说明：

本实训的时间是2023年8月15日，当时的网页信息如二维码所示。

在线实训

WPS图文混排

某小学二年级3班要召开家长会，班主任肖老师要发一个家长会通知给家长，请你帮她完成图3-51所示的会议通知单。

1. 新建文档及简单编辑

操作要求

① 新建文档“家长会.DOCX”。

② 如样文图所示，请在适当的位置输入文字并添加表格。

③ 设置字符格式，表格中文字的字体字号与其他文字字符格式要有区别。

2. 页面设置

操作要求

对“家长会.DOCX”文档中进行页面设置，其中纸张大小为A4，页边距：上、下均为

2.5 cm，左、右均为3.0 cm。

页面设置主要用来设置使用的纸张类型、页边距、每页的字符数、行数等，常用以下两种方法：

方法一：单击图3-52所示的“页面布局”选项卡功能区中的“纸张大小”“纸张方向”“页边距”等按钮，再根据需求进行设置即可。

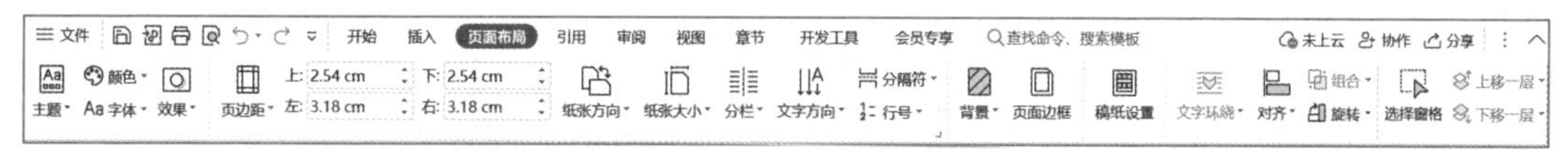

图3-52　“页面布局”选项卡

方法二：单击“页面布局”选项卡功能区中“页面设置”对话框启动器按钮 ⌟，弹出“页面设置”对话框，如图3-53所示，单击“纸张”选项卡，从“纸张大小”下拉列表框的列表中选择所需纸张；单击“页边距”选项卡，可设置纸张方向、页边距、页码范围等；单击“版式”选项卡，可以设置节的起始位置、页眉和页脚距边界距离等信息；单击“文档网格”选项卡，可以设置每页的行数及每行的字符数等信息。设置完成后，单击“确定”按钮即可。

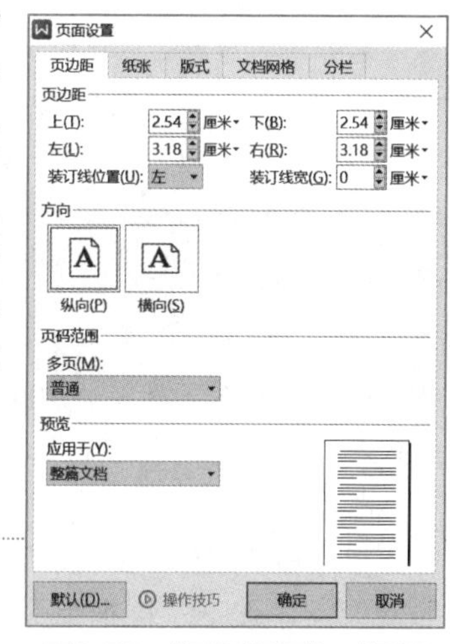

图3-53　“页面设置”对话框

3．页面颜色

操作要求

设置“家长会.DOCX”文档的页面颜色：浅绿，着色6，浅色60%。

设置页面颜色的方法为：单击“页面布局”选项卡功能区中的“背景”选项，在弹出的图3-54所示的“背景”下拉菜单中选择所需颜色。

如果想使用图片或纹理之类的更加漂亮且个性化的背景，则可使用“背景”下拉菜单中“图片背景”和“其他背景”进行设置。

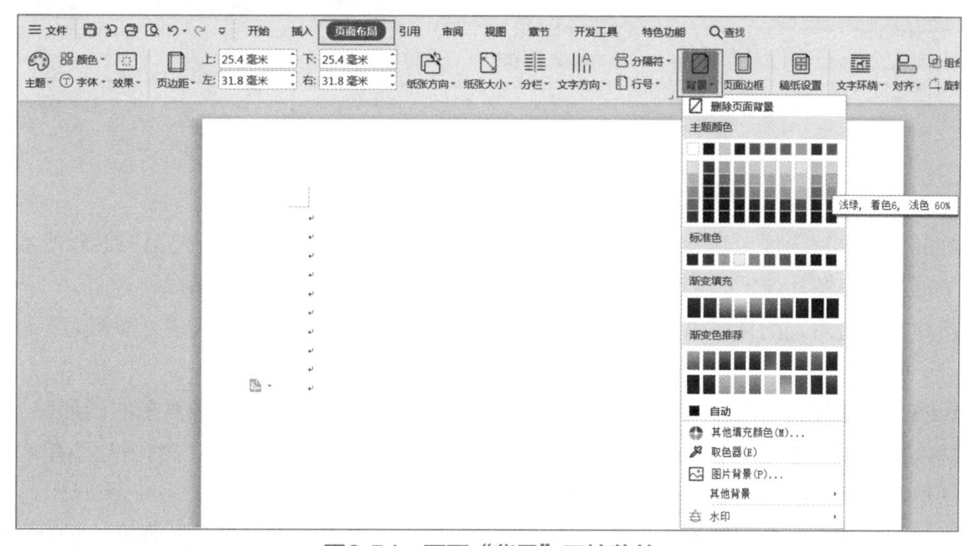

图3-54　页面“背景”下拉菜单

4. 图的插入及编辑

操作要求

在“家长会.DOCX”文档中完成以下操作：

① 在样文图所示位置插入一幅与内容相符的图片，并调整图片到合适的大小，环绕方式为紧密型。

② 在样文图所示位置插入两个大小相同的三角形，将形状填充设为“无颜色”，线条为蓝色，线条粗细设置要如样文图类似，最后调整图形的形状和大小到合适的状态。

③ 在样文图所示位置插入智能图形，图形为基本流程，并输入文字，然后调整图形的形状和大小到合适的状态。

其中图的插入可以通过图3-55所示的“插入”选项卡来完成。

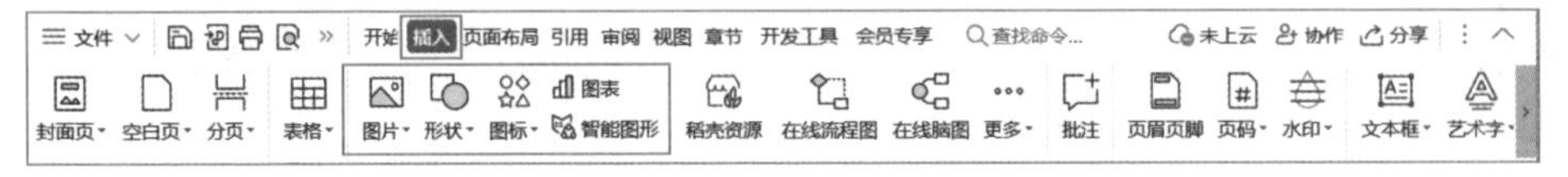

图3-55 “插入”选项卡的“插图”选项组

（1）插入图片

单击“插入”选项卡功能区中的“图片”按钮右下角的下拉按钮，弹出有关插入图片列表，再根据需要进行操作，最后选择所需图形文件。

图3-56 图片示例

图片插入之后，它的矩形边框上会出现八个控件点，若鼠标指针移动到控件点上，鼠标指针就变成了类似如“⟷”的双箭头，按下左键拖动鼠标，可以调整图片的大小，如图3-56所示。如果先按住【Ctrl】键再拖动，图片将以其中心为参照点成比例地缩放。

选中图片，将动态出现图3-57所示的“绘图工具”选项卡，可以对图片的颜色、图片样式、位置、环绕文字方式和大小等进行设置。

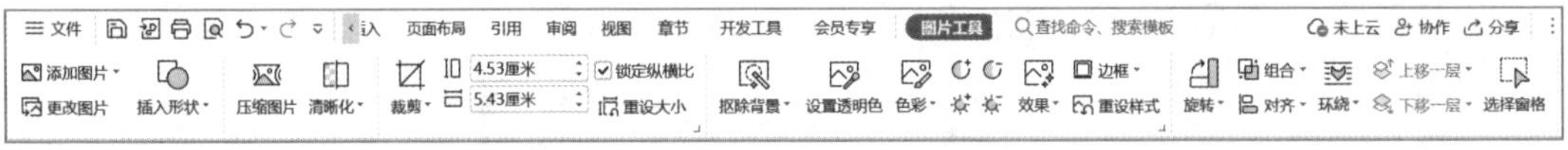

图3-57 “图片工具”选项卡

（2）插入手机中的图片

单击“插入”选项卡功能区中的“图片”按钮下方的下拉按钮，弹出图3-58所示的选项，单击“手机图片/拍照”选项，弹出图3-59所示的对话框，再根据提示操作即可。

图片插入之后，同样可以通过新增的“图片工具”选项卡对图片格式进行设置。

（3）插入形状

WPS文字中提供了绘图功能，用户使用时可以随心所欲地绘制出各种复杂的图形。

插入的方法：单击“插入”选项卡功能区中的“形状”按钮，在出现的下拉菜单中选择所需图形，在文档编辑区中按下鼠标左键拖动到合适的大小即可。

形状图形插入之后，同样可以通过新增的“绘图工具”选项卡对形状图形格式进行设置。

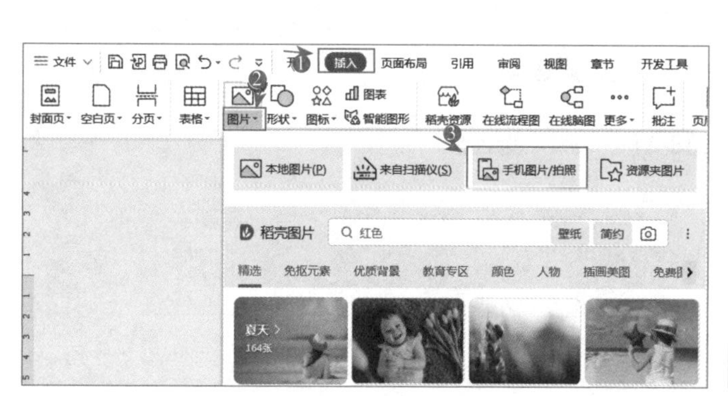

图3-58　插入“图片”选项

图3-59　“插入手机图片”对话框

（4）智能图形

智能图形是一种文字图形化的表现方式，它能帮助用户制作层次分明、结构清晰、外观美观的文档插图。

创建智能图形操作步骤：

① 单击“插入”选项卡功能区中的“智能图形”按钮 智能图形，弹出“智能图形”对话框，如图3-60所示。

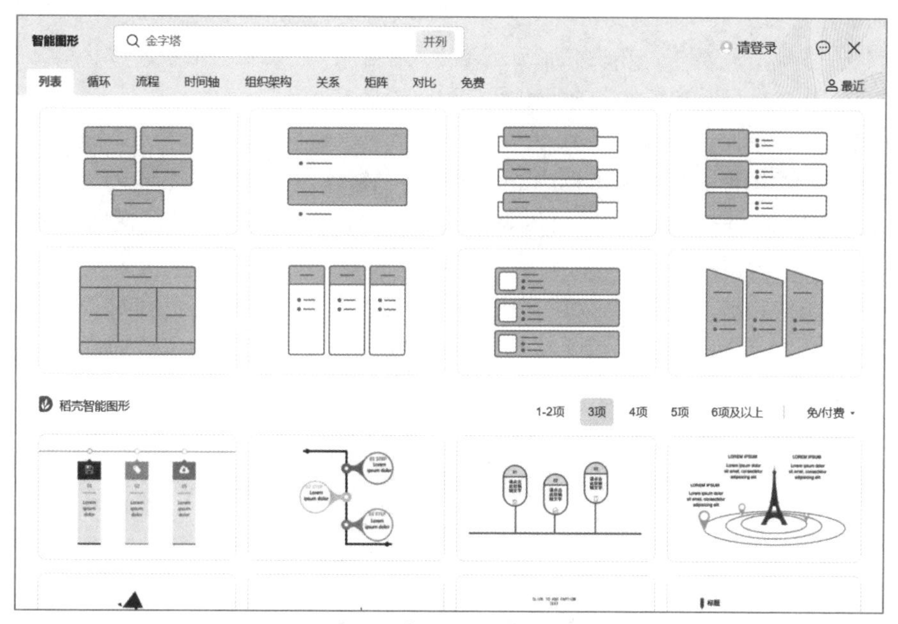

图3-60　“智能图形”对话框

② 在“智能图形”对话框中选择所需图形，再单击“确定”按钮。智能图形共有八大类别，可以先选择大类，再选择所需图形。

③ 在各个文本框中输入相应的文字。

与之前的插入其他图形类似，选中任意一个智能图形中的文本框，都将动态出现有关智能图形的“设计”和“格式”选项卡，分别如图3-61和图3-62所示，使用这两个选项卡功能区中的有关按钮便可快速修改智能图形中的页面布局、文本框和框内文字的格式等。

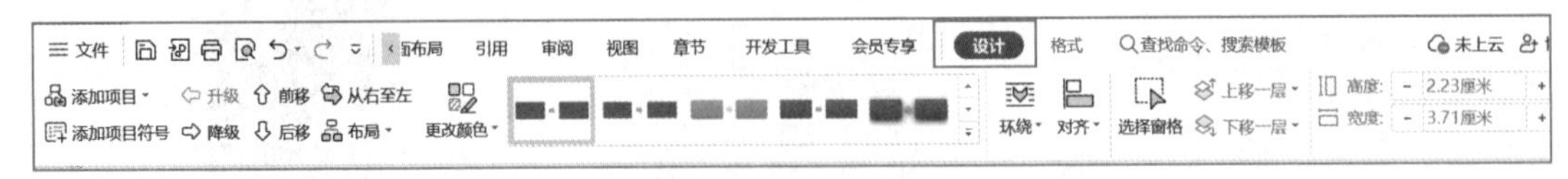

图3-61 “设计”选项卡

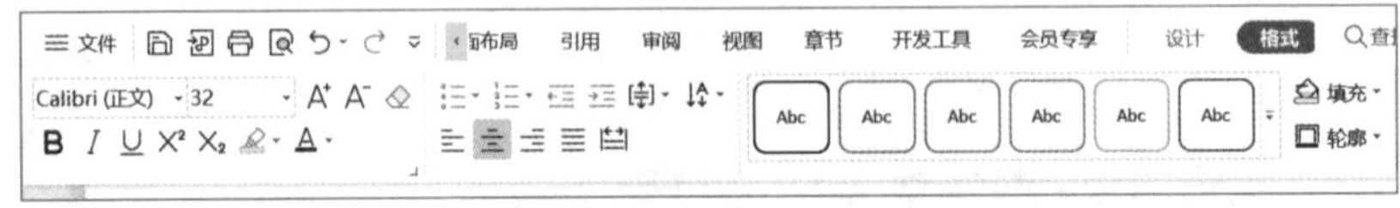

图3-62 “格式”选项卡

5. 插入文本框和艺术字

操作要求

在“家长会.DOCX”文档中完成以下操作：

① 在样文图所示位置插入文本框，并在文本框中输入相应文字内容，再设置其字符格式；设置文本框的形状填充颜色为“浅绿，着色6”，无边框，环绕文字为“上下环绕”，调整文本框大小，并移动文本框到样文图所示位置。

② 在样文图所示位置插入艺术字，艺术字样式为“填充-黑色，文本1，轮廓-背景1，清晰阴影-背景1”；艺术字的文字为“家长会”，字体为“等线”，字号为36磅；艺术字的文字效果为“转换，弯曲，倒V形”；环绕文字为“浮于文字上方”；设置艺术字的形状填充颜色与页面背景颜色一样；最后调整艺术字的大小形状到合适状态。

（1）插入文本框

文本框是一种图形对象，文本框中的内容是一个整体。利用它可以将文字、图形、图片等对象放置在页面的任何位置，并可以调整大小。预设文本框有三种：横向、竖向和多行文字。

插入文本框的方法为：单击“插入”选项卡功能区中的“文本框”下拉按钮，选择所需文本框样式，如图3-63所示。若是绘制文本框则需到文档编辑区中合适的位置拖动鼠标进行绘制，再输入内容。

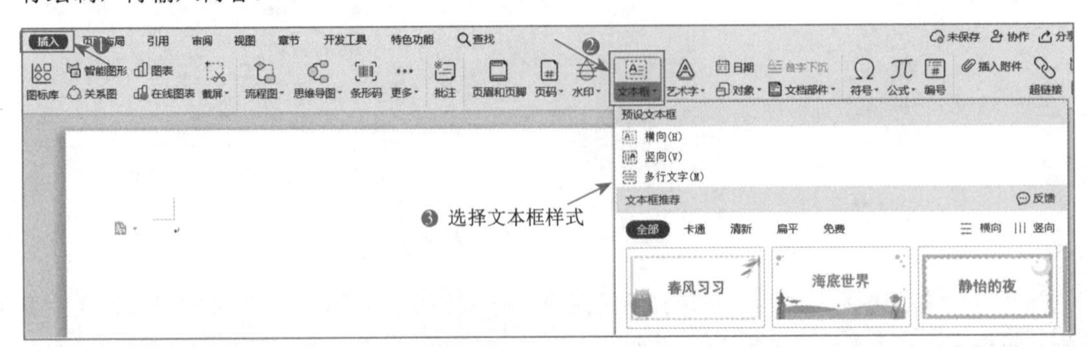

图3-63 插入文本框

WPS提供了设置文本框格式的“文本工具”选项卡，如图3-64所示，可以对现有文本框的文字方向、形状样式、大小等进行适当调整。

图3-64　“文本工具”选项卡

（2）插入艺术字

合理的运用艺术字可使文档更加生动、活泼。

插入艺术字的方法：单击“插入”选项卡中的“艺术字”按钮，选择所需艺术字样式，如图3-65所示。删除“在此放置您的文字”后再输入需要的文字。

和文本框一样，用户同样可以通过“文本工具”选项卡和“绘图工具”选项卡对现有艺术字形状格式、艺术字样式、填充、轮廓等进行适当调整及美化。

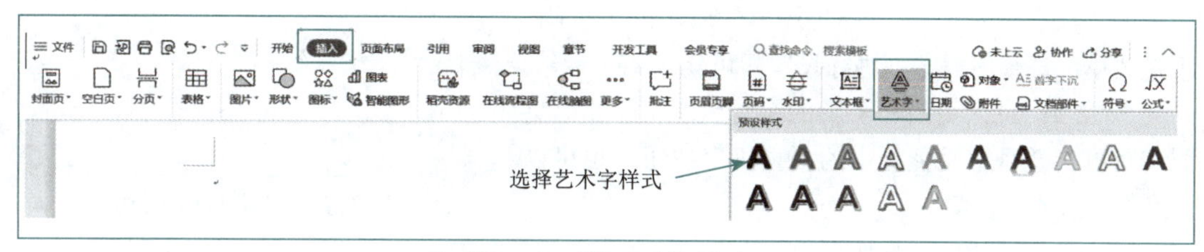

图3-65　“艺术字”样式

6．页眉和页脚

操作要求

为“家长会.DOCX”文档添加页眉，内容为“期待您的光临”，字体设置为“等线，五号”，对齐方式为“居中”。

为了版面更加美观以及便于阅读，通常可在正文之上的页眉区域和正文之下的页脚区域插入页码、文件名、章节名称或作者等内容。

添加页眉和页脚的主要操作是在“插入”选项卡中完成。

（1）设置页眉和页脚

插入页眉操作步骤：

① 单击图3-66所示的“插入”选项卡功能区中的“页眉页脚”按钮，选项卡栏中出现了图3-67所示的动态“页眉页脚”选项卡。

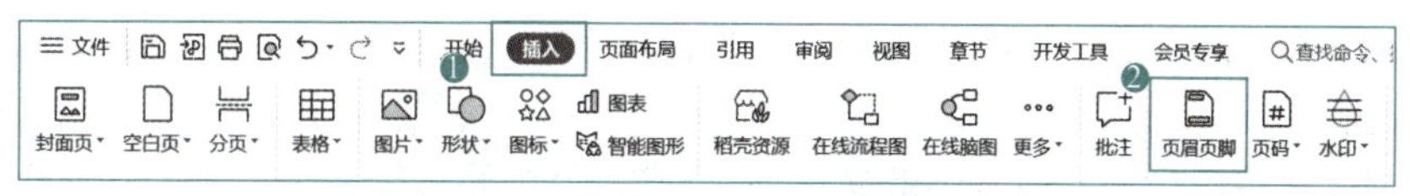

图3-66　“插入”选项卡中“页眉页脚”按钮

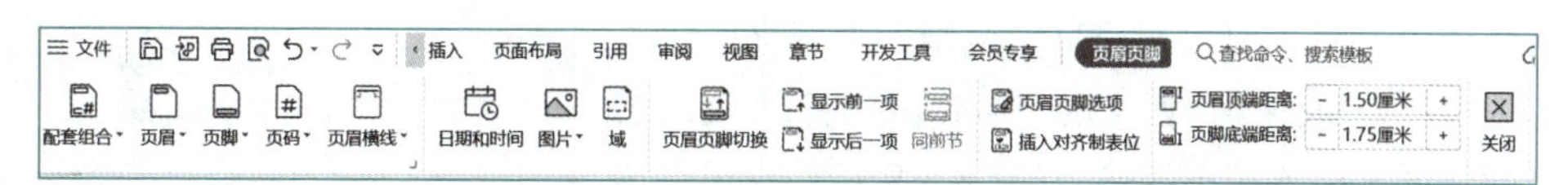

图3-67　“页眉页脚”选项卡

② 单击“页眉”按钮，弹出图3-68所示的“页眉”下拉菜单，选择某种已有的页眉样式或“编辑页眉”选项，进入页眉编辑状态，输入页眉内容。

③ 设置完成后，单击“页眉和页脚工具”选项卡功能区中的“关闭”按钮，将编辑状态返回到正文中。

页脚插入方法与插入页眉相似。

（2）页码

在处理文档时，经常要给文档添加页码。WPS提供了自动添加页码的功能。

插入页码的方法如下：

方法一：单击图3-66所示的“插入”选项卡功能区中的“页码”按钮，弹出图3-69所示的“页码”下拉菜单，选择所需选项进行设置即可。

方法二：进入页眉和页脚的编辑状态，单击“页眉和页脚”选项卡功能区中的“页码”按钮，也可以打开图3-69的下拉菜单。

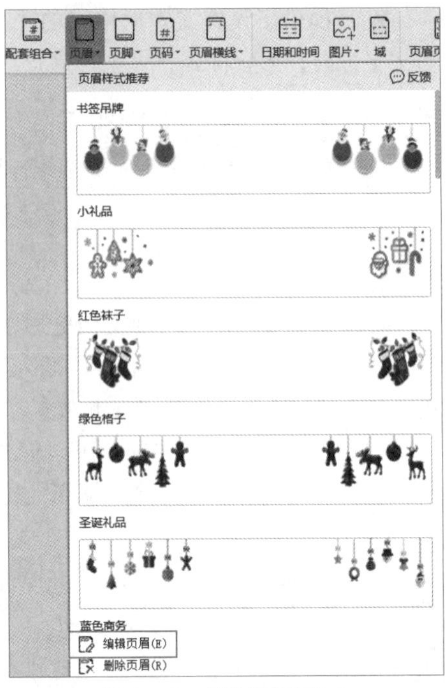

图3-68 设置页眉样式

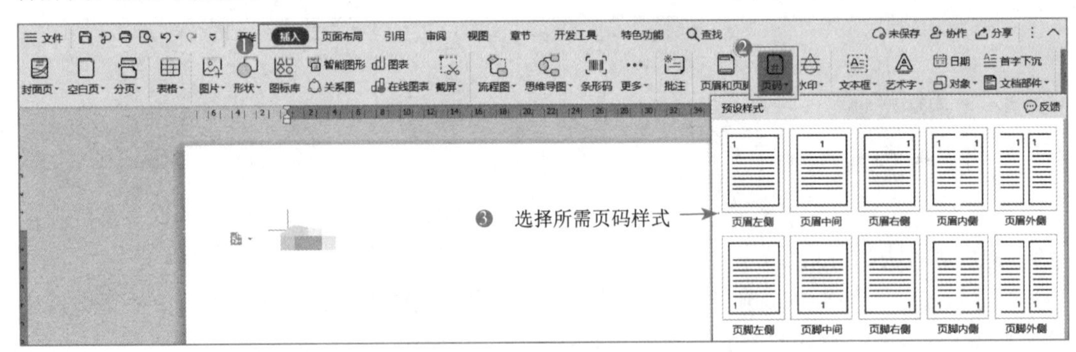

图3-69 “页码”下拉菜单

7. 打印和打印预览

安装且设置好打印机后，可以对文档进行打印，具体操作如下：

① 单击“文件”菜单，再单击“打印”选项 打印(P)，或直接单击快速访问工具栏中的“打印”按钮，出现图3-70所示的“打印”对话框。

② 根据需要可以进行修改打印默认设置，如设置打印方式、打印的范围、打印的份数、每页的版数等；如果只需打印部分页，可以在“页面范围”选择区中输入要打印的页码，页码间用西文的逗号作分隔符,而连续的页码之间用西文的连字符连接，如1,3,5-9,12；也可以选择打印当前页，或者打印选定的内容。

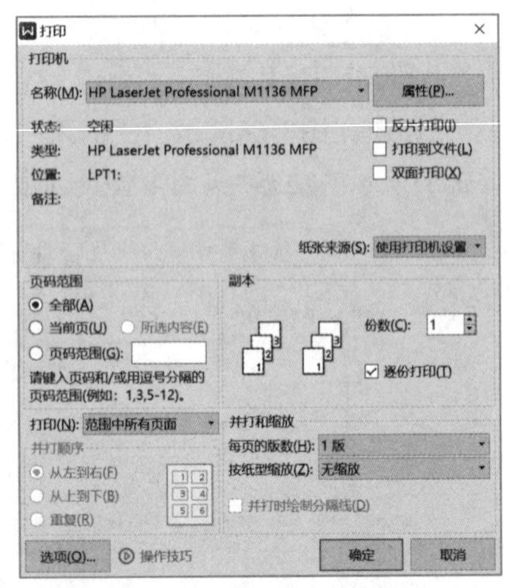

图3-70 “打印”对话框

一般在打印之前，需要先预览打印的内容，单击“文件”按钮，将鼠标指针移动到“打印”选项上，单击右侧出现的“打印预览”选项 打印预览(V)。如果对预览的效果感到满意，直接单击打印预览区域中的“打印”按钮 即可。

四、思考与练习

① 有时插入的图片只显示部分内容，怎么操作才能使用图片完整地显示？

② 如何选定多个图片，如何进行组合、叠放？

③ 在没有其他截图软件或工具的情况下，如何快速地截取“插入”选项卡“插图”选项组中的“图表”按钮？

实验3.4　长文档的排版与审阅

一、实验目的

◎熟练掌握分节符的使用方法，掌握复杂的页眉、页脚和页码的设置方法。

◎熟练掌握样式的创建、修改和应用方法。

◎掌握插入题注、制作图表目录和交叉引用的方法。

◎熟练掌握目录的制作和更新方法。

◎熟练掌握审阅功能的使用。

二、实验环境

◎微型计算机。

◎Windows 10操作系统。

◎WPS Office应用软件。

三、实验内容和步骤

在线实训

WPS长文档的排版

说明：

本实训的时间是2023年8月15日，当时的网页信息如二维码所示。

1. 设置长文档的复杂页眉、页脚和页码

操作要求

① 在网上下载一篇长文档到WPS文字中，并以文件名“长文档编辑.DOCX”保存到D盘的班级加姓名文件夹中。

② 文档采用A4纸，纵向，上、下页边距为2.5厘米，左右为3厘米。

③ 将文档分成2节，封面为第1节（如果没有封面，则可以自己增加一个封面），其他内容为第2节，且第2节是从新的一页开始。其中，封面页中增加有关学校信息“湖面工业大学计算机学院”。

④ 设置页眉页脚及页码。封面不需设置页眉页脚及页码。第2节起始页码为1，位于页脚中，且居中对齐；奇数页眉为“湖南工业大学”，偶数页眉为“长文档编辑案例”，居中对齐。

（1）分节设置

为了实现对同一篇文档中不同部分的文本进行不同的格式化操作，可以将整篇文档分成多个节。节是文档格式化的最大单位，只有在不同的节中才可以设置与前面文本不同的页眉页脚、页边距、页面方向，文字方向或版本等格式。

插入分节符的操作步骤如下：

① 将光标定位到需要插入分节符的位置，单击“页面布局”选项卡功能区中“分隔符”按钮 分隔符，弹出图3-71所示的“分隔符”下拉菜单。

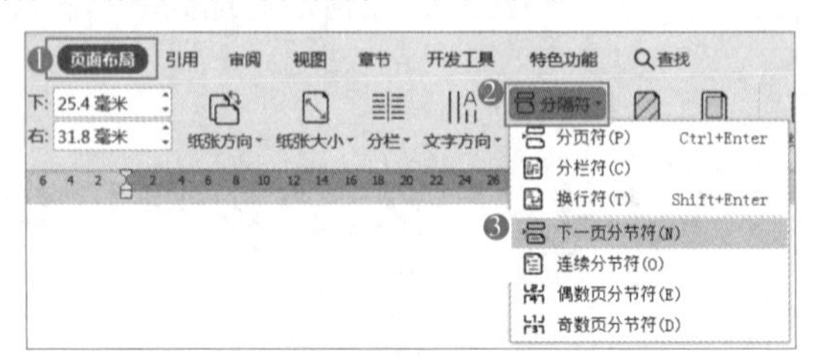

图3-71 “分隔符”下拉菜单

② 在列表中选择所需分节符类型，如“下一页分节符”。分节符的类型有下一页、连续、奇数页和偶数页。

- 下一页分节符：插入一个分节符，新节从下一页开始。
- 连续分节符：插入一个分节符，新节与前一节同处于当前页中。
- 偶数页分节符：插入一个分节符，新节从下一个偶数页开始。
- 奇数页分节符：插入一个分节符，新节从下一个奇数页开始。

本例中选择“下一页分节符”即可。

（2）设置页眉

由于封面不需要页眉和页码，则将光标定位到第2节中。

插入页眉的方法：单击“插入”选项卡功能区中的“页眉和页脚”按钮，选项卡功能区中将新增图3-72所示“页眉和页脚”选项卡。单击“页眉和页脚”选项卡功能区中“页眉”下拉菜单中的某种样式或“编辑页眉”选项，并进入页眉编辑状态，输入相应内容，单击“页眉和页脚”选项卡功能区的有关按钮，按需设置页眉即可。

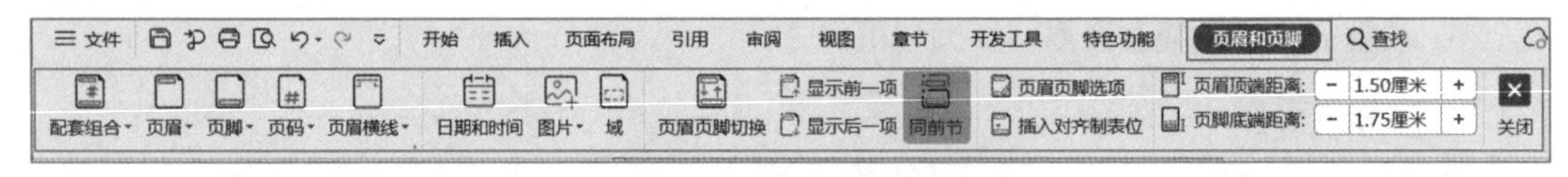

图3-72 “页眉和页脚”选项卡

注意：

若事先分了多个节，且要求本节的页眉与前一节的不同，则在设置页眉时，先要取消“页眉和页脚”选项卡功能区中的“同前节”按钮的选中状态 同前节，否则本节的页眉将与前一节的页眉相同。

页脚的操作方法类似。

（3）设置页码

插入页码，单击“插入”选项卡功能区中的“页码”按钮，弹出“页码”下拉菜单，选择所需选项进行设置即可。也可以利用“页眉和页脚”选项卡功能区中的“页码”按钮进行设置。

如果需要对页码格式进行修改，比如页码用罗马数字显示，则要选中页码，单击页码下方的“页码设置”选项，弹出图3-73所示的页码设置框，再按需设置即可。

本例设置页眉和页码操作步骤如下：

① 将光标定位第2节中，单击“插入”选项卡功能区中的“页眉和页脚”按钮，将会新增“页眉和页脚”选项卡。

② 在“页眉和页脚”选项卡功能区中，单击“页眉页脚选项”按钮 页眉页脚选项，弹出“页眉/页脚设置”对话框，选中“奇偶页不同”选项，其中“首页不同”选项要处于未选中状态；选中“显示奇数页页眉横线”和“显示偶数页页眉横线”选项；“页眉/页脚同前节”选择区中所有选项都不选中；“页码”选择区设置为“页脚中间”，最后设置如图3-74所示，单击“确定”按钮。

③ 在第2节的奇数页眉栏输入“湖南工业大学”，偶数页眉输入“长文档编辑案例”，再通过“开始”选项卡功能区中的“居中”对齐按钮设置对齐方式。

④ 将光标直接移动第2节的第1页页脚处，单击“插入页码”按钮 插入页码，在弹出的页码格式设置框中进入如下设置：样式：1, 2, 3 ...，位置为居中，应用范围为“本页及之后”，最后单击“确定”按钮。如果页码编号不符合要求，可以通过“重新编号”按钮 重新编号 进行设置。

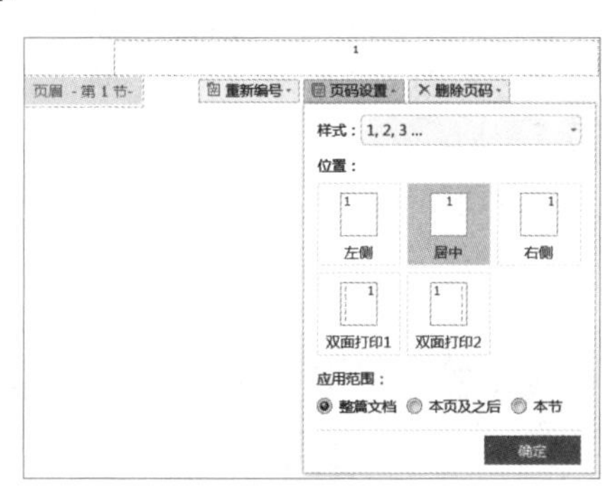

图3-73　页码设置框

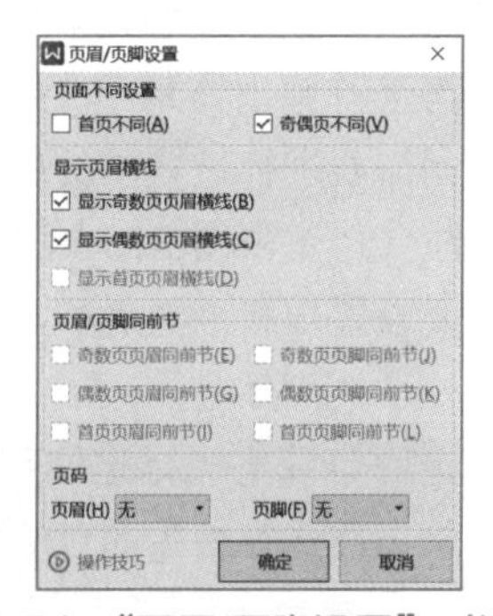

图3-74　“页眉/页脚设置”对话框

2．各级标题样式及正文样式的设置

操作要求

修改第2节中各级标题样式和正文样式。具体要求：章标题应用“标题1”样式，且将“标题1”样式字体修改为小二号黑体加粗，居中对齐；节标题应用“标题2”样式，且将“标题2”样式字体修改为三号宋体加粗，左对齐；其他文字应用“正文”样式，且将“正文”样式字体修改为五号等线（中文正文），两端对齐，首行缩进2字符。

样式是存储在WPS中的字符、段落、列表、表格格式的组合，利用它可以快速改变文字的样式，大大地提高文档质量和工作效率。样式可分为预设样式和自定义样式。

（1）预设样式

WPS文字内置了多种标准样式。在“开始”选项卡中可见当前文档中可用的模式，单击样式展开按钮，弹出图3-75所示的预设样式及新建样式等选项。

单击文档编辑区右侧任务窗格中的“样式和格式”按钮，打开图3-76所示的“样式和格式”窗格，也有预设样式。

（2）自定义样式

如果预设样式不能满足需求，还可以自定义样式，创建自定义样式的方法有多种。

图3-75 内置“样式”

图3-76 “样式和格式”窗格

方法一：选中已经设置好格式的文字或段落，单击“开始”选项卡功能区中的样式展开按钮，再选择弹出菜单中“新建样式”命令 新建样式(N)...，弹出图3-77所示的“新建样式”对话框，根据需要进行设置，最后单击“确定”按钮即可。

方法二：单击图3-76中的“新样式”按钮，弹出图3-77所示的“新建样式”对话框，用户根据需要设置样式，然后单击“确定”按钮即可。

（3）应用样式

选定内容或将光标定位到要设置样式的段落中，单击“开始”选项卡功能区中的对应的样式或单击样式窗格中的对应样式即可。

（4）修改样式

找到“开始”选项卡功能区中的想要进行修改的样式，右击，在弹出的快捷菜单中选择“修改样式”命令，弹出图3-78所示的对话框，根据需要进行设置，最后单击“确定”按钮即可。

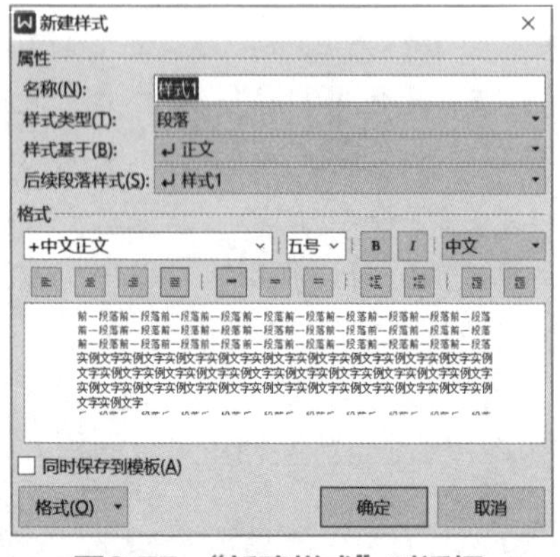

图3-77 “新建样式”对话框

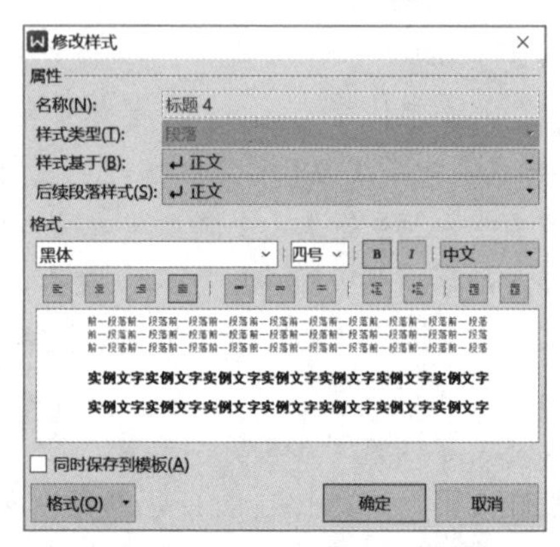

图3-78 “修改样式”对话框

本例样式应用和修改操作步骤如下：

① 选中第2节所有内容，单击“开始”选项卡中的“清除格式”按钮。

② 单击“开始”选项卡中的“正文”样式按钮。

③ 右击步骤②中的“正文”样式按钮，在弹出的快捷菜单中选择“修改样式”命令，弹出图3-78所示的“修改样式”对话框。

④ 在“修改样式”对话框的“格式”选择区中按要求修改样式，对于更多格式的修改，则应单击左下角的“格式”按钮 格式(O)，再进行进一步的操作。

⑤ 设置完所有格式后，单击“确定”按钮即可。

其他样式的应用及修改与上面的操作类似，只需按上面的步骤从第②步的操作开始完成相应的操作即可。

3．插入题注与交叉引用

操作要求

对第2节文档的图添加题注，题注位于图下方文字的左侧，图和对应的题注均设为居中对齐。图题注标签为“图”，编号为1、2等阿拉伯数字。引用图题注，对正文中出现的“如下图所示”的下图，使用交叉引用，改为“图X”，其中X为图题注的对应编号。

（1）插入题注

题注是当我们向文档中插入表格、图、公式等对象时，在它上方或下方加入“图1-1”或“图1-2”之类的说明性文字。题注是生成图表目录或交叉引用的前提。

题注可以手动添加，也可以针对某种对象自动添加。题注的编号是自动变化的，每插入一个题注，后续的题注编号自动更新。如果删除图表和题注后，只要右击其他的题注标号，在快捷菜单中选择“更新域”命令，题注标号就可以自动更新了。

插入题注操作方法：

① 将光标定位要插入题注的位置，单击“引用”选项卡功能区中的“题注”按钮。

② 弹出图3-79（a）所示的“题注”对话框，在“标签”下拉列表框中选择对应的标签。若没有所需标签，则单击“新建标签”按钮，弹出图3-79（b）所示“新建标签”对话框，输入标签名称，单击“确定”按钮返回。

③ 选择好标签后，若要对编号格式进行设置，单击图3-79（a）中的“编号”按钮，弹出图3-80所示的“题注编号”对话框，进行设置即可。

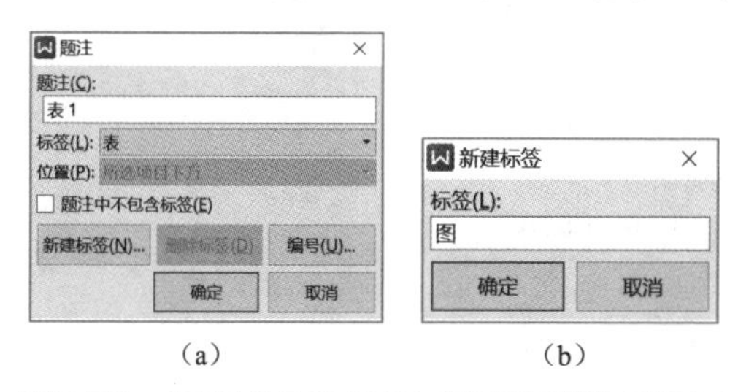

图3-79　“题注”对话框和“新建标签”对话框

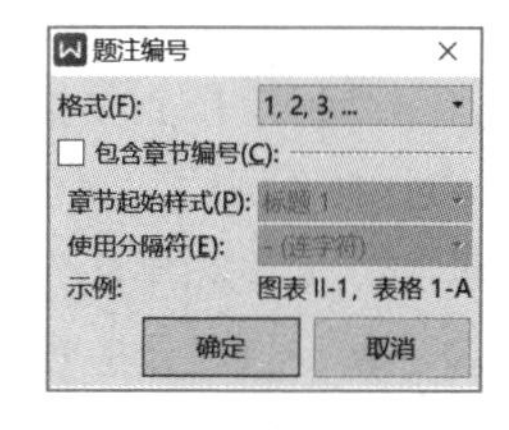

图3-80　“题注编号”对话框

本例插入图题注的操作步骤如下：

① 将光标定位到正文中第一个图下面一行文字内容的左侧，单击“引用”选项卡功能区中的“题注”按钮。

② 在弹出的“题注”对话框中的“标签”下拉列表框中选择“图”，单击“确定”按钮完成题注的添加。（若没有标签“图”，则单击“新建标签”按钮，在弹出的“新建标签”对话框输入标签名称“图”，单击“确定”按钮返回。）

③ 选中图题注及图，单击“开始”选项卡中的“居中”按钮，实现图题注及图的居中显示。

重复①②③操作，完成其他图的题注等操作。

（2）交叉引用

通过交叉引用可以动态引用当前文档中的编号、标题、书签、脚注等内容，交叉引用类似于超链接。

插入交叉引用的操作方法如下：

① 将光标移动到所需位置。

② 选择“引用”选项卡功能区中的“交叉引用”按钮 交叉引用，弹出“交叉引用”对话框，如图3-81所示。

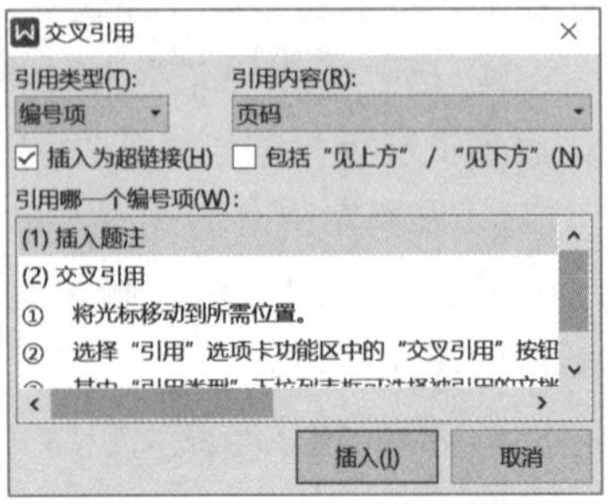

图3-81 “交叉引用”对话框

③ 其中“引用类型”下拉列表框可选择被引用的文档对象，“引用内容”可选择引用的内容，最后单击“插入”按钮即可。

按住【Ctrl】键单击已插入的交叉引用，可以跳转到被引用的对象位置。

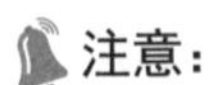
注意：

本例插入交叉引用中所采用引用类型为“图”，引用内容为“只有标签和编号”。

4．脚注和尾注

操作要求

对封面中的湖南工业大学计算机学院插入脚注，内容为“学校网址：www.hut.edu.cn”。

脚注是附在文档页面的最底端，对某些东西加以说明的注文。尾注位于文档的末尾，是一种对文本的补充说明，常用于列出引用的文献和出处等。脚注和尾注是由两个关联的部分组成，包括注释引用标记和其对应的注释文本。

插入脚注和尾注的方法如下：

方法一：光标定位到要插入脚注或尾注的位置，单击“引用”选项卡功能区中的“插入脚注”按钮或“插入尾注”按钮。此时是以默认的编号格式插入脚注或尾注，默认编号格式为“1，2，3，...”。

方法二：光标定位到要插入脚注或尾注的位置，单击“引用”选项卡中的“脚注和尾注”对话框启动器按钮 ，弹出图3-82所示的“脚注和尾注”对话框，在对话框中可以设置脚注和尾注的位置、格式及应用范围等。

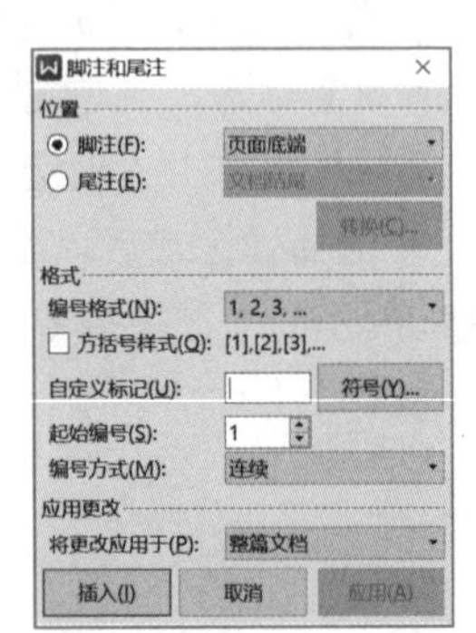

图3-82 “脚注和尾注”对话框

图3-83是已经插入了3条脚注和2条尾注的文档在“阅读版式”下的样图，其中脚注是采用了默认的编号格式，而尾注则是利用“脚注和尾注”对话框重新设置了新编号①、②、③……。

本例插入脚注操作步骤如下：

① 将光标定位到封面中文字“湖南工业大学计算机学院”的后面。

② 单击“引用”选项卡功能区中的“插入脚注”按钮。

③ 在当前页的底部脚注所在位置输入相应的脚注内容“学校网址：www.hut.edu.cn”。

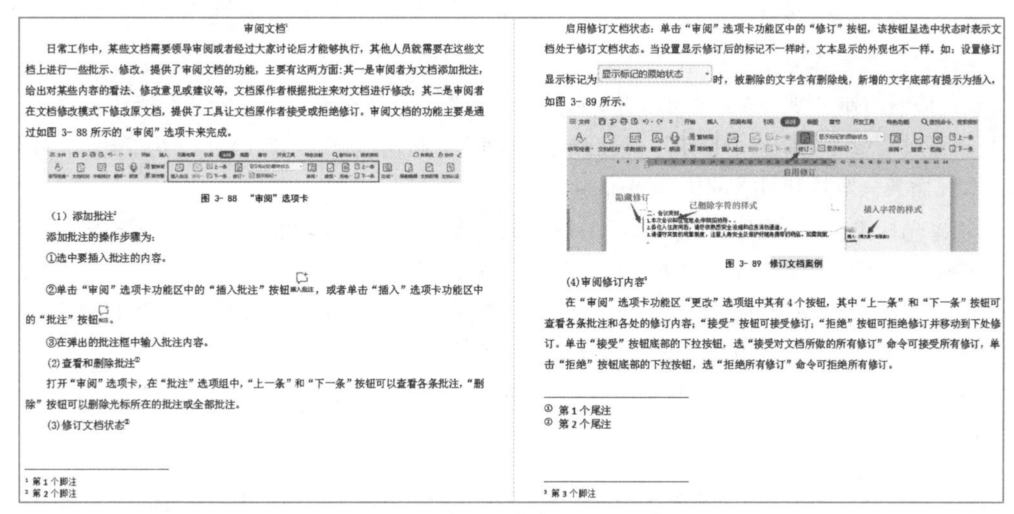

审阅文档[1]

日常工作中，某些文档需要领导审阅或者经过大家讨论后才能够执行，其他人员就需要在这些文档上进行一些批示、修改。提供了审阅文档的功能，主要有这两方面：其一是审阅者为文档添加批注，给出对某些内容的看法、修改意见或建议等，文档原作者根据批注来对文档进行修改；其二是审阅者在文档修改模式下修改原文档，提供了工具让文档原作者接受或拒绝修订。审阅文档的功能主要是通过如图 3- 88 所示的“审阅”选项卡来完成。

图 3- 88 “审阅”选项卡

（1）添加批注[2]

添加批注的操作步骤为：

①选中要插入批注的内容。

②单击“审阅”选项卡功能区中的“插入批注”按钮，或者单击“插入”选项卡功能区中的“批注”按钮。

③在弹出的批注框中输入批注内容。

(2) 查看和删除批注①

打开“审阅”选项卡，在“批注”选项组中，“上一条”和“下一条”按钮可以查看各条批注，“删除”按钮可以删除光标所在的批注或全部批注。

(3) 修订文档状态②

[1] 第 1 个脚注
[2] 第 2 个脚注

启用修订文档状态：单击“审阅”选项卡功能区中的“修订”按钮，该按钮呈选中状态时表示文档处于修订文档状态。当设置显示修订后的标记不一样时，文本显示的外观也不一样。如：设置修订显示标记为 显示标记的原始状态 时，被删除的文字含有删除线，新增的文字底部有提示为插入，如图 3- 89 所示。

图 3- 89 修订文档案例

(4) 审阅修订内容[3]

在“审阅”选项卡功能区“更改”选项组中其有 4 个按钮，其中“上一条”和“下一条”按钮可查看各条批注和各处的修订内容；“接受”按钮可接受修订；“拒绝”按钮可拒绝修订并移动到下处修订。单击“接受”按钮底部的下拉按钮，选“接受对文档所做的所有修订”命令可接受所有修订，单击“拒绝”按钮底部的下拉按钮，选“拒绝所有修订”命令可拒绝所有修订。

① 第 1 个尾注
② 第 2 个尾注

[3] 第 3 个脚注

图3-83　插入了脚注和尾注的例文

5．编制目录

操作要求

在第2节的前面插入新的一节，在新节插入目录，文字“目录”使用样式“标题1”，居中，自动生成目录项。

创建目录的前提是文中各级段落标题使用了“具有大纲级别的样式”，如“标题1”样式。

（1）插入目录

将光标定位到要插入目录的位置，单击“引用”选项卡功能区中的“目录”按钮，弹出图3-84所示的“目录”下拉菜单，用户按需选择目录。

- 手动目录：由用户输入目录条目中的文字及页码。
- 自动目录：根据文档的大纲级别自动生成条目文字及页码。
- 自定义目录：在弹出的图3-85所示的“目录”对话框中设置相关参数，单击“确定”按钮，将会自动生成条目和页码。

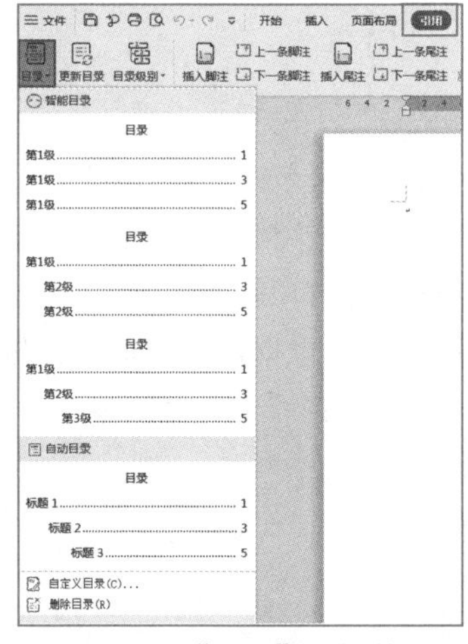

图3-84　“目录”下拉菜单

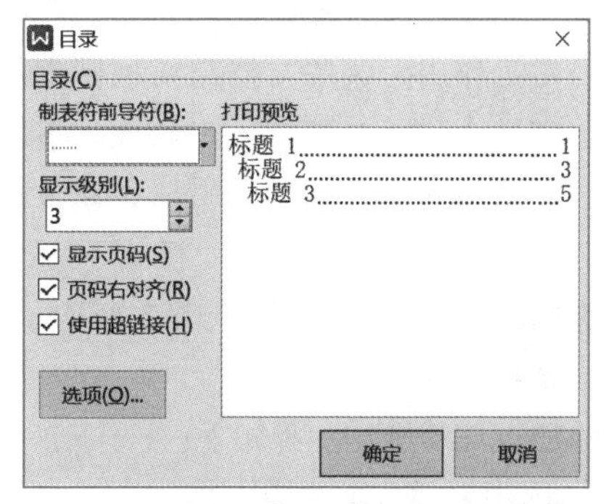

图3-85　“目录”对话框

（2）更新目录

当正文内容有变化时，原目录不会自动更新。

更新目录的操作方法：单击“引用”选项卡功能区中的“更新目录”按钮，弹出图3-86所示的“更新目录”对话框，按需选择“只更新页码”或“更新整个目录”，最后单击“确定”按钮即可。

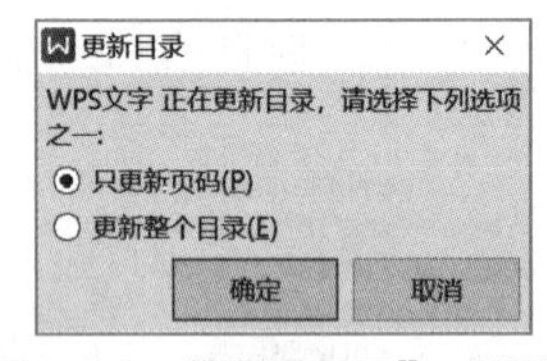

图3-86 “更新目录”对话框

本例插入分节符和目录的操作步骤：

① 将光标定位在第2节的最前面，单击“页面布局”选项卡功能区中的“分隔符”下拉按钮，在弹出的下拉菜单中选择“下一页分节符”，完成节的插入。

② 将光标定位在要插入目录的起始位置，单击“引用”选项卡功能中的“目录”按钮，在弹出的“目录”下拉菜单中选择“自动目录”命令。

③ 选中目录中的“目录”两字，单击“开始”选项卡功能区中的“标题1”，然后再单击“居中对齐”按钮。

6．编制图表目录

操作要求

在第3节的前面插入新的一节，在新节中插入图目录，文字“图目录”使用样式“标题1”，居中，自动生成目录项。

有的长文档中包含有大量的图形、表格和公式等对象，为了让读者方便地找到某个对象，可以为这些对象编制图表目录。

插入图表目录操作步骤：

① 对各对象添加题注后，将光标定位到要插入图表目录的位置，输入相应的标题（如“图目录”），回车。选中图表目录标题，单击“开始”选项卡功能区中的“标题1”，然后再单击“居中对齐”按钮。

② 单击“引用”选项卡功能区中的“插入表目录”按钮，弹出图3-87所示的“图表目录”对话框，在“题注标签”区中选择相应的标签。（本例选择“图”）

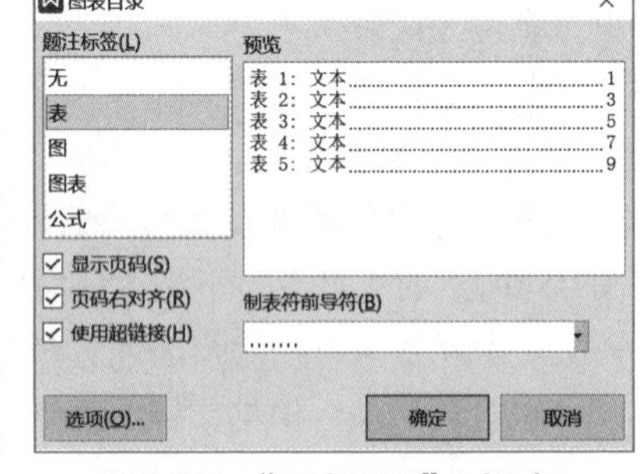

图3-87 “图表目录”对话框

③ 最后单击“确定”按钮，即可插入相应的图表目录。

7．审阅文档

操作要求

对封面页的“湖南工业大学计算机学院”添加批注，内容为“用学校名称即可”。

日常工作中，某些文档需要领导审阅或者经过大家讨论后才能够执行，其他人员就需要在这些文档上进行一些批示、修改。审阅文档的功能主要有两方面：其一是审阅者为文档添加批注，给出对某些内容的看法、修改意见或建议等，文档原作者根据批注来对文档进行修改；其二是审阅者在文档修改模式下修改原文档，提供了工具让文档原作者接受或拒绝修订。审阅文档的功能主要是通过如图3-88所示的“审阅”选项卡来完成。

（1）添加批注

添加批注的操作步骤如下：

① 选中要插入批注的内容。

图3-88　“审阅”选项卡

② 单击“审阅”选项卡功能区中的“插入批注”按钮，或者单击“插入”选项卡功能区中的“批注”按钮。

③ 在弹出的批注框中输入批注内容。

（2）查看和删除批注

单击“审阅”选项卡，在“批注”选项组中，“上一条”和“下一条”按钮可以查看各条批注，“删除”按钮可以删除光标所在的批注或全部批注。

（3）修订文档状态

启用修订文档状态：单击“审阅”选项卡功能区中的“修订”按钮，该按钮呈选中状态时表示文档处于修订文档状态。当设置显示修订后的标记不一样时，文本显示的外观也不一样。如：设置修订显示标记为 显示标记的原始状态 时，被删除的文字含有删除线，新增的文字底部有提示为插入，如图3-89所示。

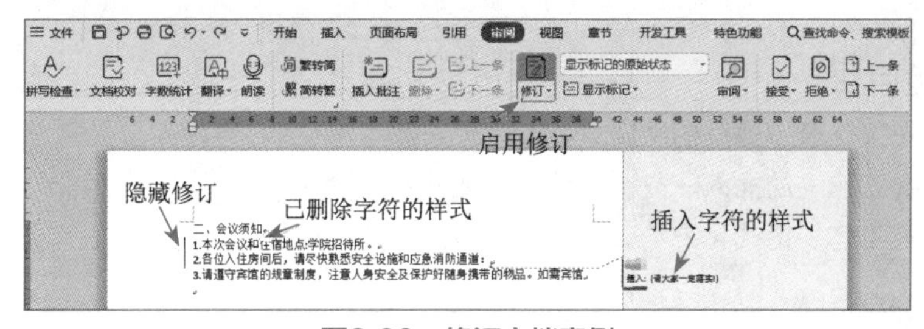

图3-89　修订文档案例

（4）审阅修订内容

在“审阅”选项卡中有四个按钮，“上一条”和“下一条”按钮可查看各条批注和各处的修订内容；“接受”按钮可接受修订；“拒绝”按钮可拒绝修订并移动到下处修订。单击“接受”按钮底部的下拉按钮，选择“接受对文档所做的所有修订”命令可接受所有修订，单击“拒绝”按钮底部的下拉按钮，选择“拒绝所有修订”命令可拒绝所有修订。

四、思考与练习

① 如何将目录的页码显示设置为罗马数字？

② 如何创建、修改和应用样式？

③ 对图表的题注进行删除和修改后，怎样使其后的图表题注自动更新？

第4章 电子表格软件 WPS 表格

实验4.1 工作表的基本操作

一、实验目的

◎熟练掌握工作表中数据的编辑方法。

◎熟练掌握工作表的插入、复制、移动、删除和重命名。

◎熟练掌握工作表格式化方法。

二、实验环境

◎微型计算机。

◎Windows 10操作系统。

◎WPS Office 应用软件。

三、实验内容和步骤

说明：

本实训的时间是2023年8月15日，当时的网页信息如二维码所示。

在线实训

WPS表格的基本操作

操作要求

新建一个WPS工作簿，取名为“ex1.et”，在“ex1.et”工作簿中完成以下操作：

① 在Sheet1工作表中输入图4-1所示内容，并将“Sheet1”重命名为“学生成绩表”。将学生成绩表复制一份，重命名为“排序后的成绩表”。

② 添加一张新工作表，并命名为“成

姓名	性别	大学英语	高等数学	计算机	体育	总分
陈沛哲	男	71	92	77.5	95	
陈隆源	男	88	76	86.4	87	
陈倩	女	82	74	71.7	93	
李竹锫	男	35	50	80.9	60	
吴铭婧	女	94	85	93.3	78	
韩鹏振	男	63	40	84.4	76	
杨承轩	男	52	79	67.5	88	
尹仁颉	女	34	81	55.8	64	
许沿伟	男	68	67	79.9	72	
周炜	女	81	53	78.2	65	

图4-1 “ex1”工作簿中“学生成绩表”工作表内容

绩备份表”。

③ 将“排序后的成绩表”和“成绩备份表”删除。

1．新建工作簿

启动 WPS 表格后，系统自动建立一个默认文件名为“工作簿1”的工作簿。在WPS表格中创建新工作簿的方法有多种：

方法一：单击“文件”菜单，选择“新建”→“新建表格”→“空白文档”命令即可。

方法二：使用组合键【Ctrl+N】。

2．使用工作表

（1）插入工作表

在默认情况下，一个工作簿文件仅包含1个名为“Sheet1”的工作表，但在实际应用中，常常会需要多个工作表，这时必须增加工作表的数目。

通常有两种插入的方法：

方法一：单击“开始”选项卡功能区中“工作表”命令，选择“插入工作表”命令。

方法二：在已有工作表标签上右击，在弹出的快捷菜单中选择“插入工作表”命令，弹出“插入工作表”对话框，如图4-2所示，选择需要插入的数目以及位置，单击“确定”按钮，就插入了相应数目的新的空白工作表，并且插入的工作表成为当前活动的工作表。

（2）删除工作表

单击需要删除的工作表标签，再进行删除。通常有两种删除的方法：

方法一：单击“开始”选项卡功能区中“工作表”命令，选择“删除工作表”命令。

方法二：右击该工作表标签，选择“删除工作表”命令。

（3）移动工作表

通常有两种移动的方法：

方法一：选定要移动的工作表标签，并按住鼠标左键，在鼠标指针上出现一个白色小纸片形状，并在该工作表名称左上角出现一个黑色的三角形，然后拖动选中的工作表到达新的位置，松开鼠标左键即可。

方法二：右击该工作表标签，在弹出的快捷菜单中选择“移动或复制工作表”命令，出现“移动或复制工作表”对话框，如图4-3所示，选择移动到合适的位置即可。这种方法可使工作表在不同的工作簿之间进行移动。

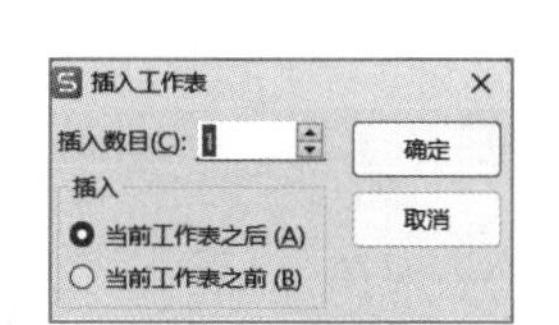

图4-2 “插入工作表”对话框

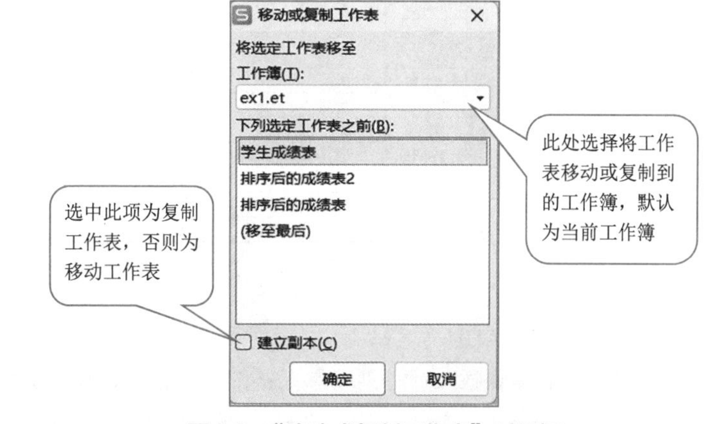

图4-3 “移动或复制工作表”对话框

（4）复制工作表

通常有三种复制的方法：

方法一：与用鼠标移动工作表的方式相似，只是操作的同时要按住【Ctrl】键。复制的新工作表的名称是在原工作表名称后附上了一个带括号的编号。

方法二：在图4-3所示的对话框中选中“建立副本”复选框，再按照移动工作表的方式即可复制指定工作表。

方法三：右击该工作表标签，在弹出的快捷菜单中选择“创建副本”命令。

（5）重命名工作表

工作表默认下都以“Sheet1”“Sheet2”等来命名。但在实际工作中却不方便记忆和进行有效的管理。用户可以改变这些工作表的名称。通常有两种重命名的方法：

方法一：双击需要重新命名的工作表标签，该工作表名称会反白显示，此时即可输入合适的新名称，输入完成后按【Enter】键即可。

方法二：右击该工作表名称，从快捷菜单中选择“重命名”命令，再输入合适名称，输入完成后按【Enter】键即可。

3. 编辑工作表

操作要求

在“ex1.et”工作簿的“学生成绩表”中完成以下操作：

① 设置表格数据区行高为20，列宽为10。

② 在表格第一行上添加一行，行高40，同时将A1到G1合并居中，并在A1中输入表头内容：“**班2016—2017学年第一学期成绩登记表”，并设置为黑体，16磅，填充标准色黄色底纹。

③ 将第二行，即标题行设置为宋体14磅字加粗，其他数据行设为宋体11磅字。

④ 将表格数据区外边框设置为红色粗单线，内边框设为蓝色细单线。

⑤ 文字水平和垂直方向均居中对齐。

设置完成之后的表格样式如图4-4所示。

	A	B	C	D	E	F	G
1	**班2016-2017学年第一学期成绩登记表						
2	姓名	性别	大学英语	高等数学	计算机	体育	总分
3	陈沛哲	男	71	92	77.5	95	
4	陈隆源	男	88	76	86.4	87	
5	陈倩	女	82	74	71.7	93	
6	李竹锴	男	35	50	80.9	60	
7	吴铭婧	女	94	85	93.3	78	
8	韩鹏振	男	63	40	84.4	76	
9	杨承轩	男	52	79	67.5	88	
10	尹仁頡	女	34	81	55.8	64	
11	许焰伟	男	68	67	79.9	72	
12	周炜	女	81	53	78.2	65	

图4-4 设置完成之后的样图

（1）插入行、列、单元格

将光标移到需要插入行、列、单元格的单元格上，通常有两种插入的方法：

方法一：在该单元格上右击，在弹出的快捷菜单中选择“插入”命令，出现“插入”的子菜单，如图4-5所示，再按要求操作即可。

方法二：单击“开始”选项卡功能区中“行和列”命令按钮，选择下拉菜单中“插入单元格”的“插入单元格”命令，弹出“插入”对话框，如图4-6所示，再按要求操作即可。

（2）删除行、列或单元格

将光标移到需要删除行、列、单元格的单元格上，与插入方式相似：

方法一：在该单元格上右击，在弹出的快捷菜单中选择“删除”命令，出现“删除”子菜单，按要求操作即可。

方法二：单击“开始”选项卡功能区中“行和列”命令按钮，选择下拉菜单中“删除单元格”的“删除单元格”命令，弹出“删除”对话框，再按要求操作即可。

（3）设置行高和列宽

通常工作表中行高和列宽都是相等的，如果单元格的宽度太小，输入的文字超过了默认的宽度时，单元格中的内容就会溢出到右边的单元格。此时，需要对单元格的列宽进行调整。一般来说，单元格的行高会随着字体的大小自动调整。用户也可以根据需要进行设置。

调整列宽和行高的方法有三种:

方法一：选中需要调整行高的行号，或选中需要调整列宽的列标，在行号或列标处右击，选择快捷菜单中“行高”或“列宽”选项，打开图4-7所示对话框，输入设置的高度和宽度，选择相应的单位，单击“确定”即可。

方法二：在“开始”选项卡中单击“行和列”命令，也可设置行高和列宽。

方法三：将鼠标指针定位在两个行号或列标中间的分割线上，按住鼠标左键拖动即可快速调整。

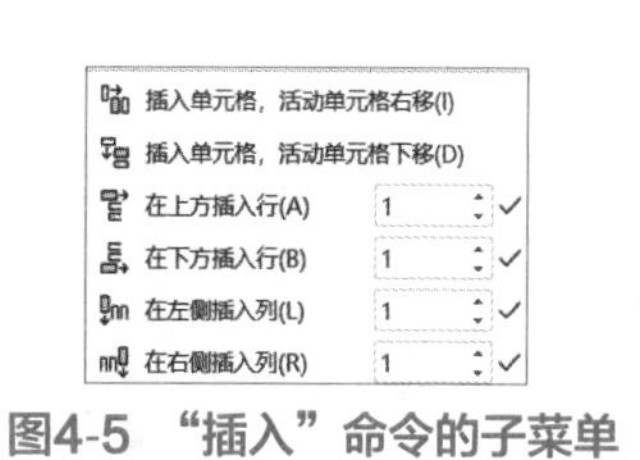

图4-5　“插入”命令的子菜单

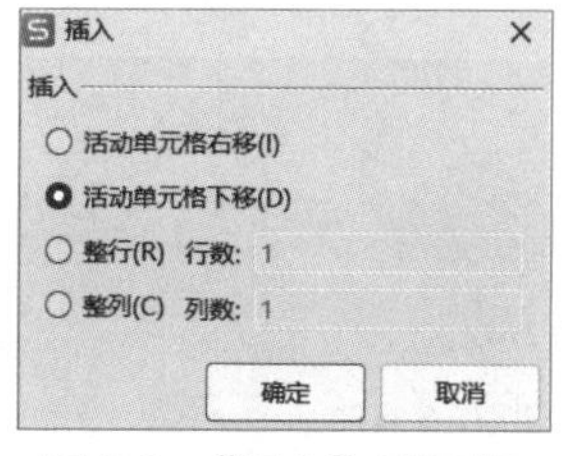

图4-6　“插入”对话框

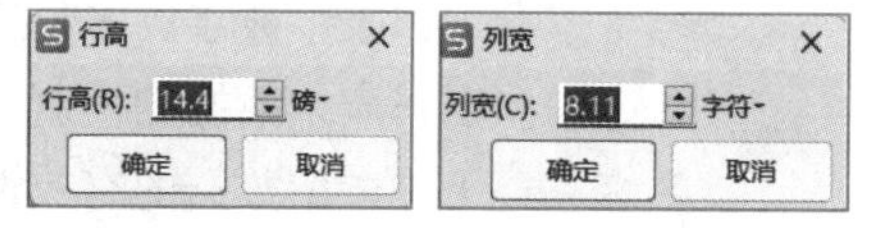

图4-7　“行高”和“列宽”对话框

（4）设置单元格格式

设置单元格格式，包括数字的类型、文本的对齐方式、字体以及单元格的边框、填充及保护等。其设置方式与WPS文字中的表格单元格操作相似，但WPS表格提供了更集中的操作方式，即使用“单元格格式”对话框。

打开“单元格格式”对话框通常有多种方式:

方法一：在选定的单元格范围内右击，在快捷菜单中选择“设置单元格格式”命令，打开图4-8所示的“单元格格式”对话框，再按要求进行操作即可。

方法二：在“开始”选项卡中单击字体、对齐方式或数字功能区右下角的 ⌟ 图标，也可以打开“单元格格式”对话框。

方法三：在“开始”选项卡功能区中单击“单元格”命令按钮，选择下拉菜单中的“设置单元格格”命令，也可打开“单元格格式”对话框。

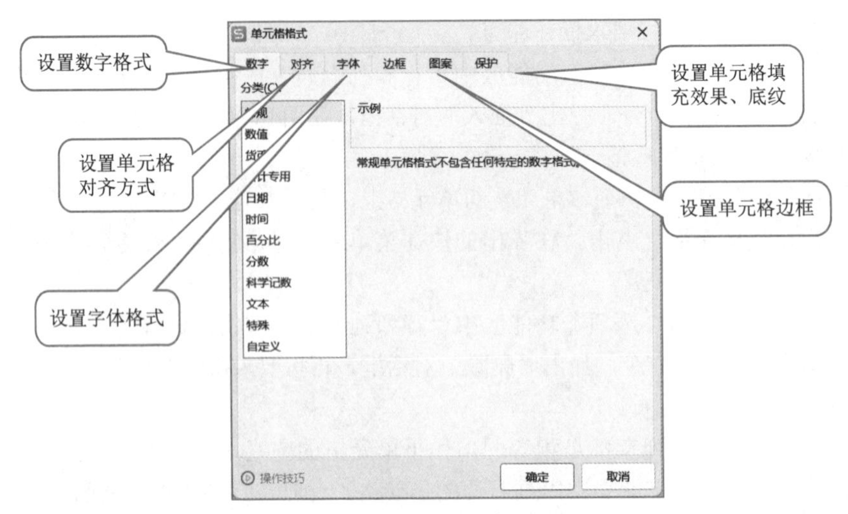

图4-8 “单元格格式”对话框

四、思考与练习

① 如何复制整张工作表？

② 打开“单元格格式”对话框有哪些方法？

③ 如何设置单元格的边框线？

实验4.2 数据录入

一、实验目的

◎熟练掌握工作表中数字的多种格式。

◎熟练掌握工作表中数据的快速填充方法。

◎熟练掌握工作表中数据的有效性验证方法。

二、实验环境

◎微型计算机。

◎Windows 10操作系统。

◎WPS Office 应用软件。

三、实验内容和步骤

说明：

本实训的时间是2023年8月15日，当时的网页信息如二维码所示。

在线实训

电子表格数据录入

操作要求

新建一个WPS表格工作簿，取名为“ex2.et”，在“ex2.et”工作簿中完成以下操作：

① 在Sheet1工作表中输入图4-9所示内容，并将“Sheet1”重命名为“快递信息表”。

② 通过填充柄自动填充每个快递单号（第一个单号为001）。

③ 在收件地址列后面插入一列“收件省份”，从收件地址中快速提取出收件省份。

④ 给身份证号码列设置数据有效性，确保长度为18位。

⑤ 为“寄件类型”列设置序列验证，确保同类型的数据描述规范一致。

	A	B	C	D	E	F	G
1	快递单号	寄件人	寄件人身份证号码	寄件类型	收件人	收件地址	收件人联系方式
2		彭万里	51250[illegible]5172		蒋柏媛	浙江省杭州市淳安县千岛湖东环南路[illegible]	1348903[illegible]
3		高大山	51052[illegible]797x		赵俊彦	江西省萍乡市上高县渭北市场南区[illegible]	1322594[illegible]
4		谢大海	51250[illegible]4642		饶麒圭	吉林省松原市建材街[illegible]	1330592[illegible]
5		马宏宇	32092[illegible]5276		刘旭俊	广东省汕尾市和平东路[illegible]	1893750[illegible]
6		林莽	51250[illegible]5276		许滟钗	辽宁省朝阳市正信路二段[illegible]	1322594[illegible]
7		黄强辉	11010[illegible]2321		刘弈俊	安徽省亳州市江南繁华路[illegible]	1348903[illegible]
8		章汉夫	11010[illegible]0188		李耀炫	河北省石家庄市城区文明中路[illegible]	1330592[illegible]
9		范长江	54010[illegible]2513		单新阳	四川省宜宾市南溪区文化路五段[illegible]	1367502[illegible]
10		林君雄	32010[illegible]5127		谭宝名	云南省曲靖市宣威市观景路[illegible]	1385017[illegible]
11		谭平山	34052[illegible]001X		赵文瀚	福建省泉州市泉港区西埭社区[illegible]	1322594[illegible]

图4-9　“ex2”工作簿中“快递信息表”工作表内容

1．数字格式

在单元格中输入非数字字符时，单元格内容左对齐，输入纯数字字符时，单元格内容右对齐。当数字位数少于11位时，内容是完整的，当位数超过11位时，自动转化成文本型。如果单击左侧感叹号按钮，弹出图4-10所示的下拉菜单，选择“转换为数字”命令则变为科学计数格式（如1.43012E+17），而当位数超过15位时，后面的有效数字不能正常显示，全部变为0，这是因为单元格内容是有格式区别的。

在“单元格格式”对话框中，“数字”选项卡下有12种分类，如图4-11所示。

图4-10　文本转换为数字

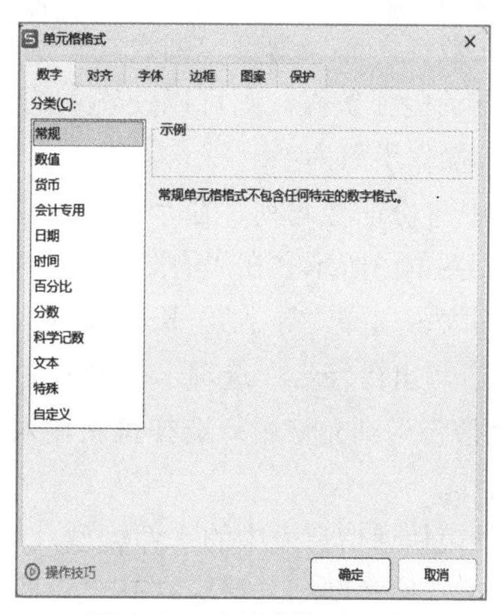

图4-11　“数字”选项卡

其中“常规”是单元格的默认数字格式，这是一种通用格式，会根据输入的内容而自动转换格式。需要用于进行数学运算的数据，通常设置为数值格式，货币、会计专用、百分比、分数、科学记数都属于数值数据的各种形式，可以分别设置小数位数、负数形式、货币形式等。还有一类特殊的数据，比如身份证号码、位数较多的学号、电话号码等，虽然是一串数字，但不用于数学运算，为了保证显示齐全，通常将这类数据设置为文本格式。

设置的方法通常有两种：

方法一：右击需要设置为文本格式的单元格，选择“单元格格式”命令，打开“单元格格式”对话框，在数字分类中选择文本，单击“确定”按钮。

方法二：在单元格中直接输入西文单引号“'”，然后再输数字，即可快速将其转换为文本格式。

2. 自动填充

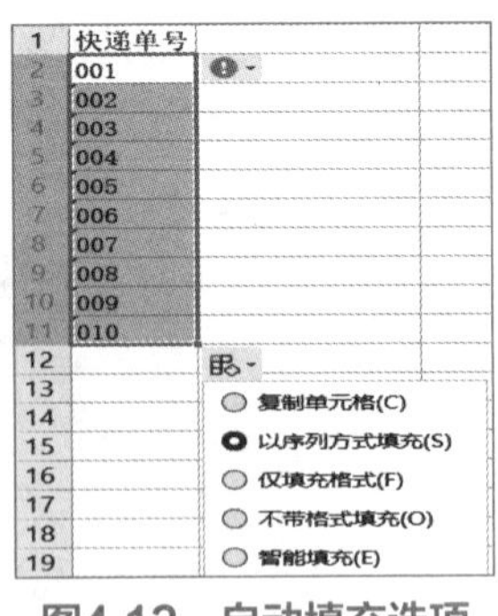

图4-12 自动填充选项

单击单元格，单元格右下角会出现一个分离的小方块，称为“填充柄”。在单元格中输入内容后，按住填充柄向下拉或者双击填充柄会自动进行填充。填充后右下角会出现一个“自动填充选项”，如图4-12所示，可以选择“复制单元格”或“以序列方式填充”等。

星期、月份等都可以按序列自动填充，同时，给定一组等差数列，全部一起选中，下拉或双击填充柄会自动按等差数列填充。另外，还有一个更神奇的快速填充方法——按组合键【Ctrl+E】。如上要求从收件地址中提取出省份，操作步骤为：

① 在收件地址右侧插入一列“收件省份”，在G2单元格中输入浙江省。

② 单击下面的单元格（即G3），按【Ctrl+E】组合键，即可快速提取出所有的收件省份。

在WPS表格中，除了在连续区域快速填充外，还可以在不连续的区域中进行填充，操作步骤为：

① 按住【Ctrl】键，选中不连续的单元格区域。

② 在最后一个活动单元格中输入需要填充的内容。

③ 同时按【Ctr+Enter】组合键即可快速填充所有选定的区域。

3. 数据验证

在输入数据之前，为每一列设置正确的数据格式，可以高效规范的输入数据。如果进一步设置数据的验证条件，则可以使输入的数据更加规范有效。如上要求对身份证号码的长度进行验证，操作步骤为：

① 选中身份证号码列，在“数据”功能区中选择“有效性”命令，打开“数据有效性”对话框，如图4-13所示。在“有效性条件”的“允许”下拉列表中选择“文本长度”，在“数据”下接列表中选择“等于”，长度为18。

② 单击“出错警告”选项卡，样式中的“停止”表示不符合验证条件则不接受用户输入的内容，“警告”则允许用户选择重新输入或者忽略警告。用户可以根据自己的实际情况进行相应选择。

为了规范快递信息表中的寄件类型，可以使用序列验证条件。操作步骤为：

① 选中寄件类型列，然后打开“数据有效性”对话框，在“有效性条件”的“允许”下拉列表中选择“序列”。

②“来源”中输入寄件类型选项，各选项之间必须用西文的逗号“,”进行分隔，如图4-14所示，最后单击“确定”按钮即可。

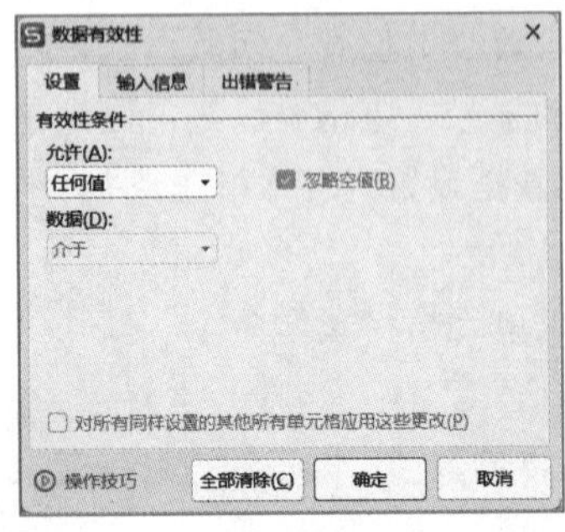

图4-13 “数据有效性”对话框

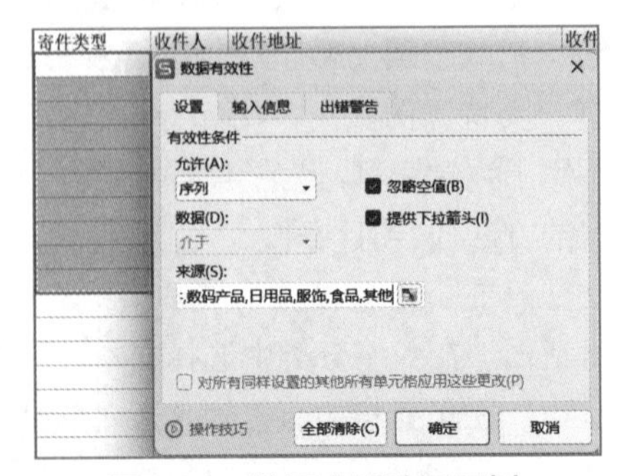

图4-14 数据序列验证示例

这样设置后，寄件类型列的单元格右边出现下拉按钮，直接在列出的选项中进行选择即可，这样可以快速录入，同时又确保同类型的描述规范一致。

四、思考与练习

① 数值数据有哪些常见的形式？

② 如何快速地将一串纯数字字符设置为文本格式？

③ 如何实现不连续的单元格数据的快速填充？

实验4.3　公式与函数

一、实验目的

◎熟练掌握WPS表格数据运算的基本方法。

◎掌握单元格的地址引用。

◎掌握部分常用系统函数的应用。

在线实训

公式与函数

二、实验环境

◎微型计算机。

◎Windows 10操作系统。

◎WPS Office 应用软件。

三、实验内容和步骤

操作要求

在“ex1.et”工作簿的“学生成绩表”中完成以下操作：

① 利用公式或SUM函数算出每位学生的总分。

② 用AVERAGE函数、RANK函数和IF函数分别求出每位学生的总分、平均分、排名以及等级（假如按平均分判断，如平均分低于60分等级为“不合格”，否则为“合格”）。

1．公式

公式是WPS 表格中对数据进行运算和判断的表达式。输入公式时，必须以等号“=”开头，其语法表示为“=表达式”。其中，表达式由运算符和运算数组成。运算数可以是常量、单元格或区域引用、名称或函数等。运算符包括算术运算符、比较运算符和文本运算符。

（1）创建公式

举一个简单的例子，计算公式为$y=3x+8$，x从1变化到6时，求y的值：先在第一列中输入数1到6，然后在B1单元格中输入“=3*A1+8”，再将其填充到下面的单元格中即可，如图4-15所示。

B1　fx　=3*A1+8

	A	B	C	D
1	1	11		
2	2			
3	3			
4	4			
5	5			
6	6			

图4-15　创建公式示例

（2）编辑公式

公式和一般的数据一样可以进行编辑，编辑方式同编辑普通的数据一样，可以进行复制和粘贴。先选中一个含有公式的单元格，然后单击“开始”选项卡中的“复制”按钮，再选中要复制到的单元格，单击“粘贴”按钮，该公式就复制到下面的单元格中了，可以发现其作用和使用填充柄填充的效果是相同的。

其他的操作如移动、删除等也同一般的数据是相同的，只是要注意在有单元格引用的地方，无论使用什么方式在单元格中填入公式，都存在单元格地址引用的问题。

（3）运算符

算术运算符用来完成基本的数学运算，常用的有负号“-”、百分数“%”、乘幂“^”、乘“*”和除“/”、加“+”和减“-”，其运算顺序与数学中的相同。

比较运算符是用来判断条件是否成立的，若条件成立，则结果为TURE（真）；若条件不成立，则结果为FALSE（假）。比较运算符有等于“=”、小于“<”、大于“>”、小于等于“<=”、大于等于“>=”和不等于“<>”。

字符运算符是用来连接两个或更多个字符串，结果为一个新的字符串。字符运算符只有一个“&”。

（4）单元格引用

WPS 表格的计算公式主要由单元格地址组成，用以指明公式中所使用的数据和所在的位置。对单元格的引用分为相对引用、绝对引用和混合引用三种。

① 相对引用的形式就是在公式中直接将单元格的地址写出来，其主要特点是：当包含相对引用的公式被复制到其他单元格时，WPS表格会自动调整公式中的单元格地址。例如，在图4-16中，G2单元格中的公式是“C2+D2+E2+F2”，当双击填充柄时，就求出了其他学生的总分。这时，如果单击G3，发现G3的公式不再与G2中的相同，而是变为“=C3+D3+E3+F3”，如图4-16所示。

② 绝对引用是指向表中固定位置的单元格，例如，“位于A列2行的单元格”，其特点是复制包含绝对引用的公式时，单元格的引用将保持不变。拖动填充柄时要求单元格中的数值保持不变，公式中的单元格就要使用绝对引用。例如，在图4-17中，在C3单元格中输入“=B3/$B$8”，则在进行公式填充时，由于分母B8使用的是绝对引用，不论公式复制到哪里，它都是B8的值（即总人数19）。而分子B3使用的是相对引用，填充时会自动改变，这样就可以求出各分数段所占的百分比了，如图4-17所示。

G3　fx =C3+D3+E3+F3

	A	B	C	D	E	F	G
1	姓名	性别	大学英语	高等数学	计算机	体育	总分
2	陈沛哲	男	71	92	77.5	95	335.5
3	陈隆源	男	88	76	86.4	87	337.4
4	陈情	女	82	74	71.7	93	320.7
5	李竹锗	男	35	50	80.9	60	225.9
6	吴铭婧	女	94	85	93.3	78	350.3
7	韩鹏振	男	63	40	84.4	76	263.4
8	杨承轩	男	52	79	67.5	88	286.5
9	尹仁颉	女	34	81	55.8	64	234.8
10	许沿伟	男	68	67	79.9	72	286.9
11	周炜	女	81	53	78.2	65	277.2

图4-16　相对引用时公式的复制

C3　fx =B3/$B$8

	A	B	C	D
1	大学英语成绩分布统计			
2	分数段	人数	百分比	
3	90分以上	2	10.5%	
4	80到90分	3	15.8%	
5	70到80分	8	42.1%	
6	60到70分	5	26.3%	
7	60分以下	1	5.3%	
8	总人数	19	100.0%	

图4-17　绝对引用示例

③ 混合引用包含一个相对引用和一个绝对引用，例如，“位于A列，上两行的单元格”。

三种引用的形式分别如下：

① 相对引用单元格A1：=A1；

② 绝对引用单元格A1：=$A$1；

③ 混合引用单元格A1：

● =$A1，“$”在字母前，含义是列位置是绝对的，行位置是相对的；

● =A$1，“$”在数字前，含义是行位置是绝对的，列位置是相对的。

以上各种形式可以选定后通过按【F4】功能键进行切换。

（5）三维引用

在某个工作表中可以引用其他工作表中的单元格，方式是：其他工作表的名称+“！”+单元格名称。例如，“Sheet3！A5”表示引用的是Sheet3工作表中的A5单元格。

2．函数

在WPS表格中，函数是由函数名和括号内的参数组成。WPS 表格提供了几百个函数，熟练掌握每个函数是很困难的，用户可以使用“公式”选项卡中“函数库”功能区的指令，选择所需的函数进行操作。

另外，在“开始”选项卡中还提供了一个“求和”下拉按钮，里面包含五个常用的函数，如图4-18所示；选择“其他函数”选项，或者直接单击编辑栏前面的*fx*，将弹出“插入函数”对话框，如图4-19所示，选择所需的函数进行操作。

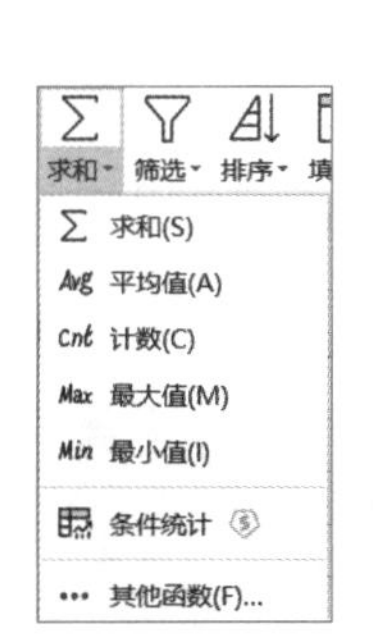

图4-18　“求和”下拉菜单

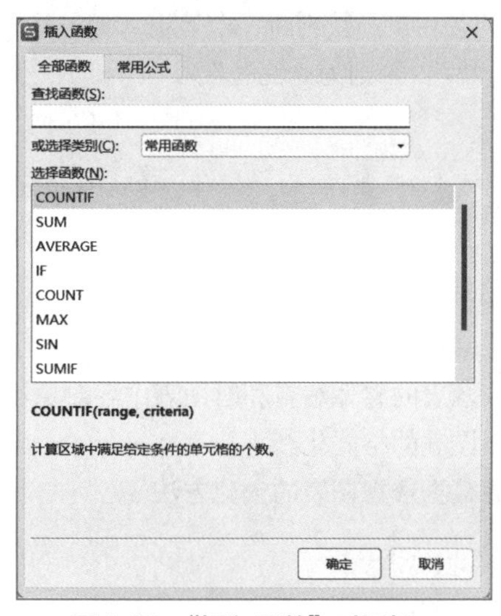

图4-19　“插入函数”对话框

如上要求用SUM函数、AVERAGE函数、RANK函数和IF函数分别求出每位学生的总分、平均分、排名以及等级，其操作分别如图4-20～图4-23所示。

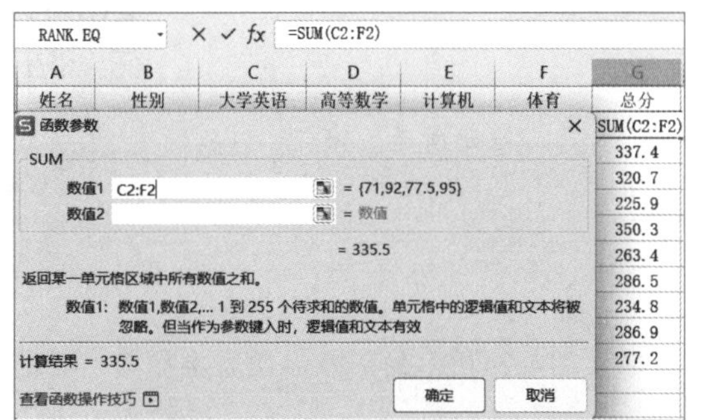

图4-20　用SUM函数求总分示例

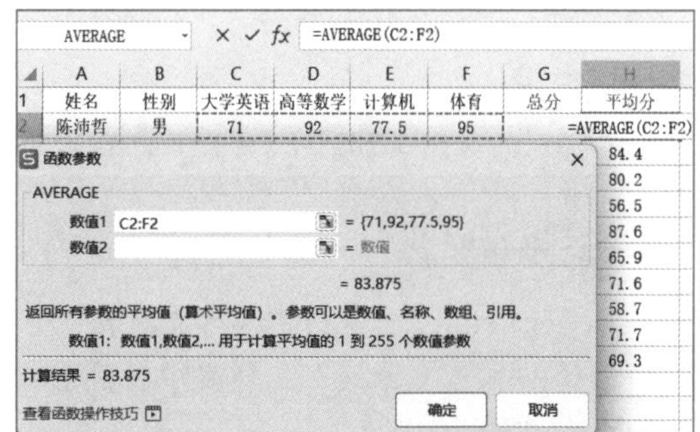

图4-21　用AVERAGE函数求平均分示例

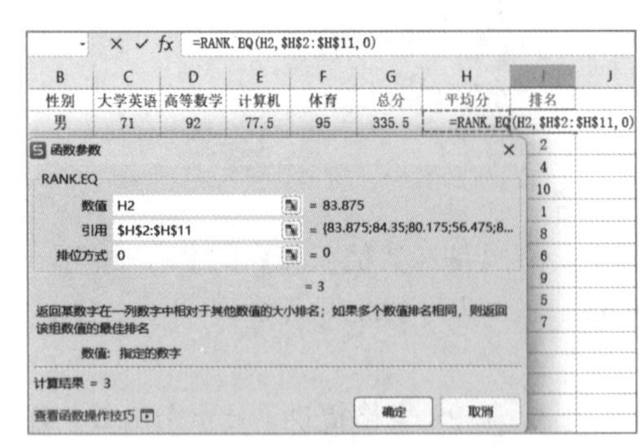

图4-22　用RANK函数排名示例

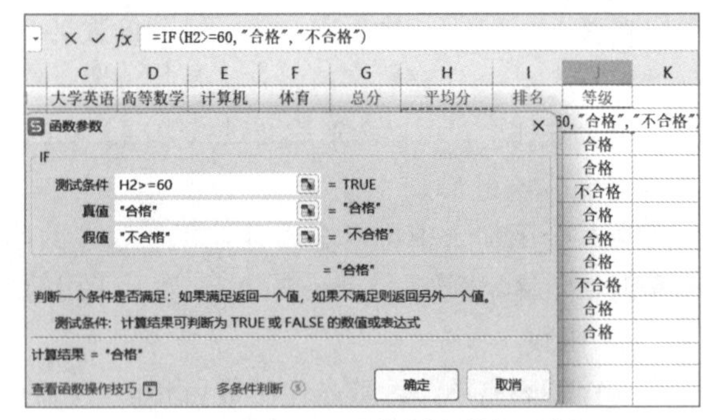

图4-23　用IF函数判断等级示例

四、思考与练习

① 单元格中的公式怎么显示出来？

② 绝对引用和相对引用有什么区别？分别举例说明。

③ 如何使用IF函数判断三个等级（如平均分低于60分为“不合格”，平均分为60到80分之间的为“合格”，否则为“优秀”）？

实验4.4　图表和数据透视图表

一、实验目的

◎熟练掌握图表的创建方法。

◎掌握图表的整体编辑和对图表中各对象的编辑。

◎掌握图表的格式化。

◎掌握数据透视图表的创建方法。

二、实验环境

◎微型计算机。

◎Windows 10操作系统。

◎WPS Office 应用软件。

三、实验内容和步骤

在线实训

图表和数据透视图

说明：

本实训的时间是2023年8月15日，当时的网页信息如二维码所示。

操作要求

在“ex1.et”工作簿的“学生成绩表”中完成以下操作：

① 在“学生成绩表”工作表中利用已有数据建立图4-24所示的图表，图表类型为“柱形图”中的“簇状柱形图”。

② 添加图表标题“学生成绩对比图”，并设图表标题的字体为“华文行楷20磅字”，颜色为“红色”。

③ 添加图表坐标轴标题“成绩”“姓名”，字体为“宋体16磅”字，加粗，并设置数值轴标题“成绩”的文字方向为“竖排”。

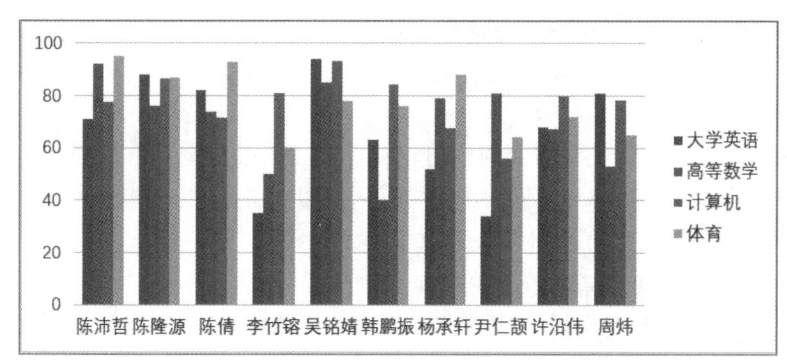

图4-24　“学生成绩表”柱形图

④ 图例设置为“宋体8磅”字，填充“黄色”。

⑤ 去掉绘图区中的网格线，并将图表区填充“浅绿色”，绘图区填充“蓝色”。

⑥ 将图表放入单元格“A12：I33”的区域内。

⑦ 在“学生成绩表”中插入一列“班级”，建立数据透视表，按性别显示不同班级的计算机的平均分，列标签为“班级”，行标签为“性别”，数值为“计算机”，数值项为求平均值，保留两位小数。

1．建立图表

先在工作表中选择一个数据区域（若该区域为不连续的，则需要按住【Ctrl】键），即选中所需要建立图表的数值。然后，在“插入”选项卡的功能区中单击“全部图表”按钮，在打开的“图表”对话框中选择图表的类型，如选择“柱形图”，从列表中选择第一个图形簇状柱形图(预设图表)，直接单击，即可在当前工作表中插入一个图表。

2．编辑和格式化图表

插入图表后，常见的编辑操作有：给图表添加标题、添加或修改图表坐标轴标题、修改图表样式和颜色、修改图表数据范围以及图表格式的设置等。

单击图表，在图表的右上角会出现图4-25所示的五个图标（图表元素、图表样式、图表筛选器、设置图表区域格式和在线图表），单击第一个图标，会打开图表元素的复选框列表，用户可以根据自己的需求勾选需要在图表区域显示的图表元素；单击第二个图标，可以快速

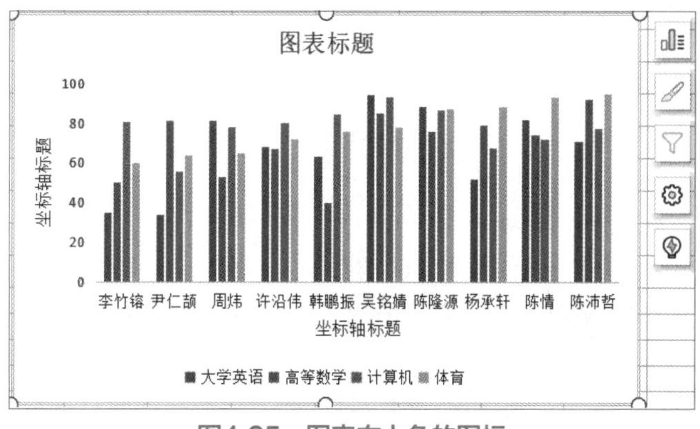

图4-25　图表右上角的图标

调整图表的样式和颜色；单击第三个图标，可以快速对图表区数值的系列和类别建立相应的筛选；单击第四个图标，可以设置图表区域格式；单击在线图表可以快速插入在线图表。

在“图表工具”选项卡中单击“选择数据”命令，可以修改图表数据范围。

要对图表某个对象进行格式设置时，可以在“图表工具”选项卡的功能区中，单击“添加元素”下拉按钮，在图4-26所示的下拉菜单中选择相应的元素，在其子菜单中选择“更多选项”，也可以右击相应对象，在弹出的快捷菜单中选择“设置×××格式”命令，然后在弹出的窗格中进行相应对象选项和文本选项的设置。

图4-26 “添加元素”下拉菜单

在完成①～⑤的操作要求后，图表样式如图4-27所示。

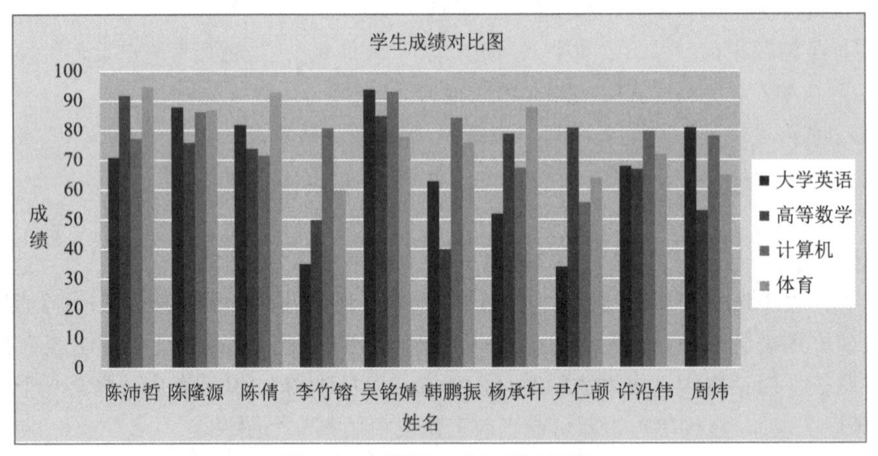

图4-27 设置完成之后的样图

3. 调整图表的大小和位置

图表的大小改变：单击图表，图表周围会出现八个白色圆形的控制点，表示图表被选中，把鼠标指针移到这些控制点处，当指针变成双箭头时，可以拖动鼠标到合适的位置，该图表的大小就改变了。

图表的位置改变：单击图表，按住鼠标左键将图表拖动到合适的位置即可。

4. 数据透视表

数据透视表是一种对大量数据快速汇总和建立交叉列表的交互式表格。它不仅可以转换行和列以查看源数据的不同汇总结果，显示不同页面以筛选数据，还可以根据需要显示区域中的明细数据。

创建数据透视表的操作步骤为：

① 单击用来创建数据透视表的数据记录单。

② 单击“插入”或“数据”选项卡中的“数据透视表”按钮，将弹出图4-28所示的“创建数据透视表”对话框。

③ WPS 表格会自动确定数据透视表的区域（即光标所在的数据区域），也可以输入不同的区域。

④ 若要将数据透视表放置在新工作表中，并以单元格A1为起始位置，请选择对话框中“新工作表”单选按钮。若要将数据透视表放在现有工作表中的特定位置，请选择对话框中的“现有工作表”单选按钮，然后在“位置”文本框中指定放置数据透视表的单元格区域的第一个单元格。

⑤ 单击“确定”按钮。WPS 表格会将空的数据透视表添加至指定位置并显示数据透视表字段列表，以便添加字段、创建布局以及自定义数据透视表，如图4-29所示。

⑥ 按要求选择要添加到报表的字段，分别拖到对应的“列”标签、“行”标签和“值”标签框中。如本例中的要求，将“班级”、“性别”和“计算机”分别拖到对应的“列标签”、“行标签”和“数值”框中，值框的计算类型默认为“求和”，可以单击下拉按钮展开，选择“值字段设置”命令，打开图4-30所示对话框进行其他计算类型的选择，单击左下角的“数字格式”按钮，可以进一步设置小数位数。

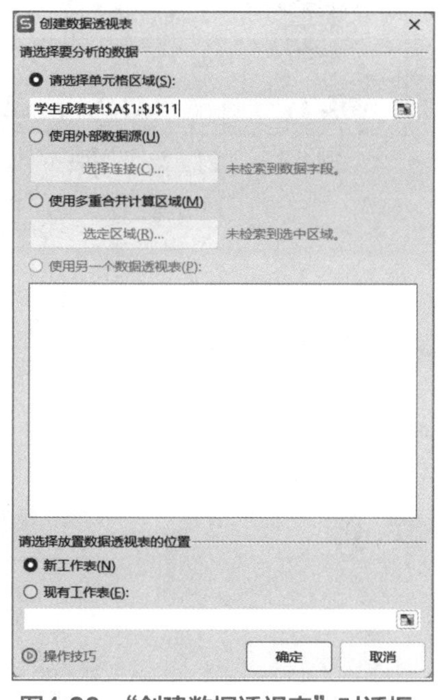

图4-28 “创建数据透视表”对话框

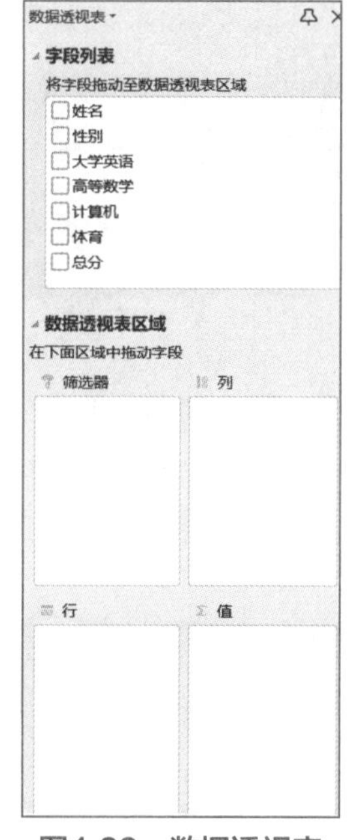

图4-29 数据透视表布局窗口

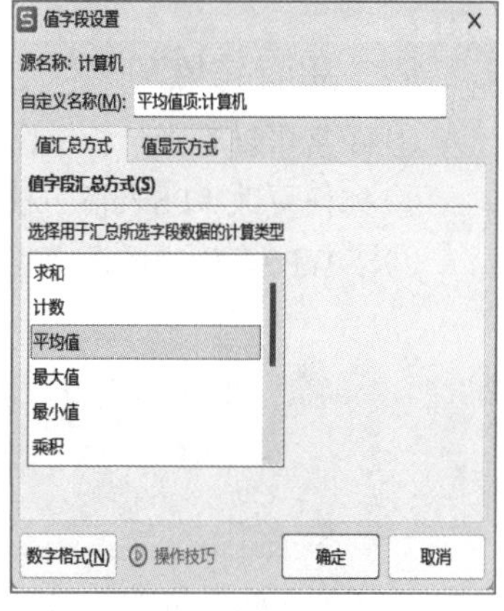

图4-30 “值字段设置”对话框

按要求创建的数据透视表如图4-31所示。

5. 数据透视图

数据透视图是数据透视表的更深层次的应用，它可将数据以图形的方式表示出来，能更形象、生动地表现数据的变化规律。

建立“数据透视图”，首先单击“插入”选项卡功能区中的“数据透视图”命令，将弹出图4-32所示的“创建数据透视图”对话框。后续的操作与建立“数据透视表”的操作类似，这里不再详述。

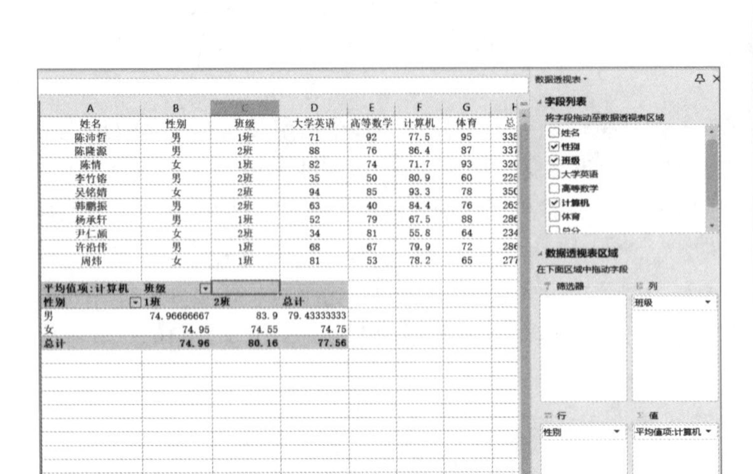

图4-31 按要求创建的数据透视表

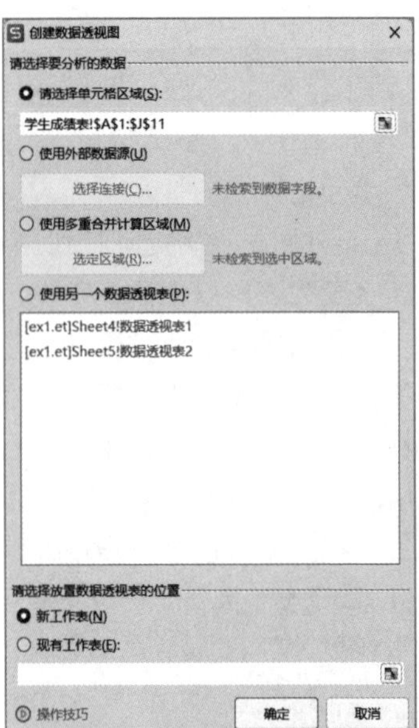

图4-32 “创建数据透视图”对话框

四、思考与练习

① 经常可以看到一种饼图，有一部分同其他的部分分离，这是如何完成的呢？

② 如何更改WPS表格中柱形图的颜色？

③ 若WPS表格中的源数据改变了，数据图会发生相应改变吗？

实验4.5 数据管理

一、实验目的

◎了解WPS表格的数据管理功能。

◎掌握对数据列表的排序、筛选方法。

◎掌握数据的分类汇总方法。

二、实验环境

◎微型计算机。

◎Windows 10操作系统。

◎WPS Office 应用软件。

三、实验内容和步骤

操作要求

在“ex1.et”工作簿中完成以下操作：

① 打开工作簿文件ex1.et，将上次建立的学生成绩表复制四份，分别取名为“成绩排

序”“自动筛选”“高级筛选”“分类汇总”。

② 选择“成绩排序”表，按平均分进行降序排列。操作结果如图4-33所示。

③ 在名为“自动筛选”的表中，利用自动筛选筛选出“计算机”成绩大于等于80分的学生记录。操作结果如图4-34所示。

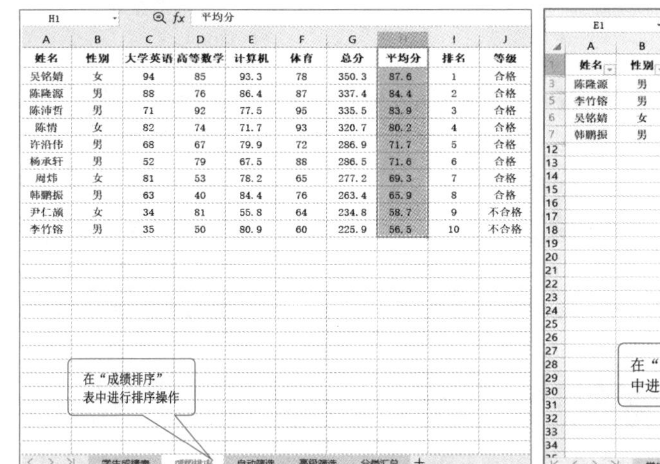

姓名	性别	大学英语	高等数学	计算机	体育	总分	平均分	排名	等级
吴铭婧	女	94	85	93.3	78	350.3	87.6	1	合格
陈隆源	男	88	76	86.4	87	337.4	84.4	2	合格
陈沛哲	男	71	92	77.5	95	335.5	83.9	3	合格
陈情	女	82	74	71.7	93	320.7	80.2	4	合格
许沿伟	男	68	67	79.9	72	286.9	71.7	5	合格
杨承轩	男	52	79	67.5	88	286.5	71.6	6	合格
周炜	女	81	53	78.2	65	277.2	69.3	7	合格
韩鹏振	男	63	40	84.4	76	263.4	65.9	8	合格
尹仁颁	女	34	81	55.8	64	234.8	58.7	9	不合格
李竹镕	男	35	50	80.9	60	225.9	56.5	10	不合格

图4-33　按平均分降序排序的结果

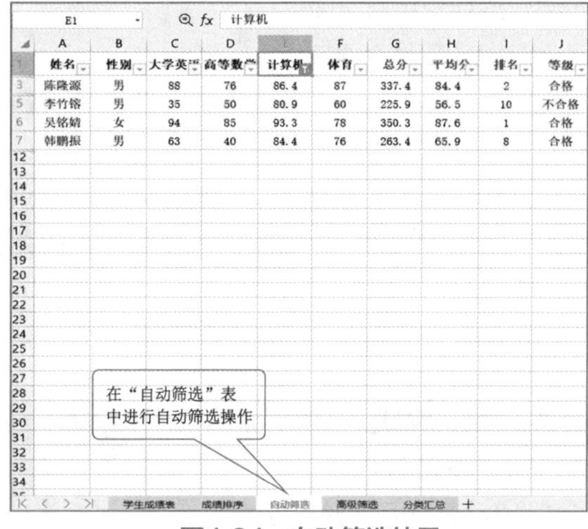

姓名	性别	大学英语	高等数学	计算机	体育	总分	平均分	排名	等级
陈隆源	男	88	76	86.4	87	337.4	84.4	2	合格
李竹镕	男	35	50	80.9	60	225.9	56.5	10	不合格
吴铭婧	女	94	85	93.3	78	350.3	87.6	1	合格
韩鹏振	男	63	40	84.4	76	263.4	65.9	8	合格

图4-34　自动筛选结果

④ 在名为“高级筛选”的表中利用“高级筛选”对话框筛选出“计算机”成绩在80分以上的男同学，并将筛选结果放在同一表的A16:J19对应的区域，结果如图4-35所示。

⑤ 在名为“分类汇总”的表中，按性别分类，对“计算机”求平均值。

姓名	性别	大学英语	高等数学	计算机	体育	总分	平均分	排名	等级
陈沛哲	男	71	92	77.5	95	335.5	83.9	3	合格
陈隆源	男	88	76	86.4	87	337.4	84.4	2	合格
陈情	女	82	74	71.7	93	320.7	80.2	4	合格
李竹镕	男	35	50	80.9	60	225.9	56.5	10	不合格
吴铭婧	女	94	85	93.3	78	350.3	87.6	1	合格
韩鹏振	男	63	40	84.4	76	263.4	65.9	8	合格
杨承轩	男	52	79	67.5	88	286.5	71.6	6	合格
尹仁颁	女	34	81	55.8	64	234.8	58.7	9	不合格
许沿伟	男	68	67	79.9	72	286.9	71.7	5	合格
周炜	女	81	53	78.2	65	277.2	69.3	7	合格

性别	计算机
男	>=80

姓名	性别	大学英语	高等数学	计算机	体育	总分	平均分	排名	等级
陈隆源	男	88	76	86.4	87	337.4	84.4	2	合格
李竹镕	男	35	50	80.9	60	225.9	56.5	10	不合格
韩鹏振	男	63	40	84.4	76	263.4	65.9	8	合格

图4-35　高级筛选后的结果

1. 数据排序

工作表中的数据通常是按照输入顺序来显示的，用户可以使用排序命令使数据重新按需要有序的排列。

（1）单个条件排序

单个条件排序包括升序、降序以及自定义排序三种方式。具体操作步骤：选择需进行排序的某一数据列的内容，在“开始”或“数据”选项卡功能区中，单击“排序”按钮，根据要求进行升序、降序或自定义排序，如选择“自定义排序”命令，会弹出“排序”对话框，按要求进行相应操作即可。

（2）多重条件排序

在实际应用中，通常需要多条件排序。具体操作步骤为：选择需进行多重排序的数据区域，在“开始”或“数据”选项卡功能区中，选择“排序”下拉菜单中的“自定义排序”命令，弹出“排序”对话框，设置主要关键字（即第一个条件），然后单击“添加条件”按钮，增加“次要关键字”，这样，在主要关键字值相同的情况下会再按次要关键字的值进行排序。

2．数据筛选

数据筛选就是指在众多的数据中挑选满足给定条件的数据子集。筛选功能可以使WPS 表格只显示出符合设定筛选条件的某一值或符合一组条件的行，而隐藏其他行。在WPS 表格中提供了“自动筛选”和“高级筛选”两种操作来筛选数据。

（1）自动筛选

“自动筛选”的操作方法：单击需要筛选的数据清单中任一单元格，单击“数据”选项卡功能区中的“筛选”按钮，在数据清单的行标题每一项的右下角会出现筛选箭头▼，选择需要显示的项目。如果筛选条件是常数，则直接单击该数选取；如果筛选条件是表达式，则单击“数字筛选”或“文本筛选”按钮，弹出“自定义自动筛选方式”对话框，在对话框中输入条件表达式后，然后确定即可。

自动筛选完成后，数据清单中只显示满足条件的记录，不满足条件的记录将自动隐藏。若需要重新显示全部数据时，再次单击“数据”选项卡功能区的“筛选”按钮即可。

（2）高级筛选

如果需要使用复杂的筛选条件，或者将符合条件的数据复制到工作表的其他位置，则使用高级筛选功能。使用高级筛选时，需要先在工作表远离数据清单的位置设置条件区域。条件区域至少为两行，第一行为字段名，第二行以下为查找的条件。条件包括关系运算、逻辑运算等。在逻辑运算中，表示“与”运算时，条件表达式应输入在同一行；表示“或”运算时，条件表达式应输入在不同的行。

条件区域设置好后，单击“数据”选项卡功能区中的“筛选”→“高级筛选”命令，弹出图4-36所示的“高级筛选”对话框，然后在对话框中进行区域选定后，单击“确定”按钮即可。

3．数据分类汇总

分类汇总可以将数据清单中的数据按某一字段进行分类，并实现按类求和、求平均值、计数等运算。如上面要求按性别分类，对计算机求平均分。具体操作如下：

注意：

分类汇总前，先要按照分类项进行排序，从而使同类数据集中在一起。

① 按“性别”排序。

② 在要分类汇总的数据清单中，单击任一单元格，在“数据”选项卡功能区中单击“分

类汇总”按钮，弹出图4-37所示的“分类汇总”对话框。

③ 在“分类字段”下拉列表框中，单击需要用来分类汇总的数据列，如“性别”。

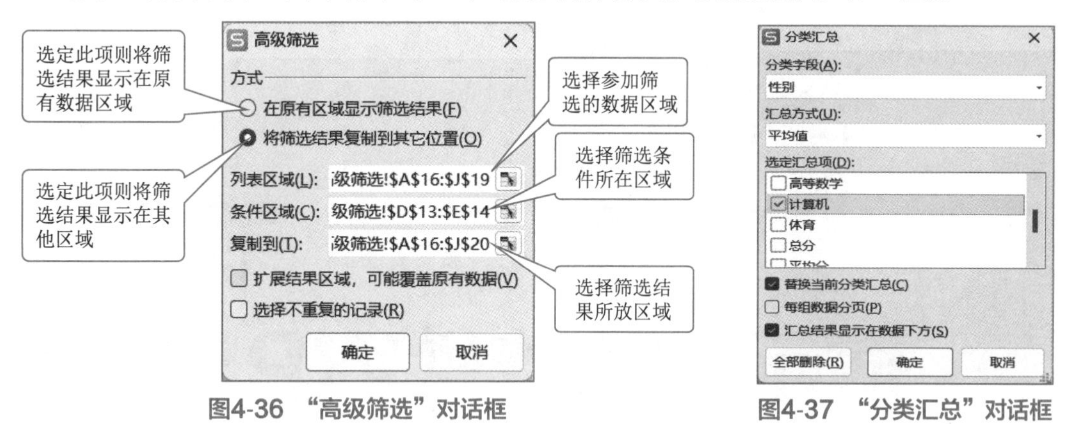

图4-36 “高级筛选”对话框　　图4-37 “分类汇总”对话框

④ 在“汇总方式”下拉列表框中，单击所需的用于计算分类汇总的函数，如“平均值”。

⑤ 在“选定汇总项”框中（可选多个），选定需要汇总计算的数值列对应的复选框，如“计算机”。

⑥ 单击“确定”按钮就可得到分类汇总结果，如图4-38所示。

若要撤销分类汇总，则可以在“分类汇总”对话框中单击左下角的“全部删除”按钮即可。

姓名	性别	大学英语	高等数学	计算机	体育	总分	平均分	排名	等级
陈沛哲	男	71	92	77.5	95	335.5	83.9	3	合格
陈隆源	男	88	76	86.4	87	337.4	84.4	2	合格
李竹锫	男	35	50	80.9	60	225.9	56.5	10	不合格
韩鹏振	男	63	40	84.4	76	263.4	65.9	8	合格
杨承轩	男	52	79	67.5	88	286.5	71.6	6	合格
许沿伟	男	68	67	79.9	72	286.9	71.7	5	合格
	男 平均值			79.43333333					
陈情	女	82	74	71.7	93	320.7	80.2	4	合格
吴铭婧	女	94	85	93.3	78	350.3	87.6	1	合格
尹仁颃	女	34	81	55.8	64	234.8	58.7	9	不合格
周炜	女	81	53	78.2	65	277.2	69.3	7	合格
	女 平均值			74.75					
	总平均值			77.56					

图4-38 “分类汇总”结果

四、思考与练习

① 如何将筛选操作恢复为全部显示和普通显示？

② 如何将分类汇总取消？

③ 在处理大规模数据时，经常遇到需要总是显示表头，如何处理达到这个功能？打印的时候，如何在第一页总是显示表头？

第5章 演示文稿软件WPS演示

实验5.1　演示文稿的制作与美化

一、实验目的

◎掌握WPS演示的启动与退出。

◎掌握WPS演示文稿建立的基本过程与方法。

◎掌握插入图片、形状、表格和艺术字的方法。

◎掌握演示文稿中多媒体的应用方法。

◎掌握演示文稿的母版、主题设计和修改方法。

二、实验环境

◎微型计算机。

◎Windows 10操作系统。

◎WPS Office应用软件。

三、实验内容与步骤

在线实训

演示文稿的制作与美化

说明：

本实训的时间是2023年8月15日，当时的网页信息如二维码所示。

我们现在从零开始，通过制作“辽宁号航空母舰”演示文稿，来学习演示文稿的制作和设计。

1. 新建演示文稿

操作要求

新建一个演示文稿。

新建演示文稿可以是新建一个空白演示文稿，也可以是带格式的演示文稿。

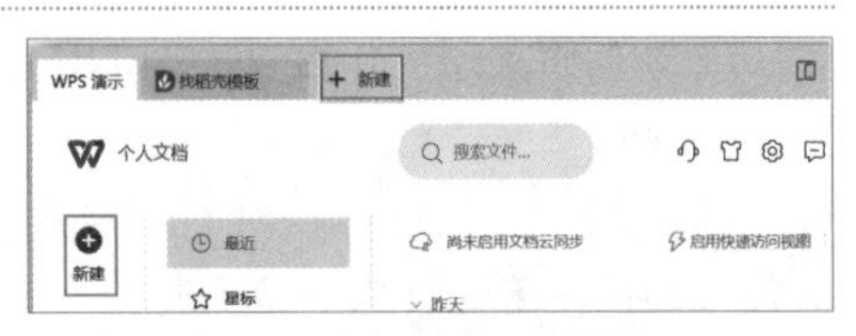

图5-1　WPS演示启动窗口

（1）新建空白演示文稿

方法一：启动WPS演示，出现图5-1所示的启动窗口，单击标签栏的“新建”按钮或左边导航栏的“新建”按钮，弹出图5-2所示的新建文档窗口。在“新建空白文档”选项中选择一种背景样式，即可创建一个默认文件名为“演示文稿1”的新演示文稿。

图5-2　新建文档窗口

方法二：在WPS演示已经启动的情况下，单击“文件”→“新建”命令，也弹出图5-2所示的窗口。

方法三：在WPS演示已经启动的情况下，单击标签栏的＋按钮，也弹出图5-2所示的窗口。

（2）新建带格式的演示文稿

带格式的演示文稿就是从模板中创建，模板是一种用来快速制作幻灯片的已有文件，是一种设计方案，它可以包含版式、颜色、字体、背景样式等，甚至还包含某些特定用途的内容，例如企业培训、工作计划或课堂教学等。使用模板可以方便快捷地创建一系列主题一致的演示文稿，其创建方法如下：

在图5-2中除了“新建空白文档”选项外，其他的都是带格式的模板，从中选择一种合适的模板即可，例如在图5-2中选择“通用ppt”，弹出图5-3所示的窗口，通用ppt中又有多种风格的模板供选择，在图5-3中选择“小清新”风格中“春日时光”模板，并单击“立即下载”按钮，其效果如图5-4所示。然后，可以在已有的设计概念、字体和颜色方案的幻灯片模板上创建演示文稿。

图5-3　选择模板窗口

图5-4 根据模板新建演示文稿

2. 演示文稿的基本操作

操作要求

① 建立第1张幻灯片，新建的空白演示文稿提供了一张默认的幻灯片，其版式为“标题幻灯片”，在“空白演示”处输入标题“辽宁号航空母舰”，在“单击此处输入副标题”处输入副标题“中国海军第一艘航空母舰”。

② 建立第2张幻灯片，单击“开始”选项卡下“新建幻灯片”右侧的小三角下拉按钮▾，在弹出的下拉列表中单击“新建”→“母版版式”，找到“两栏内容”版式，如图5-5所示。在“单击此处添加标题”处输入标题“概况”，在左侧“单击此处添加文本”处输入辽宁舰的简介：辽宁号航空母舰，简称“辽宁舰”，舷号16，是中国人民解放军海军第一艘可以搭载固定翼飞机的航空母舰。前身是苏联海军的库兹涅佐夫元帅级航空母舰2号舰瓦良格号。

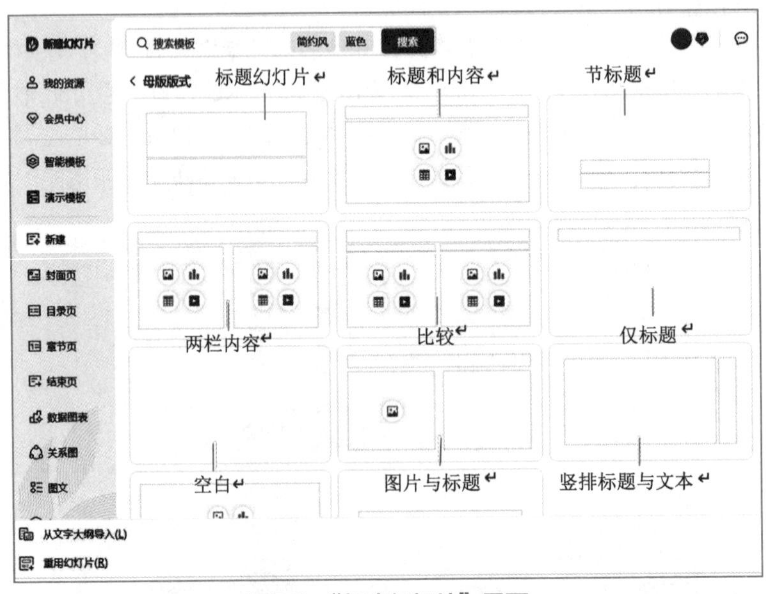

图5-5 “新建幻灯片”界面

③ 建立第3张幻灯片，其版式为“标题和内容”版式。在“单击此处添加标题”处输入标题“性能参数”。

④ 建立第4张幻灯片，其版式为“图片与标题”版式。在“单击此处添加标题”处输入标题“舰载机”。在“单击此处添加文本”处输入舰载机介绍内容：“2012年10月29日，歼15成功于辽宁号上触舰复飞，11月23日552号歼15战机在辽宁号上成功实验着舰降落与起飞，11月25日，552号歼15战机在辽宁号上的起飞和降落实验画面公开。”

⑤ 将这个演示文稿保存在D盘自己的文件夹中，名称为“辽宁号航空母舰.pptx”。

演示文稿由一张或多张幻灯片组成。演示文稿建立之后的首要问题是对幻灯片进行各种操作，如输入文本、编辑文本、格式化文本，幻灯片的复制、移动、删除等。

（1）保存演示文稿

在制作演示文稿的过程中，需要一边制作一边保存演示文稿，这样可以避免因为意外情况而丢失正在制作的文稿。

① 保存新建的演示文稿。单击“文件”→“保存”命令，在弹出的“另存文件”对话框中选择需要保存的位置，在“文件类型”下拉列表中选择需要保存的文件类型，输入正确的文件名，再单击“保存”按钮即可。

② 保存已有的演示文稿。在快速访问工具栏中单击“保存”按钮即可实时保存。

③ 另存为演示文稿。需要将演示文稿保存在其他位置时，单击“文件”→“另存为”命令，剩下的步骤与保存新建的演示文稿相同。

（2）输入和编辑文本

① 在占位符中输入文本。在创建演示文稿之后，选定一张幻灯片，幻灯片窗口上有两个带有虚线的边框，称为“占位符”。单击任何一个占位符，都可以进入编辑状态，用户可根据需要输入相应的文字。输入完成后，单击幻灯片的空白区域即可。

② 在大纲/幻灯片区输入文本。具体操作步骤如下：

a．在左边导航栏中选择“大纲”。

b．单击空白区，可以进行文本的输入。

c．按【Ctrl+Enter】组合键，光标下移一行，并缩格显示，此时输入下一级文本内容，按【Enter】键实现换行。

d．输入标题时，按【Enter】键，建立一张新的幻灯片。

e．输入下一级内容时，按【Ctrl+Enter】组合键，建立一张新的幻灯片。

（3）插入新幻灯片

通常插入新幻灯片的方法有以下四种：

方法一：在插入新幻灯片的位置，单击“开始”→“新建幻灯片”按钮，便在当前幻灯片的后面插入新幻灯片。

方法二：在大纲/幻灯片区中，将光标移到某张幻灯片上，按【Enter】键便在当前幻灯片的后面插入新幻灯片。

方法三：在大纲/幻灯片区中，单击某张幻灯片的按钮，在弹出的列表中选择合适的版式，即可在当前幻灯片的后面插入新幻灯片。

方法四：在插入新幻灯片的位置，按【Ctrl+M】组合键插入新幻灯片。

（4）更改幻灯片版式

插入幻灯片后，用户如果对幻灯片版式不满意，是可以更改的。在大纲/幻灯片区中，选择“幻灯片”选项，在需要更改版式的幻灯片上右击，选择“版式”命令，弹出“母版版式”列表，在其中选择需要的版式即可。或者单击“开始”→“版式”按钮，从列表中进行选择。

（5）复制幻灯片

复制幻灯片的方法有以下两种：

方法一：在大纲/幻灯片区，选中需要复制的幻灯片，右击，在弹出的快捷菜单中选择“复制”或者“复制幻灯片”命令。如果选择“复制”命令，可将幻灯片的内容复制到剪贴板中，选中目标幻灯片，右击，在弹出的菜单中选择“粘贴”命令，这样可以将幻灯片复制到当前演示文稿的其他位置或另一个演示文稿中；如果选择“复制幻灯片”命令，可以在当前幻灯片的后面复制出一张完全一样的幻灯片，然后可以移动幻灯片到需要的位置。

方法二：选中要复制的幻灯片，单击“开始”选项卡中的“复制”按钮，再单击“开始”选项卡中的“粘贴”按钮，便可在当前幻灯片的后面复制出一张完全一样的幻灯片。

（6）移动幻灯片

移动幻灯片的操作非常方便，在“普通视图”或“幻灯片浏览视图”中，只需用鼠标拖动要移动的幻灯片到所需的位置即可。

（7）删除幻灯片

在“大纲/幻灯片”区中，选中需要删除的幻灯片，右击，在弹出的快捷菜单中选择“删除幻灯片”命令，即可删除该幻灯片。或者选中需要删除的幻灯片后，按【Delete】键，即可删除幻灯片。

3．演示文稿中的图片、表格和艺术字

操作要求

在“辽宁号航空母舰.pptx”演示文稿中完成以下操作：

① 在第1张“辽宁号航空母舰”幻灯片中，插入一个五角星形自选图形。

② 在第2张“概况”幻灯片中，插入一张“辽宁号航空母舰”的图片。

③ 在第3张“性能参数”幻灯片中，插入一张“性能参数”的表格，表格数据如图5-6所示。

④ 在第4张“舰载机”幻灯片中，插入一张“歼-15”的图片，再插入一个“歼-15舰飞成功”的艺术字。

⑤ 在第1张“辽宁号航空母舰”幻灯片中，将标题设置为华文琥珀，72号字，黑色；将副标题设置为华文新魏，60号字，蓝色；将五角星形自选图形放置在右上角，颜色改为红色，无线条。

舰长	304.5米
舰宽	75米
排水量	55，000吨（标准） 67，500吨（满载）
航速	29节

图5-6 性能参数

⑥ 在第2张“概况”幻灯片中，将标题设置为微软雅黑，66号字，将文本设置为华文宋体，32号字，颜色为“矢车菊蓝，着色1，深色25%”。将图片大小设置为高9.6厘米，宽14厘米，图片在幻灯片上的水平位置为19.5厘米、相对于“左上角”，垂直位置为-2厘米，相对于“居中”，图片轮廓为4.5磅，颜色为“浅蓝”。

⑦ 在第3张“性能参数”幻灯片中，将标题设置为微软雅黑，66号字，将表格文字设置为华文楷体，40号字，加绿色4.5磅外框，表格第一行添加橙色底纹。

⑧ 在第4张“舰载机”幻灯片中，将标题设置为微软雅黑，66号字，将文本设置为华文宋体，32号字，将“歼-15舰飞成功”的艺术字设置为华文楷体，72号字，红色。

（1）插入图片

为了在演示过程中对内容做更加清晰明确的介绍，可以通过插入图片，图文并茂地让观看者对演示内容进行了解。

① 插入本地图片。插入本地图片的操作方法是：选中需要插入图片的幻灯片，单击“插入”→“图片”按钮，弹出“插入图片”对话框，在其中选择需要插入的图片。

插入后的图片可以根据需要调整其位置和大小，单击选中的图片，可以使用“图片工具”选项卡和“对象属性”窗格对图片的各种属性进行设置。

② 分页插图。分页插图可以将选择的多张图片分别插入到不同的幻灯片中，图片不重叠。插入分页插图的方法是，选中某一张幻灯片，单击“插入”→“图片”按钮右下角的下拉按钮，弹出图5-7所示的列表，选择“分页插图”选项，在弹出的“分页插入图片”对话框中选择多张图片，再单击“打开”按钮，这样多张图片就分别插入到不同的幻灯片中。当幻灯片数量少于图片数量时，会自动添加幻灯片，保证一张图片在一张幻灯片上。

③ 插入手机图片。可以将手机里的图片快速插入到幻灯片中，方法是：在图5-7所示的界面中选择“手机图片/拍照”选项，弹出“使用手机图片/拍照”对话框，在该对话框中出现一个二维码，用手机微信扫码后在手机里选中图片，图片就会出现在该对话框中，双击图片即可将图片插入到幻灯片中。

④ 插入资源夹图片。WPS资源夹不仅可以将分散在各处的素材统一管理，一键添加和使用，还支持成员共享，彻底解决素材收集、共享和使用的问题。

在图5-7中选择“资源夹图片”，打开“资源夹”窗格，如图5-8所示，“上传资源”可以将本地的素材上传到资源夹中，“添加资源”可以将资源夹中的素材进行分享，让好友一起共享素材。单击资源夹中的某个素材图标，可以将该素材添加到幻灯片中。

图5-7　插入图片选项

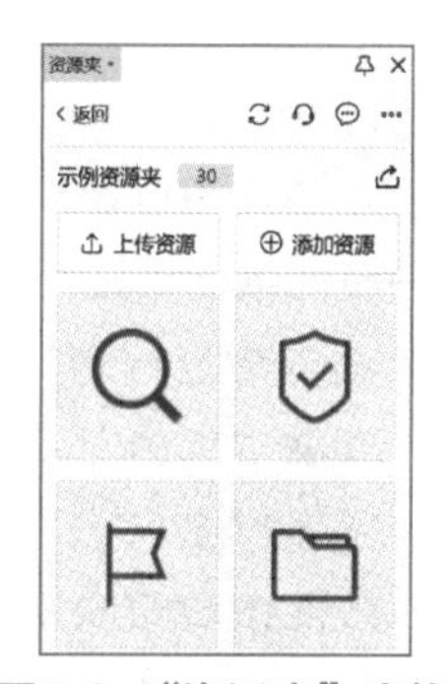

图5-8　“资源夹”窗格

⑤ 插入在线图片。如果要快速插入某一领域的素材（如教育），则可以在图5-7中单击“教育专区”，在众多的素材库中选中自己需要的即可。

（2）插入表格

插入表格的操作方法是：选中要插入表格的幻灯片，单击“插入”→“表格”按钮，弹出图5-9所示的“插入表格”下拉列表，在其中直接选择表格的行和列，即可在幻灯片中插入一个表格。

也可以单击下拉列表中的“插入表格”命令，弹出图5-10所示的“插入表格”对话框，在其中设置表格的行和列，单击“确定”按钮，即可完成插入表格的操作。

对表格的大小和位置进行调整，然后在其中输入内容，并可通过“表格工具”和“表格样式”两个选项卡设置表格格式。

（3）插入形状

插入形状的操作方法是：选中需要插入形状的幻灯片，单击“插入”→“形状”按钮，在弹出的图5-11所示的“形状”下拉列表中选择需要的形状图案，在幻灯片工作区按住鼠标左键拖动，直至图案大小达到自己所需。

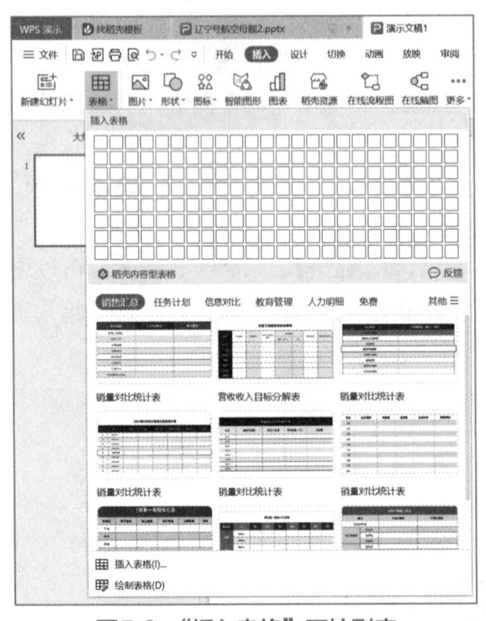

图5-9 “插入表格”下拉列表

图5-10 “插入表格”对话框

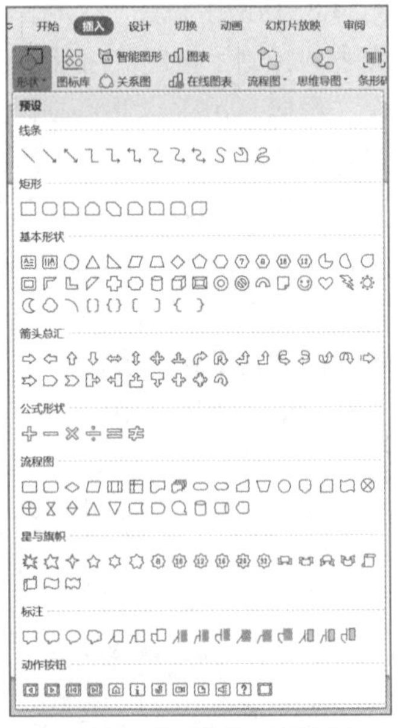

图5-11 “形状”下拉列表

与插入图片相似，插入形状后，选择形状图案，可以使用“绘图工具”选项卡对形状图案的各种属性进行设置。

（4）插入智能图形

在WPS演示文稿中可以插入智能图形，其中包括列表图、流程图、循环图、组织架构图、关系图、矩阵图等。

插入智能图形的操作方法是：选中需要插入智能图形的幻灯片，单击“插入”→“智能图形”按钮，打开图5-12所示的“智能图形”对话框，在对话框上方可以选择智能图形的类型，下方选择该类型中的一种布局方式，右侧则会显示该布局的说明信息。

插入智能图形后，可以使用“设计”和“格式”选项卡对图形的各种属性进行设置。

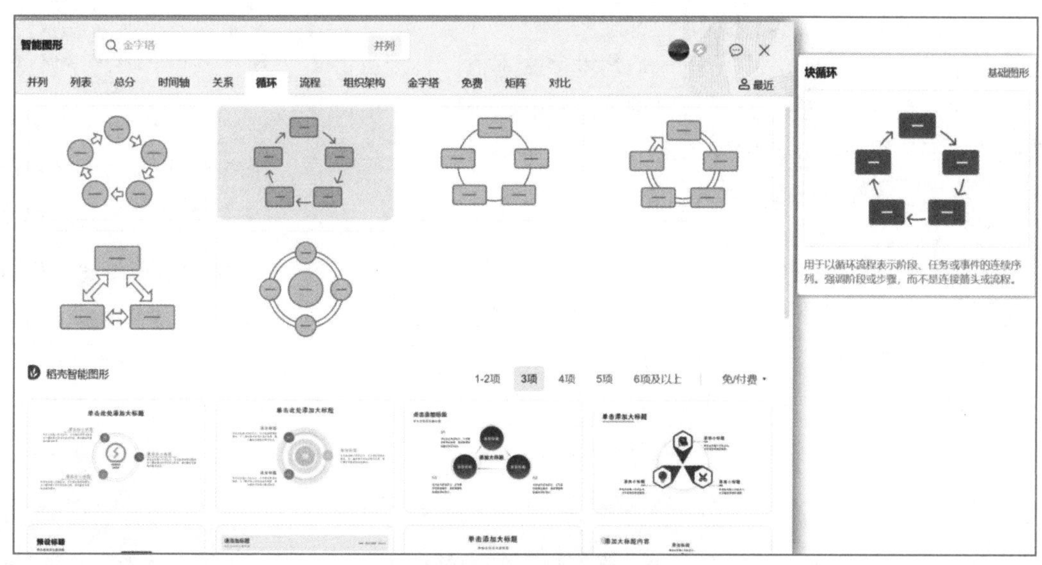

图5-12　“智能图形”对话框

（5）插入图表

插入图表的操作方法是：选中需要插入图表的幻灯片，单击“插入”→“图表”按钮，打开图5-13所示的“图表”对话框，在对话框的左侧可以选择图表类型，中间单击该类型中的一种样式，即可完成插入图表。

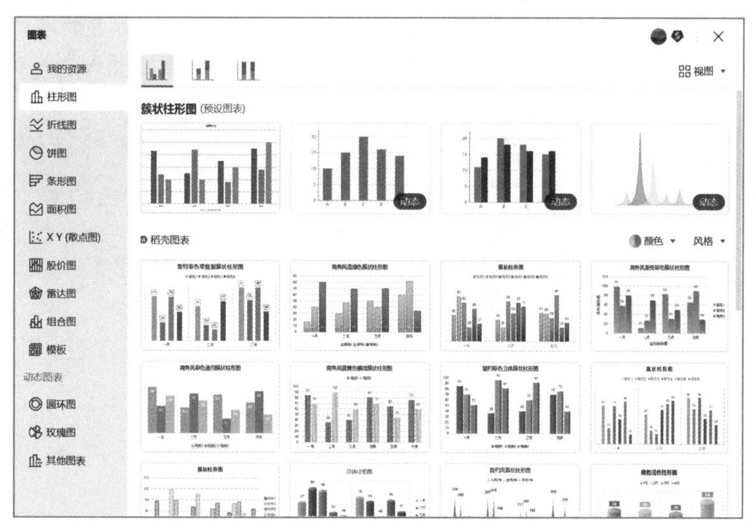

图5-13　“图表”对话框

插入图表后，可以使用“绘图工具”“文本工具”“图表工具”选项卡对图表的各种属性进行设置。

（6）插入文本

插入文本包括插入文本框、页眉、页脚、艺术字、日期和时间、幻灯片编号等。

这里以插入艺术字为例。插入艺术字的操作方法是：选中需要插入艺术字的幻灯片，单击“插入”→“艺术字”按钮，在图5-14所示的“预设样式”下拉列表中选择需要的艺术字样式。

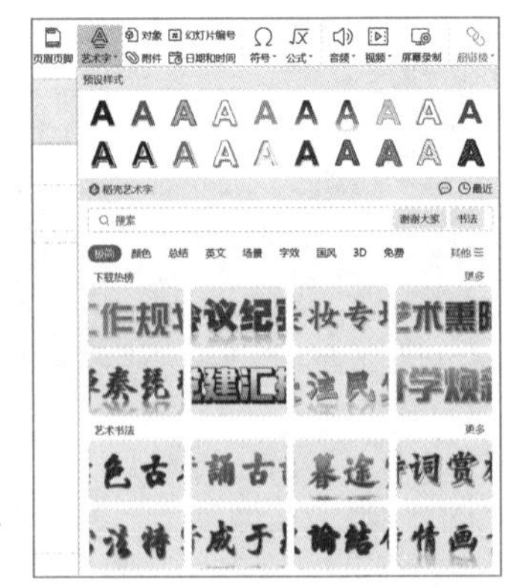

图5-14 艺术字样式

选择样式后，幻灯片中出现一个艺术字文本框，直接在占位符中输入艺术字内容，根据需要调整位置和大小即可。单击选中艺术字，可以使用“绘图工具”与“文本工具”两个选项卡对艺术字的各种属性进行设置。

（7）插入公式或符号

① 插入公式的操作方法是：选中需要插入公式的幻灯片，单击“插入”→“公式”按钮，弹出图5-15所示的“公式工具”选项卡，选择需要的公式样式，并可进行修改。

图5-15 “公式工具”选项卡

② 插入符号的操作方法是：选中需要插入符号的位置，单击“插入”→“符号”按钮，弹出图5-16所示的“符号”对话框，可以根据需要选择各种特殊字符。

4. 演示文稿中多媒体的应用

在演示文稿的制作中，使用恰当的音频、视频等多媒体元素，可以使幻灯片更加具有感染力。

（1）插入音频

插入音频的操作方法是：选中要插入音频的第一张幻灯片，单击“插入”→“音频”按钮，弹出图5-17所示的“音频”下拉列表，在下拉列表中选择所需要插入的音频形式。

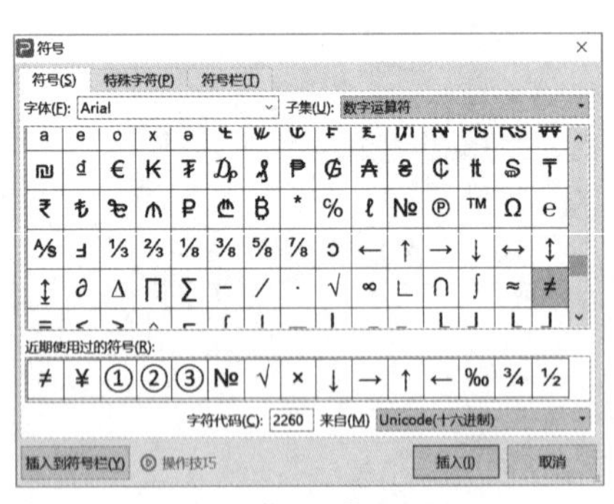

图5-16 “符号”对话框

图5-17 “音频”下拉列表

插入后的音频，可以使用“音频工具”选项卡对音频的格式和播放选项进行设置。例如，如果需要所有的幻灯片都播放音频，可以在图5-18所示的“音频工具”选项卡中选择“放映时隐藏”“跨幻灯片播放”“循环播放，直至停止”“播放完返回开头”，并且选择“设为背景音乐”按钮。

（2）插入视频

插入视频的操作方法是：选中要插入视频的幻灯片，单击“插入”→“视频”按钮，弹出图5-19所示的“视频”下拉列表，在下拉列表中选择需要插入的视频形式。

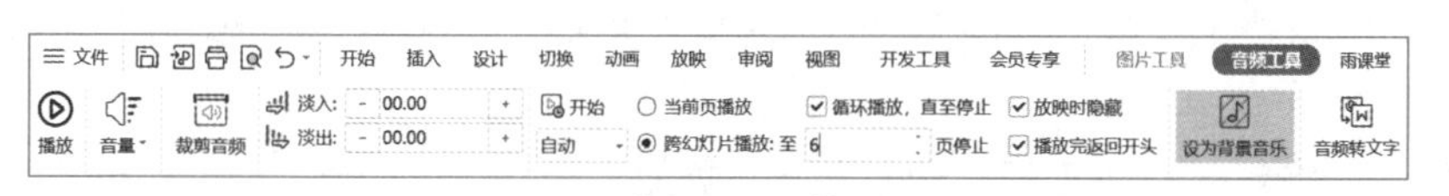

图5-18　“音频工具”选项卡

图5-19　“视频”下拉列表

“嵌入视频”是把整个视频文件放在演示文件中，视频与文件合为一体。

“链接到视频”是链接到视频所在的路径，演示文件与视频文件各自独立。

“开场动画视频”是在幻灯片中制作一个开场视频动画，选择“开场动画视频”选项之后，弹出“视频模板”对话框，如图5-20所示，在该对话框中先选择视频模板类型，再找到自己喜欢的模板，然后单击“立即制作”按钮，在制作过程中，可以将文字与图片等素材更改为自己的素材。

图5-20　“视频模板”对话框

插入后的视频，可以根据需要调整位置和大小，单击选中视频，可以使用“图片工具”“视频工具”选项卡对视频的格式和播放选项进行设置。

5．演示文稿的美化和修饰

操作要求

在“辽宁号航空母舰.pptx”演示文稿中完成以下操作：

① 在幻灯片母版中添加页脚，中间为“中国海军博物馆”，右侧为当前幻灯片编号。

② 为这个演示文稿添加一个自己喜欢的模板。

③ 选择模板后再根据需要调整文字和图片的位置和大小。

（1）幻灯片母版

幻灯片母版是一种特殊的幻灯片，用于存储有关演示文稿的主题和幻灯片版式的信息，包括背景、颜色、字体、效果、占位符大小和位置等。

使用幻灯片母版的目的是使幻灯片具有一致的外观，对于一些统一的内容、图片、背景和格式，可直接在幻灯片母版中设置。

在演示文稿中，单击“视图”→“幻灯片母版”按钮，弹出图5-21所示的“幻灯片母版”选项卡。

在左侧幻灯片缩略图窗格中，第一张较大的幻灯片图像是幻灯片母版，位于幻灯片母版下方的是相关版式的母版。

在图5-21中，单击“页脚区”，再单击“插入”→“页眉页脚”按钮，弹出图5-22所示的“页眉和页脚”对话框，在对话框中进行日期和时间、幻灯片编号、页脚的设置。

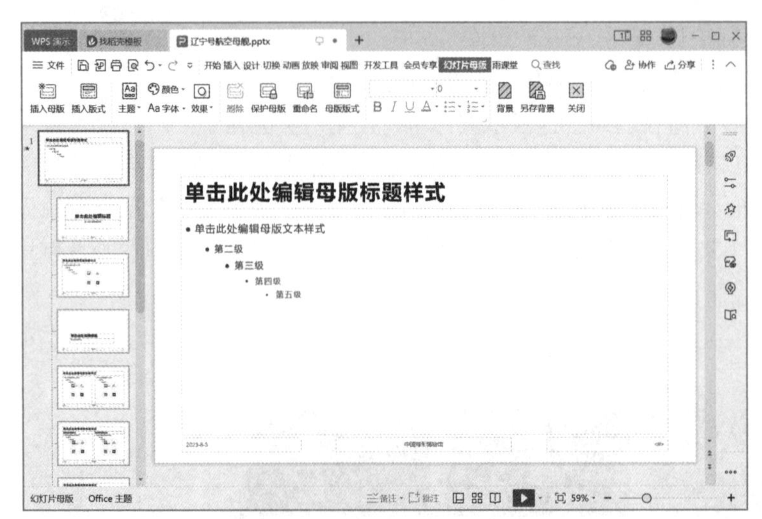

图5-21 “幻灯片母版”选项卡

图5-22 “页眉和页脚”对话框

母版视图设置完成后，单击“幻灯片母版”→“关闭”按钮，退出母版视图的编辑状态。

（2）模板

模板实际上是做好了页面的排版布局设计，但是却没有实际内容的幻灯片，有一组统一的设计元素，包括模板颜色、模板字体和模板效果等内容。利用设计模板，可以快速对演示文稿进行外观效果的设置。

在图5-23所示的“设计”选项卡中，有多种风格的模板供选择。

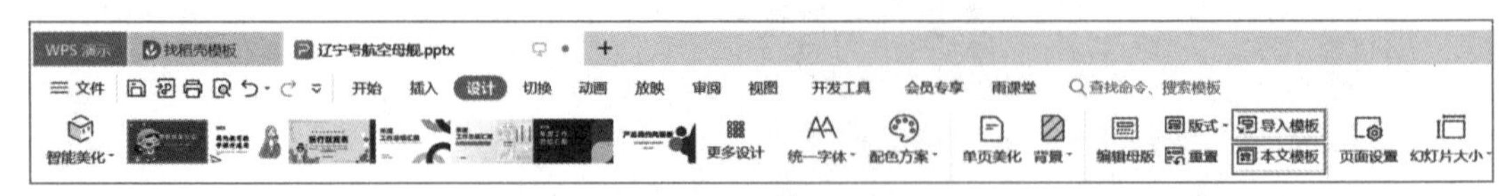

图5-23 “设计”选项卡

单击“设计”选项卡下的“导入模板”按钮，可以导入本机模板。

模板应用后又怎样去掉呢？单击“设计”选项卡下的“本文模板”按钮，弹出图5-24所示的“本文模板”对话框，在其中选择“套用空白模板”选项，再单击“应用全部页”按钮即可。

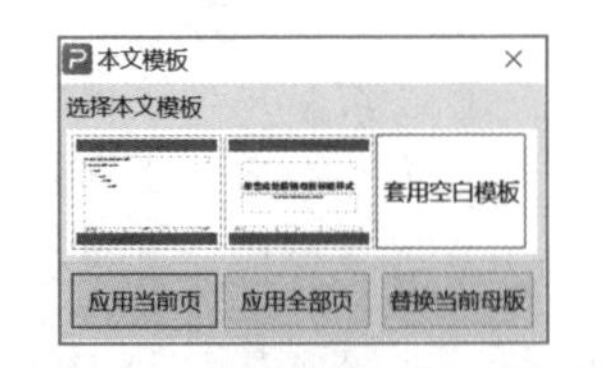

图5-24 “本文模板”对话框

（3）背景格式

可以为幻灯片设置不同的颜色、图案或者纹理等背景，不仅可以为单张或多张幻灯片设置背景，而且可对母版设置背景，从而快速改变演示文稿中所有幻灯片的背景。

设置幻灯片背景的操作方法是，单击“设计”→“背景”按钮，在幻灯片右侧弹出图5-25所示的“对象属性”任务窗格，用户可以根据需要设置渐变、图片、纹理、图案等各种效果的背景。

设置好需要的效果后，如果要将更改应用到所有的幻灯片，可单击“全部应用”按钮，如果仅要将更改应用到当前选中的幻灯片，可直接单击“对象属性”窗格的“关闭”按钮即可。

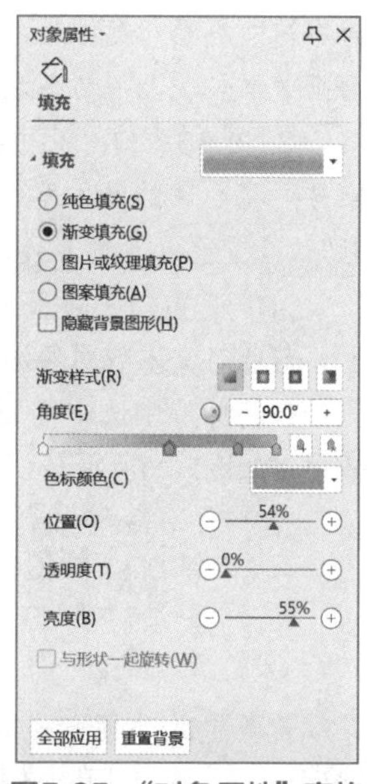

图5-25 “对象属性”窗格

四、思考与练习

① 如果想在每一张幻灯片的左上角都包含一张自己设计的个性化的图片作为Logo，需要对演示文稿进行什么修改才可统一实现？

② 演示文稿的视图类型有哪些？各自的特点是什么？

实验5.2　演示文稿的交互设计与放映

一、实验目的

◎掌握演示文稿的动画设计技术。

◎掌握演示文稿的切换。

◎掌握演示文稿的放映。

◎掌握演示文稿的打印和输出方法。

二、实验环境

◎微型计算机。

◎Windows 10操作系统。

◎WPS Office应用软件。

三、实验内容和步骤

说明：

本实训的时间是2023年8月15日，当时的网页信息如二维码所示。

在线实训

演示文稿的交互设计与放映

1. 设置幻灯片的动画效果

设计精美的演示文稿，能更有效地表达精彩的内容，而搭配上合适的动画可以有效增强演示文稿的动感与美感，为演示文稿的设计锦上添花。

操作要求

打开已创建的“辽宁号航空母舰.pptx”演示文稿，在所建立的四张幻灯片中完成以下操作：

① 选择第1张幻灯片，将标题文字的动画效果设置为“飞入”，方向为“自右下部”，速度

为中速。再给标题添加一个“放大/缩小”的动画效果，尺寸“放大150%”，声音为“鼓掌”，动画效果在“上一动画之后”开始，延迟1秒。

② 在第3张幻灯片中绘制一个圆形小球，并在小球中输入“中国海军”文字，设置字体和字号。将小球的动作路径设置为“S形曲线1”并调整曲线路线，单击“效果选项”中的“计时”，设置重复次数为3。

（1）设置动画效果

若要对文本或对象添加动画，一般的操作方法如下：

在幻灯片中选中需要设置动画的对象，单击“动画”选项卡，从动画库中选择一个动画效果，如图5-26所示。

图5-26 “动画”选项卡

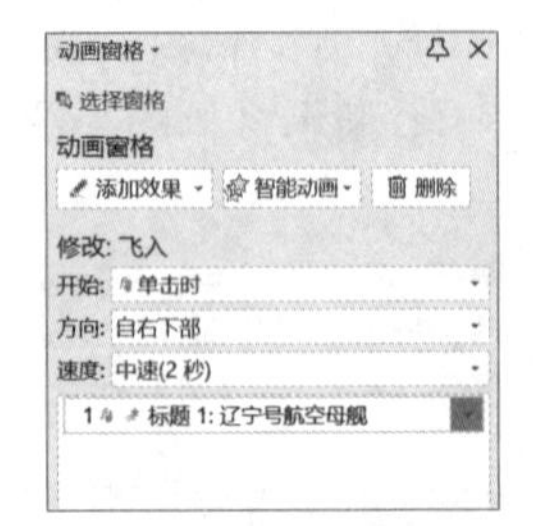

图5-27 “动画窗格”窗格

若要更改动画方式，可以单击“动画”选项卡中的“动画窗格”按钮，在幻灯片右侧出现图5-27所示的“动画窗格”窗格，从中选择合适的效果。

若要对同一个文本或对象添加多个动画，保持选中状态，可以在图5-27中单击“添加效果”按钮，弹出图5-28所示的下拉列表，再选择需要的动画效果。

若要指定效果计时，可以双击自定义动画下面的内容占位符，打开图5-29所示的效果选项对话框，在“效果”选项卡中可以给动画设置方向及声音等效果。在“计时”选项卡中可以设置延迟时间、速度、重复次数等，如图5-30所示。

图5-28 “添加效果”下拉列表

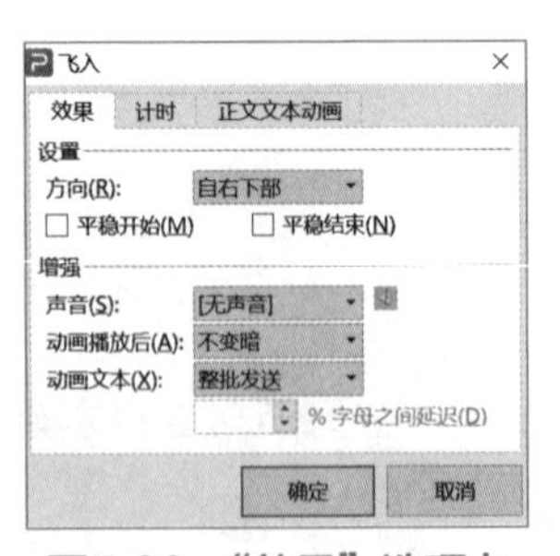

图5-29 “效果”选项卡

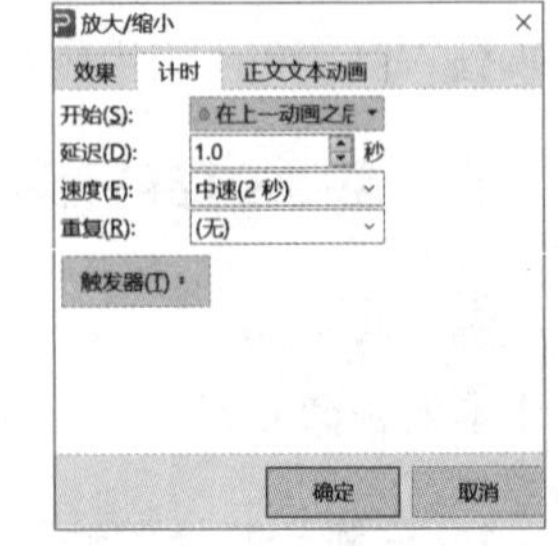

图5-30 “计时”选项卡

（2）动画类型

在动画库中，共有五种类型的动画，分别是进入、强调、退出、动作路径和绘制自定义路径。

- “进入”用于设置对象进入幻灯片时的动画效果。
- “强调”用于为了对幻灯片上的对象强调而设置的动画效果。
- “退出”用于设置对象离开幻灯片时的动画效果。

- “动作路径”用于设置按照一定路线运动的动画效果。
- “绘制自定义路径”用于设置对象沿着事先绘制好的路线运动的动画效果。

2．创建交互式演示文稿

幻灯片播放时是一张接着另一张顺序播放的，为了使观众能够灵活地观看幻灯片，能够随时看到指定的内容，可以使用超链接和动作按钮功能创建交互式演示文稿。

操作要求

在“辽宁号航空母舰.pptx”演示文稿中完成以下操作：

① 在第2张幻灯片的左下角插入一个“结束”动作按钮，动作按钮设置为单击超链接到最后一张幻灯片。

② 将第2张幻灯片的图片超链接到“百度”首页。

（1）插入超链接

超链接是从一页幻灯片到同一演示文稿中的另一页幻灯片的连接，或是从一页幻灯片到不同文件、网页等的连接。

插入超链接的操作方法是，选中需要添加超链接的文字或图片，单击“插入”选项卡下的“超链接”按钮，弹出图5-31所示的“插入超链接”对话框。

根据需要，用户可以在此建立以下几种超链接：

- 链接到其他演示文稿、文件或网页。
- 链接到本文档中的其他位置。
- 链接到电子邮件地址。
- 链接到附件。

超链接设置完成后，在播放此幻灯片时，当鼠标指针指向设置了超链接的对象时，鼠标指针会变成小手状，此时单击，幻灯片即可完成跳转。

（2）动作按钮

动作按钮是一种现成的可插入到文稿中的按钮，可为其定义超链接。

插入动作按钮的操作方法是，选中需要插入动作按钮的幻灯片，单击“插入”选项卡下的“形状”按钮，在“形状”下拉列表中找到图5-32所示的“动作按钮”区域，选择合适的按钮样式，在幻灯片工作区，按住鼠标左键拖动出位置大小合适的动作按钮。松开鼠标左键后，弹出图5-33所示的“动作设置”对话框。

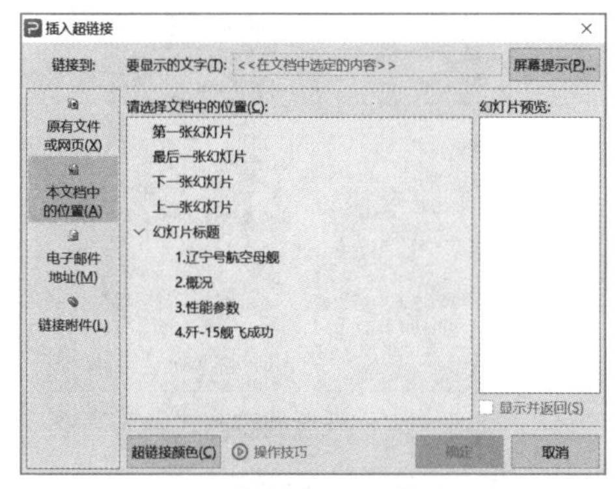

图5-31　“插入超链接”对话框

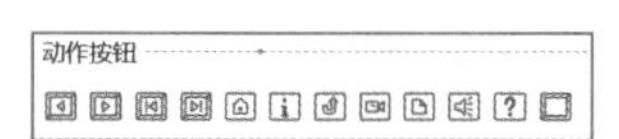

图5-32　“动作按钮”区域

图5-33　“动作设置”对话框

在“动作设置”对话框中，选择“鼠标单击”选项卡，可以设置“超链接到”幻灯片中的位置。

3. 设置幻灯片的切换

幻灯片切换效果是指在幻灯片放映过程中，当一张幻灯片转到下一张幻灯片时所出现的特殊效果。

操作要求

在“辽宁号航空母舰.pptx”演示文稿中完成以下操作：将全部幻灯片切换效果设置成“线条|水平”，换页方式为每隔3秒换页。

设置幻灯片切换的操作方法如下：

在图5-34所示的“切换”选项卡中选择一种合适的切换方式及切换效果，设置幻灯片的切换速度和声音，选择换片方式及设置自动换片的时间，在效果选项中选择效果方向。

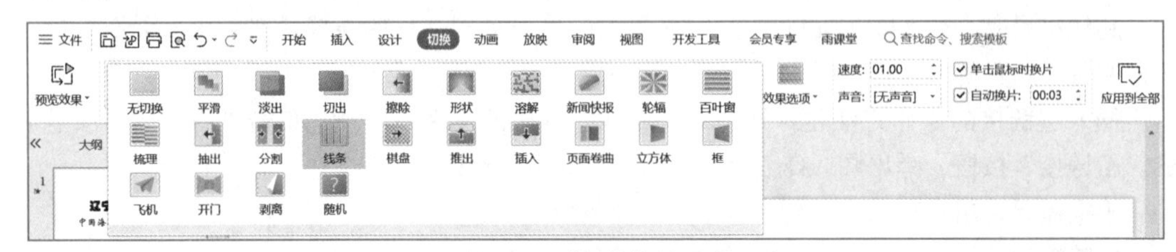

图5-34 “切换”选项卡

如果要将幻灯片切换效果应用到所有幻灯片上，则单击“应用到全部”按钮。

切换效果设置完成后，单击“预览效果”按钮，可以预览切换效果。

4. 幻灯片的放映

演示文稿创建后，可以根据演示文稿的用途、放映环境或受众需求选择不同的放映方式。

操作要求

在“辽宁号航空母舰.pptx”演示文稿中完成以下操作：设置幻灯片为循环放映方式。

设置幻灯片放映方式的操作方法是，在图5-35所示的幻灯片“放映”选项卡中，单击“放映设置”按钮，弹出图5-36所示的“设置放映方式”对话框，在对话框中，可以根据需要对放映类型、放映选项、放映范围等进行设置。

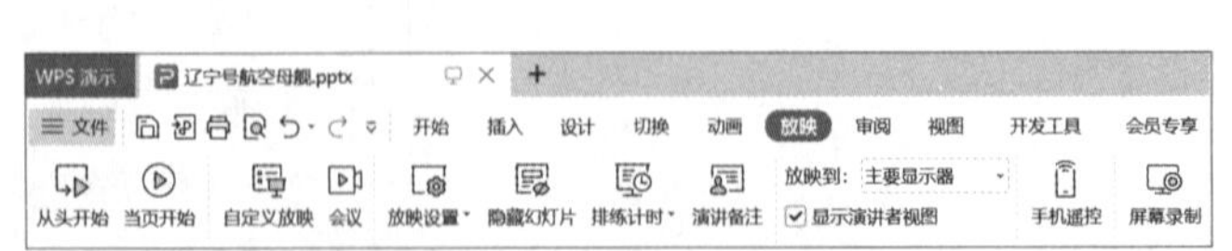

图5-35 “放映”选项卡

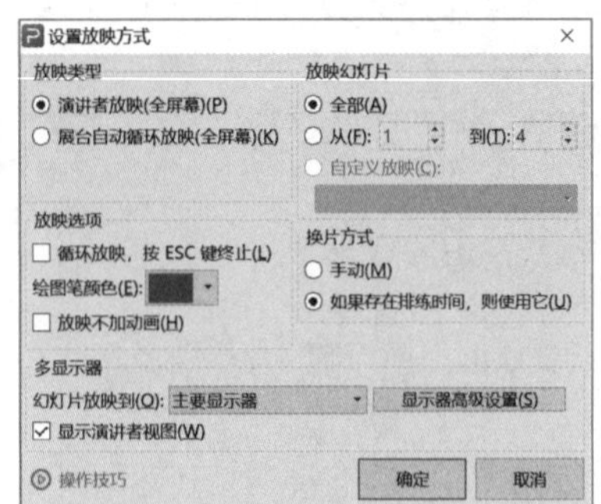

图5-36 “设置放映方式”对话框

幻灯片的放映类型有以下两种：

方法一：演讲者放映。此方式是最为常用的一种放映方式。在放映过程中幻灯片全程显示，演讲者自动控制放映全过程，可采用自动或人工方式控制幻灯片，同时还可以暂停幻灯片放映、排练计时、录制屏幕等。

方法二：展台自动循环放映。此方式一般适用于大型放映，自动放映演示文稿，不需专人管理便可达到交流的目的。用此方式放映前，要事先设置好放映选项，以确保顺利进行。放映时可自动循环播放，鼠标不起作用，按【Esc】键终止放映。

幻灯片的放映选项只有以下一种：

“循环放映，按ESC键终止”：循环放映演示文稿，当放映完最后一张幻灯片后，再次切换到第一张幻灯片继续进行放映。按【Esc】键才能退出放映。

5. 幻灯片的打印和输出

（1）幻灯片的打印

幻灯片打印的操作方法是，单击“文件”→“打印”选项，或者单击快速访问栏中的打印按钮，弹出图5-37所示的“打印”对话框。

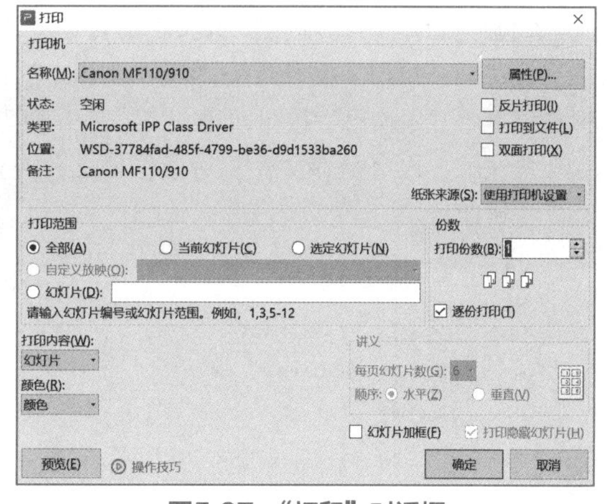

图5-37　“打印”对话框

在此对话框中设置所连接的打印机、打印模式、内容范围、份数等相关信息，单击“确定”按钮即可开始打印。

如果将一张幻灯片打印在一张纸上，比较浪费纸张。使用“讲义母版”可以将多张幻灯片打印在一张纸上，单击“视图”→“讲义母版”按钮，出现图5-38所示的“讲义母版”选项卡，在其中设置讲义方向、幻灯片大小、每页纸张打印的幻灯片数量，确定页眉、页脚、日期、页码等是否打印，设置完成后单击“关闭”按钮，返回演示文稿的编辑模式。打印的时候则会按这些设置进行打印。

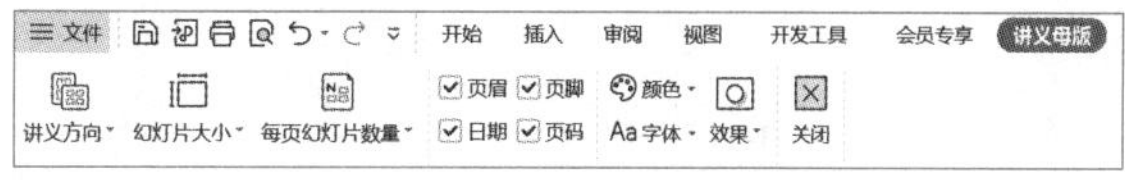

图5-38　“讲义母版”选项卡

在打印幻灯片时，经常需要将幻灯片打印成讲义分发给观众。将幻灯片打印成讲义形式，会在每张幻灯片旁边留下空白，便于书写备注。单击快速访问栏中的“打印预览”按钮，再单击“打印内容”按钮，弹出图5-39所示的列表，在下拉列表的“讲义”栏中选择每张纸上打印的幻灯片数量，在预览界面可见设置好的效果，最后单击“直接打印”按钮即可。

（2）演示文稿的输出

演示文稿制作完成后，WPS提供了各种输出方式，可以将演示文稿输出为图片、创建PDF文档、转换为视频等。

① 创建图片。如果想要批量将幻灯片一键转换为多张图片并保存，或者将多张幻灯片转换为一张图片，其操作方法有以下两种：

方法一：单击“文件”→“输出为图片”命令，弹出图5-40所示的“批量输出为图片”对话框，如果选择“逐页输出”，则每张幻灯片输出为一张图片，如果选择“合成长图”，则多张幻灯片生成一张图片。

方法二：单击“文件”→“另存为”命令，在“另存文件”对话框中选择需要保存的路径，在文件类型下拉列表中选择JPEG、PNG或TIFF格式，单击“保存”按钮即可。

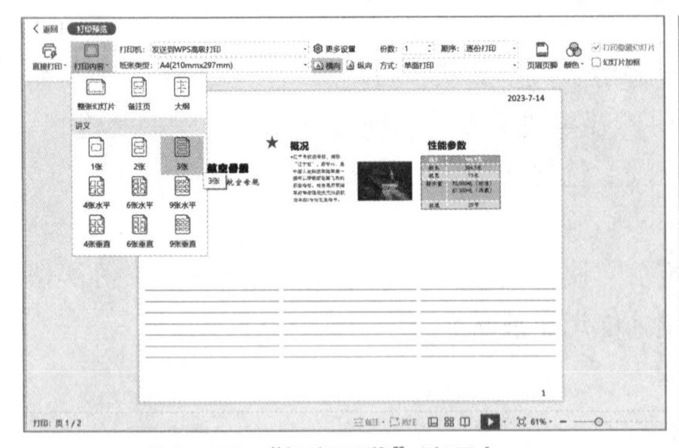

图5-39 “打印预览”选项卡

图5-40 “批量输出为图片”对话框

② 创建PDF文档。创建PDF文档的操作方法有以下两种：

方法一：单击“文件”→“输出为PDF”命令，打开图5-41所示的“输出为PDF”对话框，单击“开始输出”按钮即可。

方法二：在“另存文件”对话框的文件类型下拉列表中选择PDF文件格式，再单击“保存”按钮即可。

图5-41 “输出为PDF”对话框

③ 创建视频。可以把演示文稿保存为视频文件，这样可以确保当观看者的计算机中没有安装WPS软件时，也能观看演示文稿。WPS演示软件导出的视频文件是WEBM格式，需要安装WEBM视频解码器插件。

创建视频的操作方法是：在“另存文件”对话框的文件类型下拉列表中选择“WEBM视频”选项，再单击“保存”按钮即可。

四、思考与练习

① 在演示文稿中创建超链接，只能通过“插入”→“超链接”的方式来实现吗？

② 下周的某一天要进行产品的展示，你提前制作好了演示文稿，但是演示文稿的日期希望能显示当天的日期，应该如何做？

第6章 图表制作软件Visio

实验6.1 Visio的基本操作

一、实验目的

◎掌握Visio的基本操作方法。

◎掌握Visio的图形操作方法。

◎掌握Visio的文字操作方法。

◎掌握Visio的连接操作方法。

二、实验环境

◎微型计算机。

◎Windows 10操作系统。

◎Office Visio 2016应用软件。

三、实验内容和步骤

1．认识Visio

Visio是一款专业的办公绘图软件，具有制图简单规范、结构清晰等关键特性，便于各行各业人员就复杂信息、系统和流程进行可视化处理、分析和交流。Visio 2016加入了一些关于图表的操作技巧，提供了贴心的新手入门功能，可以帮助新手用户快速上手。另外，Visio 2016为很多热门领域提供了直观和易于访问的预设模板，用户可以通过Office 365向任何人分享视频和图表，还提供了上手图例、成百上千的智能形状、一步数据链接和信息权限管理等功能，让用户使用软件制图可以更快、更轻松，全新的Tell Me功能可以让用户在导航栏上轻松访问800多条Visio命令。

2．新建绘图

启动Visio，打开图6-1所示的新建绘图页面，选择并打开一个模板，系统自动创建一个绘图，绘图名称为“绘图1.vsd”。新建绘图文档的方式有以下四种：

方法一：创建空白绘图文档。在“新建”页面，可以选择“空白绘图”选项，或者通过快速访问工具栏中的“新建”按钮，来创建空白绘图文档。

方法二：创建模板绘图文档。Visio为用户提供了大量实用的模板和模具，使用户能非常轻松地绘制出专业的图形。在“新建”页面中的“特色”或者“类别”列表中，选择所需创建的模板文档。Visio 2016根据图表用途和领域归纳了不同类别的图表，供用户选择使用。

方法三：根据搜索结果创建绘图文档。在“新建”页面中的“建议的搜索”列表中，选择相应的搜索类型，可以创建搜索内容相关的绘图文档。

方法四：根据现有内容创建绘图文档。在“新建”页面“类别”列表中，可以选择“根据现有内容新建”选项来创建绘图文档。

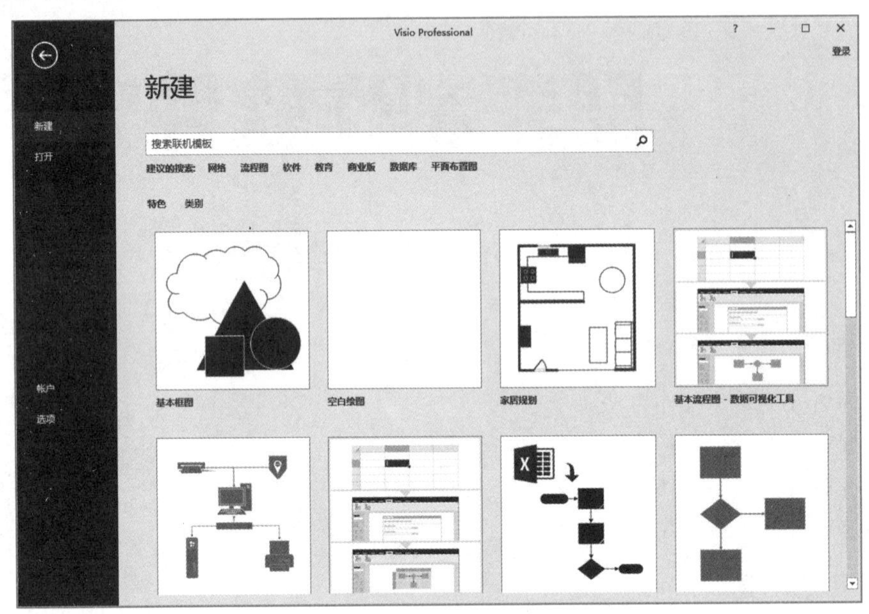

图 6-1　新建绘图页面

3. 认识Visio的组成元素

Visio的组成元素包括模板、模具和形状等。其中，模板相当于整个图表，包含模具和形状等绘制元素，它是针对某种特定的绘图任务或样板而组织起来的一系列主控图形的集合，其扩展名为“.vstx”。

形状是指用于绘图的基本图件，它可以是流程图中的矩形和菱形等基本形状，也可以是更为精细的形状。比如，可以使用形状来表示地图中的街道和建筑物，模拟网络图中的计算机设备和家具规划图中的沙发、床、柜子等。

模具是指与模板关联的形状集合，利用模具中的形状可以快速生成相应的图形。一般位于绘图窗口的左侧，模具文件的扩展名为“.vss”。

4. 绘图环境

打开模板后，将看到Visio 的绘图环境，包括与Office其他组件的窗口界面大体相同的快速访问工具栏、标题栏、选项卡等，以及Visio 特有的形状、绘图窗口等，如图6-2所示。

绘图区位于窗口中间，主要显示了处于活动状态的绘图元素，用户可通过执行“视图”选项卡中的各种命令，来显示绘图窗口、形状窗口、绘图自由管理器窗口、大小和位置窗口、形状数据窗口等窗口。

绘图窗口主要用来显示绘图页，用户可通过绘图页添加形状或设置形状的格式。还可以通过水平或垂直滚动条来查看绘图页的不同区域。另外，用户可以通过选择绘图底端的标签来查看不同的绘图页。

为了准确地定位与排列形状，可以通过执行“视图”→“显示”→“网格”命令或执行“视图”→“显示”→“标尺”命令，来显示网格和标尺。标尺显示的单位会根据绘图类型与使用比例尺度而改变。单击“设计”→“页面设置”组的对话框启动器，在弹出的“页面设置”对话框中，单击“页属性”选项卡，在“度量单位”下拉列表中选择相应单位即可。

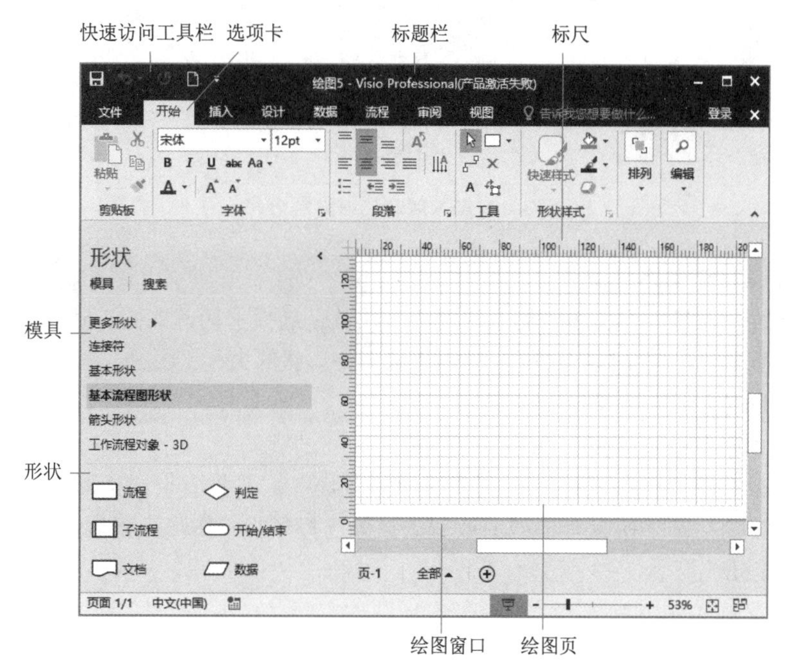

图6-2　Visio 2016 绘图环境

5．形状基本操作

（1）Visio绘制图形的两种方式

方法一：绘图工具栏。最基本的形状和连接线可以直接单击“开始”→“工具”按钮，选择形状，元素调用结束在选项区单击“指针工具”按钮切换到指针模式。图6-3所示为绘图工具下拉菜单。

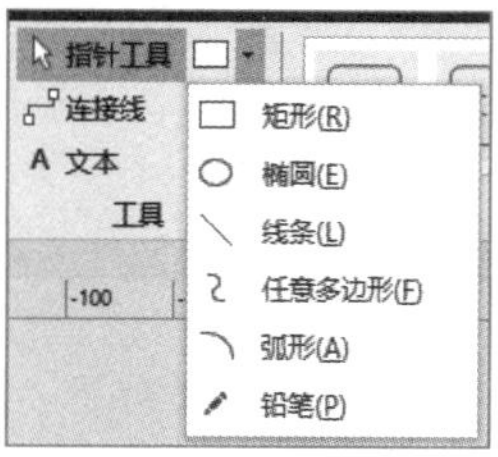

方法二：使用模具。模具可以绘制各种各样的专业图形。在模具中选择要添加到页面上的形状，用鼠标选取该形状，再把它拖动到页面上适当的位置，然后放开鼠标即可。绘制框图一般只需要箭头和方框两种元素。所以在“形状”任务窗格调出“基本形状”和“连接符”就可以了，如图6-4所示。其他的根据需求调出。

图6-3　绘图工具

（2）形状的选取及移动、删除操作

选取单个图形，单击“开始”选项卡中的“指针工具”命令，然后将鼠标指针放在需要选取的图形上单击即可。选择多个形状，可以选中第一个图形后，按住【Shift】键，再选择其他的图形，或者直接用鼠标拖动出一个矩形范围的方式。移动形状也采用鼠标拖动的方式，选中形状后，把它拖动到新的位置再放开，所有被选择的图形会以相同的方向及间距移动到新的位置上。选中该图形，按【Delete】键即可删除该图形。

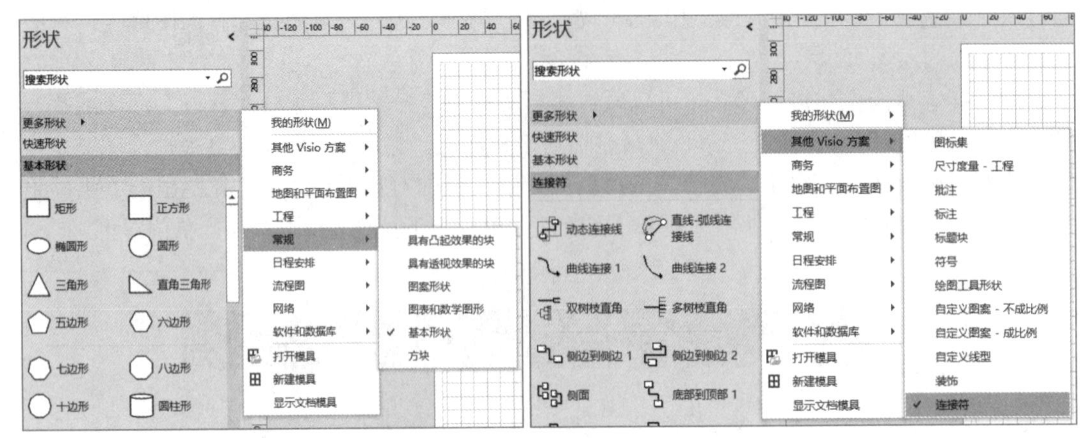

图6-4 基本形状和连接符模具

（3）选择手柄调整形状大小

选择形状时，形状角上和边上的八个空心方块就是选择手柄，如图6-5所示。当用户将鼠标置于选择手柄上时，按住鼠标进行拖动操作来调整形状的大小。另外，按住【Ctrl】键后再执行该操作，是按比例进行缩放。

（4）用控制手柄改变形状

控制手柄只存在于一些允许用户调节外形的形状中，主要用来调整形状的角度和方向。并且不同形状上的控制手柄具有不同的改变效果。选择形状，图形上出现的黄色菱形就是控制手柄，如图6-5所示。

（5）用控制点或顶点改变曲线曲率

使用“开始”选项卡中的“铅笔工具”绘制线条、曲线、三角形等形状时，图形顶点显示为蓝色的手柄，两个顶点之间的圆形手柄就是控制点，如图6-6所示。控制点和顶点是存在于一些特殊曲线中的手柄，它的作用是改变曲线曲率。而形状上两头的顶点方块可以扩展形状，从顶点处拖动鼠标可以继续绘制形状。另外，用户还可以通过添加或删除顶点来改变形状。按住【Ctrl】键单击形状边框，可以为形状添加新的控制点。

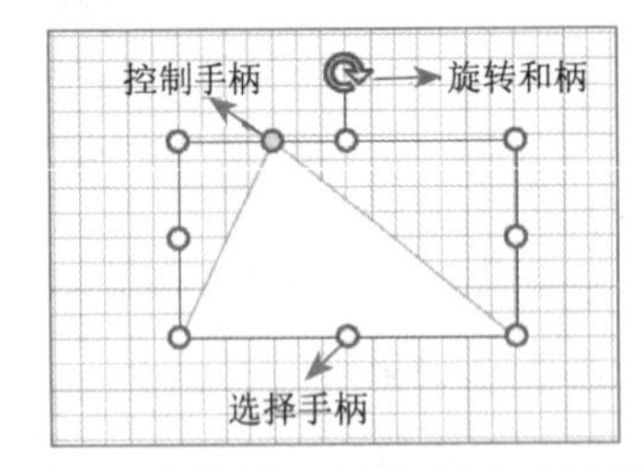

图6-5 选择手柄、控制手柄和旋转手柄

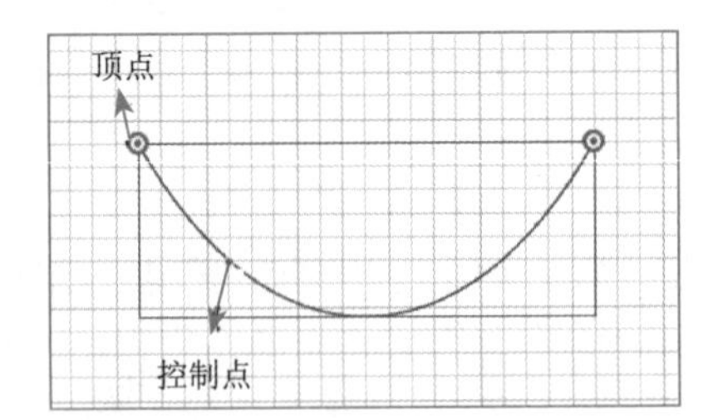

图6-6 顶点和控制点

（6）用旋转手柄旋转形状

旋转手柄是所有形状共有的手柄，如图6-5所示。当用户将鼠标指针置于旋转手柄上方时，鼠标指针将转换为旋转箭头形状，拖动鼠标即可旋转形状。

（7）取消锁定手柄

形状受到保护和锁定时，选择形状，形状周围出现带灰色方框标记的手柄，就是锁定手柄。用户只需执行“形状”→“组合”→“取消组合”命令即可解除形状的锁定状态。

6．添加文字操作

Visio添加文字有两种方式。

（1）向形状图形中添加文本

可以向绘制好的正方形、长方形、圆、直线和曲线等形状中添加文本，Visio会放大以便看到所输入的文本。具体操作如下：

① 在形状图形中添加文本。双击形状，自动进入文字编辑状态，然后输入文本。也可以单击“开始”→“工具”→“文本”工具，单击“形状”，然后开始输入文本。再次单击“文本”工具或按【Esc】键便可退出文本模式。

② 删除形状图形中的文本。双击要删除的图形，然后在文本突出显示后，按【Delete】键。或者单击“文本”工具，单击该形状，突出显示想要删除的文本，然后按【Delete】键。如果错误地删除了该图形，则单击快速访问工具栏上的“撤销”命令。

（2）添加、删除独立的文本

可以向绘图页添加与任何图形无关的文本，例如标题或列表。这种类型的文本称为独立文本或文本块。单击“开始”→“工具”→“文本”工具，输入文本。

双击文本，进入编辑状态，选中需要删除的文字，按【Delete】键删除。或通过“指针工具”选中文本，再单击“文本”工具，进入编辑状态选择文字，按【Delete】键删除。

7．连接操作

Visio绘制连线有两种方式：手动和自动连接形状。

（1）使用连接线按钮连接形状

单击“开始”→“工具”→“连接线”按钮，将鼠标指针置于需要进行连接的形状的连接点上，当指针变为十字形连接线箭头时向相应形状的连接点拖动鼠标可绘制一条连接线。

注意：

使用“连接线”工具时，连接线会在移动其中一个相连形状时自动重排或弯曲。使用“线条”工具连接形状时，连接线不会重排。

（2）使用连接符模具连接形状

在“形状”任务窗格中，单击“更多形状”按钮，选择“其他Visio方案”→“连接符”选项添加“连接符”模具，并将模具中相应的连接符形状拖动到形状的连接点上。

（3）自动连接形状

Visio为用户提供了自动连接功能，利用自动连接功能可以将所连接的形状快速添加到图表中，并且每个形状在添加后都会间距一致并且均匀对齐。用户需要通过执行“视图”→“视觉帮助”→“自动连接”命令，启用自动连接功能。将指针放置在绘图页形状上方，当形状四周出现“自动连接”箭头时，指针旁边会显示一个浮动工具栏，单击工具栏中的形状，即可添加并自动连接所选形状。

（4）更改连接线类型

用户可右击连接线，在弹出的快捷菜单中选择连接线类型。另外，也可以执行“设计”→“版式”→“连接线”命令，在其菜单中选择连接线类型。可以将连接线类型更改为直角、直线或曲线。

（5）保持连接线整齐

在绘图页中选择所有需要对齐的形状，执行“开始”→“排列”→“位置”→“自动对齐和自动调整间距”命令，可对齐形状并调整形状之间的间距。

（6）向连接线添加文本

用户可以将文本与连接线一起使用来描述形状之间的关系。向连接线添加文本的方法与向任何形状添加文本的方法相同：只需双击连接线并输入文本。或者使用“工具”→“文本”按钮，单击连接线，然后输入文本即可。

四、思考与练习

① 设置多处相同格式的图形，有哪几种方法可实现？

② 图形和连接线中文字的行距、字距如何设置？

③ 如何将Visio模板中的图形旋转到所需要的角度？

实验6.2 流程图的制作

一、实验目的

◎了解绘制流程图的常用符号。

◎掌握流程图的三种基本结构。

◎掌握流程图的绘制过程。

视频

使用Visio绘制流程图

二、实验环境

◎微型计算机。

◎Windows 10操作系统。

◎Office Visio 2016应用软件。

三、实验内容和步骤

流程图是最常见的绘图类型之一，被广泛应用到各个领域，如学习程序时表达算法思想的程序流程图。通过流程图，能直观地显示流程的结构与元素。Visio内置了基本流程图、跨职能流程图、工作流程图等九种流程图模板，方便用户快速构建图形。流程图常用符号说明如表6-1所示。

表6-1 流程图的常用符号

符 号	名 称	含 义
（圆角矩形）	端点、中断	标准流程的开始与结束，每一流程图只有一个起点
（矩形）	处理	要执行的处理
（菱形）	判断	决策或判断
（文档形）	文档	以文件的方式输入/输出
→	流向	表示执行的方向与顺序

续表

符　号	名　称	含　义
	数据	表示数据的输入/输出
	联系	同一流程图中从一个进程到另一个进程的交叉引用

操作要求

完成图6-7所示的流程图的绘制。

1. 创建模板文档

执行“文件”→“新建”命令，在“类别”列表中选择“流程图”选项。然后，在展开的列表中选择“基本流程图”选项，并单击“创建”按钮。系统为用户提供了垂直流程图、判定分支流程图、页面内引用流程图和基本流程图四种初学者图，用户可根据需要选择相应的初学者图。在此，如图6-8所示，选择“基本流程图”选项，单击“创建”按钮创建空白模板。

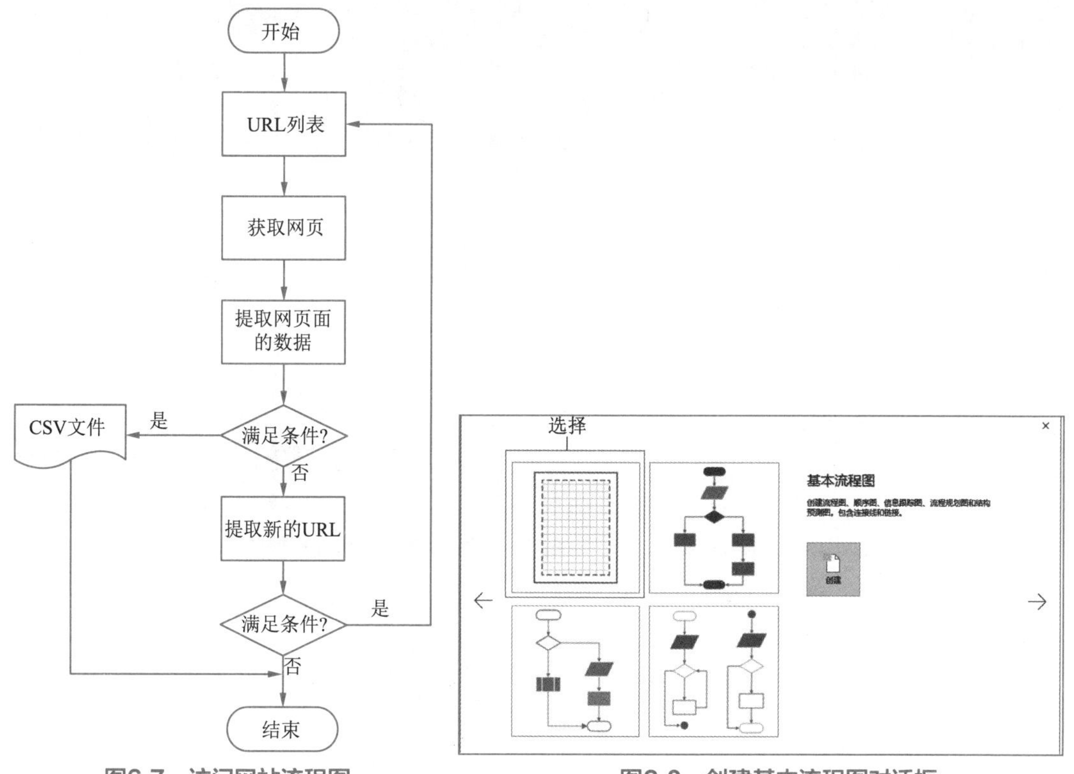

图6-7　访问网站流程图　　图6-8　创建基本流程图对话框

2. 设置页面大小

执行“设计”→“页面设置”命令，打开“页面设置”对话框选中“自定义大小”选项，设置自定义页面大小，如图6-9所示。

3. 设置主要形状

将“基本流程图形状”模具中相应的形状拖到绘图页，双击绘图页中的形状，进入文本编辑状态，输入文本并设置文本的字体格式，如图6-10所示。流程图如果在A4纸张大小的文章或书籍内页中，字体大小一般设置为9～12 pt比较合适。调整形状的大小和位置，注意形状与文字的大小比例，不要形状太大而文字小，使得文字与形状边框之间空白距太大，也不要使文字超出形状的边框。

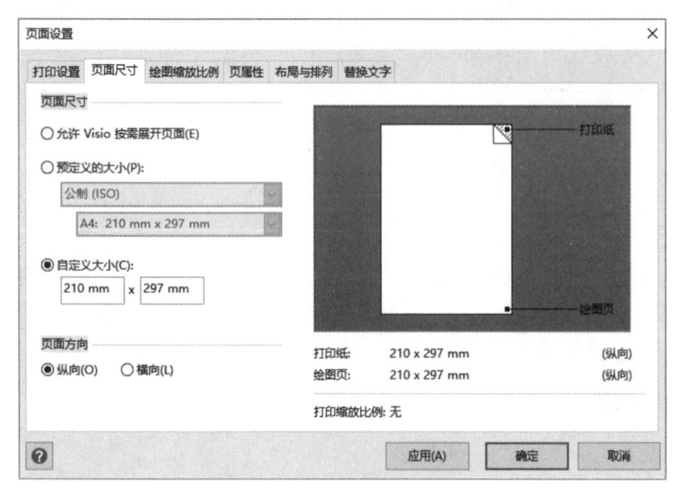

图6-9 “页面设置”对话框

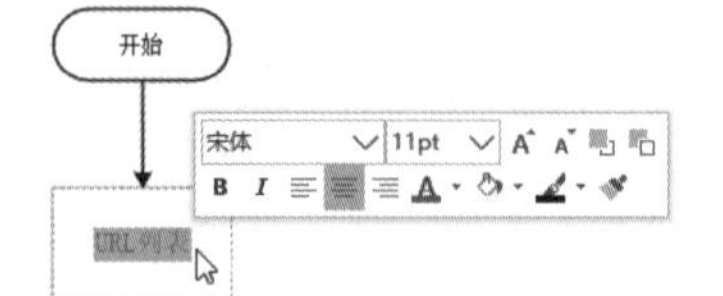

图6-10 设置字体格式

复制多个“流程”形状，并更改形状中的文本。然后，对齐各个形状，并调整形状中的垂直距离。

4．连接形状

执行“开始”→“工具”→“连接线”命令，拖动鼠标连接各个形状。双击连接线，输入文本并设置文本的字体格式。

或者单击“形状”任务窗格中的“更多形状”下拉按钮，选择“流程图”→“箭头形状”选项，以及“其他Visio方案”→“连接符”选项，添加相应模具，并将模具中相应的形状拖到绘图页中，调整大小与位置。双击连接线，输入文本并设置文本的字体格式。

另外，可以选择连接线或整个流程图，右击，在弹出的快捷菜单中执行“直线连接线”命令更改连接线的类型，如图6-11所示。也可以选中对象后，执行“开始”→“形状样式”→“线条”→“箭头”命令，在其级联菜单中选择箭头样式。

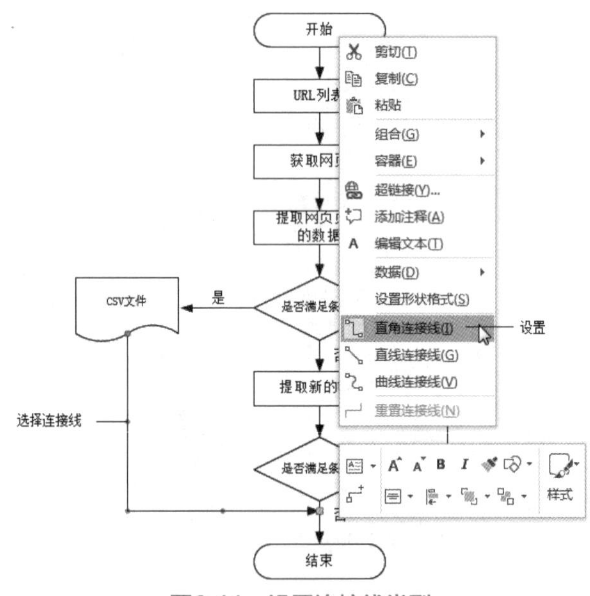

图6-11 设置连接线类型

5．美化图形

美化形状包括的格式设置有：填充颜色（形状内的颜色）、填充图案（形状内的图案）、图案颜色（构成图案的线条的颜色）、线条颜色和图案、线条粗细（线条的粗细）、填充透明度和线条透明度。

Visio内置了42种主题样式和四种变体样式，以方便用户快速美化各种形状。执行“设计”→“主题”命令，选择主题后，可以选择形状对象的不同样式。如图6-12所示，选择形状，执行“开始”→“形状样式”→“快速样式”命令，在其级联菜单中选择相应的样式即可。另外，为形状添加主题样式之后，选择形状，执行“开始”→“形状样式”→“删除主题”命令，即可删除形状中所应用的主题效果。

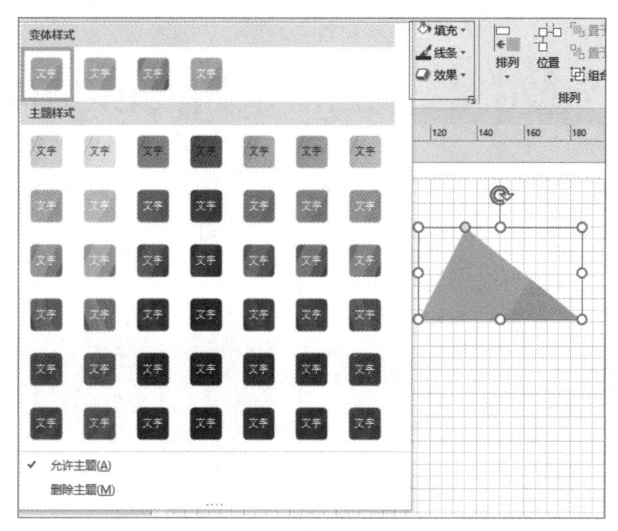

图6-12　美化形状设置

另外，用户可以通过自定义填充效果的方法，设置填充颜色达到美化形状的目的。选择形状，执行“开始”→“形状样式”→“填充”命令，单击其下三角箭头，选取颜色即可；执行“开始”→“形状样式”→“线条”命令，可改变线条的宽度、样式，以及线条的端点；执行“开始”→“形状样式”→“效果”命令，可设置形状的效果。执行“设计”→“背景”→“背景”命令，为绘图页添加背景效果。

6．协同Office办公系列软件

在Visio中，可以与Word、Excel、PowerPoint等Office组件进行协同工作。另外，用户还可以通过Visio 与AutoCAD、网页相互整合，协同制图办公。

（1）将 Visio 嵌入到 Word中

选择所有形状，进行复制，然后切换到Word软件中，进行粘贴，将图表粘贴到文档中即可。注意，将Visio图表嵌入到Word文档中后，可以双击嵌入的图表，在弹出的Visio窗口中继续编辑图表。

另外，同样可以用复制、粘贴的操作将Word的内容嵌入到Visio中，再进行编辑。

（2）将 Visio 链接到Word中

在Word文档中，执行“插入”→“文本”→“对象”命令，弹出“对象”对话框。在“由文件创建”选项卡中单击“浏览”按钮，在弹出的“浏览”对话框中选择要添加的Visio图表。然后，选中“链接到文件”与“显示为图标”复选框即可。

7．保存、导出视图

Visio文档可以保存、导出各种类型的文件，包括PDF格式文件、AutoCAD格式文件、Web格式文件、以及.jpg、.bmp、.gif 等图形图像文件。让没有安装 Visio 软件的用户也可观看

Visio 图表与形状数据。

四、思考与练习

1. 如何绘制UML模型？
2. 如何绘制各种工程图？
3. 如何绘制地面和平面布置图？

实验6.3 利用向导制作组织结构图

一、实验目的

◎掌握向导创建组织结构图的绘制过程。

◎掌握设置组织结构图的格式与布局。

◎了解Visio中导入外部数据的操作。

二、实验环境

◎微型计算机。

◎Windows 10操作系统。

◎Office Visio 2016应用软件。

三、实验内容和步骤

组织结构图是一种应用非常广泛的绘图类型，该类图形使用户能够用图形方式直观地表示人力资源、职员组织、行政管理等结构中职能之间、人员之间、业务之间及操作之间的相互关系。

操作要求

利用组织结构图向导制作图6-13所示的组织结构图。

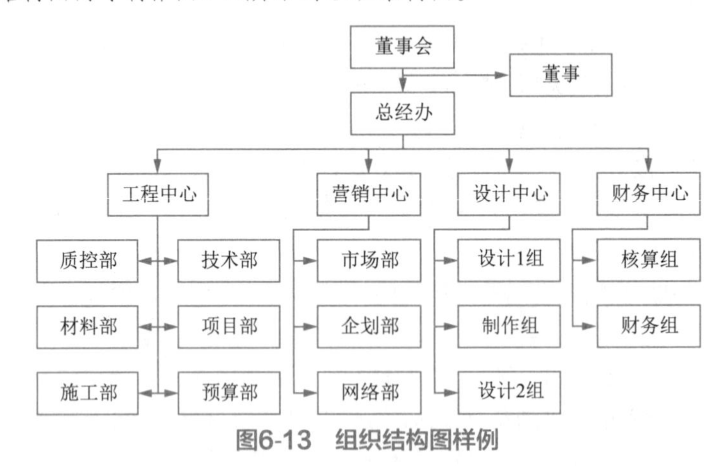

图6-13 组织结构图样例

1. 创建模板

执行“文件”→“新建”→“组织结构图向导”命令，启用组织结构图向导模板，会自动弹出“组织结构图向导”对话框，根据向导一步一步创建组织结构图。

2．创建数据文件以生成组织结构图

① 在“组织结构图向导”对话框中选中“使用向导输入的信息”选项，并单击“下一步”按钮。如图6-14所示，在“选择要向其输入数据的文件的类型”中选中“Excel”选项，并单击“浏览”按钮，在弹出的“组织结构图向导”对话框中指定文件名称与路径，单击“保存”按钮。在“组织结构图向导”对话框中，单击“下一步”按钮。

② 在弹出的“组织结构图向导”对话框中，单击“确定”按钮。再选择“不包含我的组织结构图中的图片”选项，单击“下一步”按钮，系统会自动弹出包含原始数据的Excel工作簿。如图6-15所示，在工作簿中修改数据，保存并退出工作簿。系统会自动跳转到“组织结构图向导”对话框中。

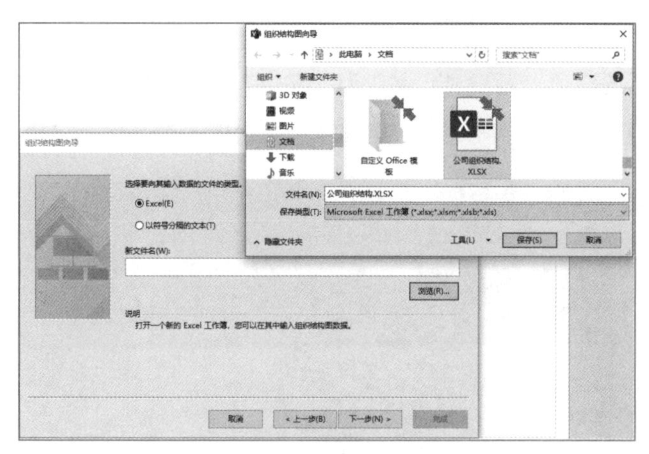

图6-14　新建数据文件

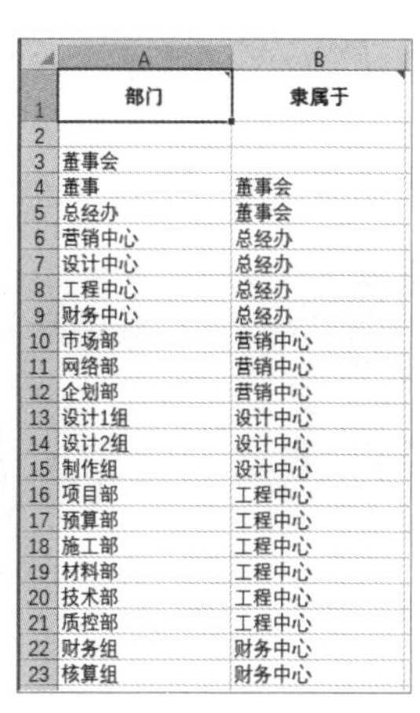

	A	B
1	部门	隶属于
2		
3	董事会	
4	董事	董事会
5	总经办	董事会
6	营销中心	总经办
7	设计中心	总经办
8	工程中心	总经办
9	财务中心	总经办
10	市场部	营销中心
11	网络部	营销中心
12	企划部	营销中心
13	设计1组	设计中心
14	设计2组	设计中心
15	制作组	设计中心
16	项目部	工程中心
17	预算部	工程中心
18	施工部	工程中心
19	材料部	工程中心
20	技术部	工程中心
21	质控部	工程中心
22	财务组	财务中心
23	核算组	财务中心

图6-15　修改Excel工作簿中的数据

3．根据数据文件创建组织结构图

在“组织结构图向导”对话框中，选中“已存储在文件或数据库中的信息”选项，并单击“下一步”按钮。如图6-16所示，选择“文本、Org Plus（*.txt）或Excel文件”选项，并单击“下一步”按钮。

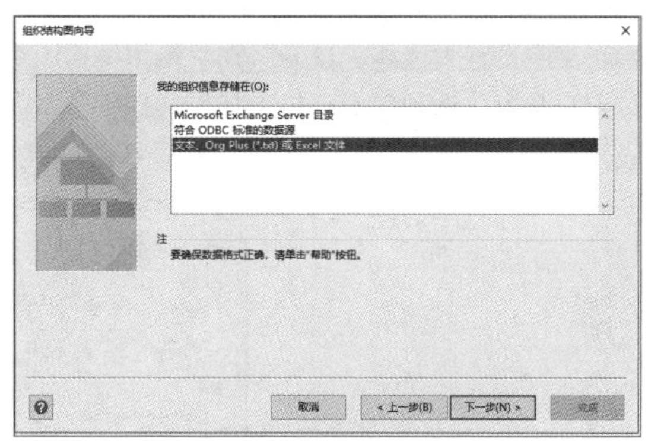

图6-16　选择文件类型

在“定位包含组织结构信息的文件”选项卡中，单击“浏览”按钮，在弹出的对话框中选择数据源文件，单击“打开”按钮，并单击“下一步”按钮。

如图6-17所示，设置“部门”“隶属于”信息等内容，单击“下一步”按钮，添加或删除字段。

图6-17 选择信息字段

在下一个打开的界面中选择要显示的字段，题目显示字段为“部门”，单击“下一步”按钮。在弹出的下一个对话框（见图6-18）中设置组织结构图的布局，并单击“下一步”按钮，最后单击“完成”按钮。

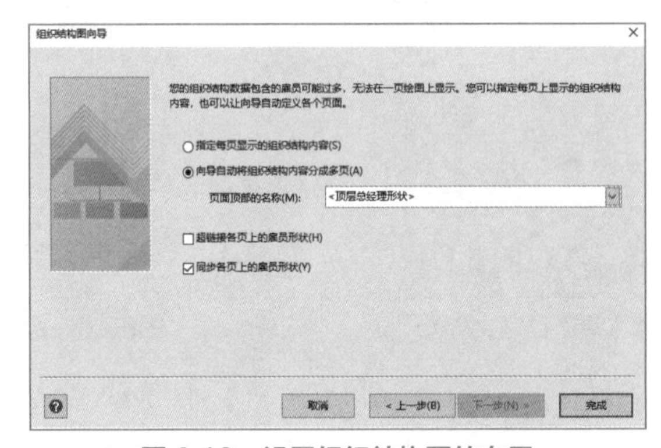

图 6-18 设置组织结构图的布局

4. 编辑组织结构图

（1）设置形状样式及形状的显示字段

选择图形对象，把形状文字设置为黑体、11 pt。在“组织结构图”选项卡的“形状”选项组中单击对话框启动器按钮，弹出“选项”对话框。如图6-19所示，在“字段”选项卡中设置块1(1)的选项，把块2(2)设置为“无”；在“选项”选项卡中，调整形状的宽度和高度。

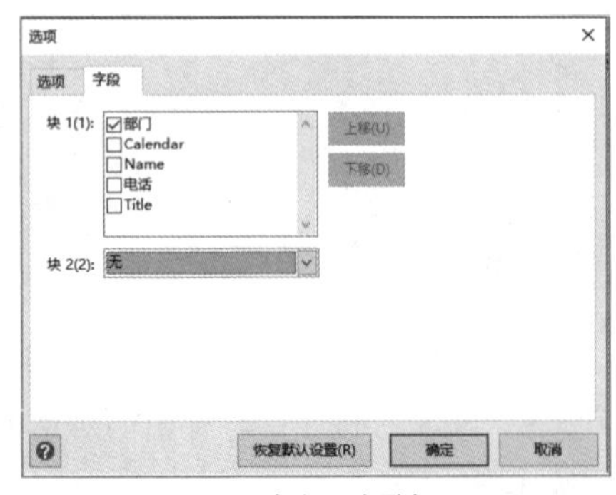

（a）“字段”选项卡

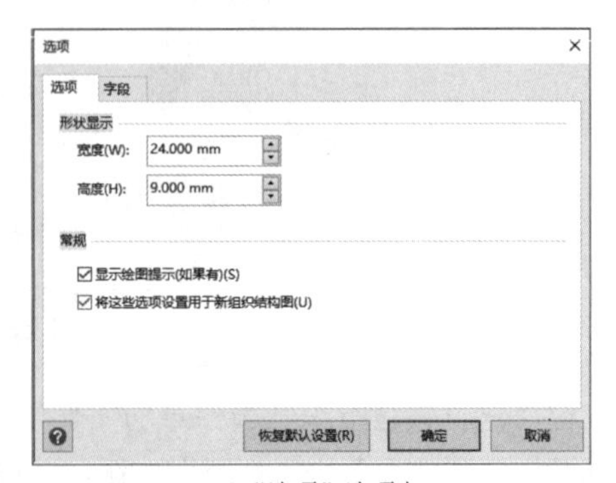

（b）“选项”选项卡

图6-19 设置字段与选项

在“形状”选项组中选择相应的形状，如图6-20所示。在“图片”选项组中，单击“删除”按钮，删除形状上的图片。

图6-20　设置形状样式

（2）修改布局

选择图形，在“组织结构图”选项卡的“布局”选项组中单击“布局”命令，在其级联菜单中选择“水平居中”布局样式。继续在“布局”选项卡中，选择“恰好适合页面”按钮，如图6-21所示。在“组织结构图”选项卡的“排列”选项组中单击对话框启动器按钮，如图6-22所示，在弹出的“间距”对话框中设置相应的选项，完成布局设置。

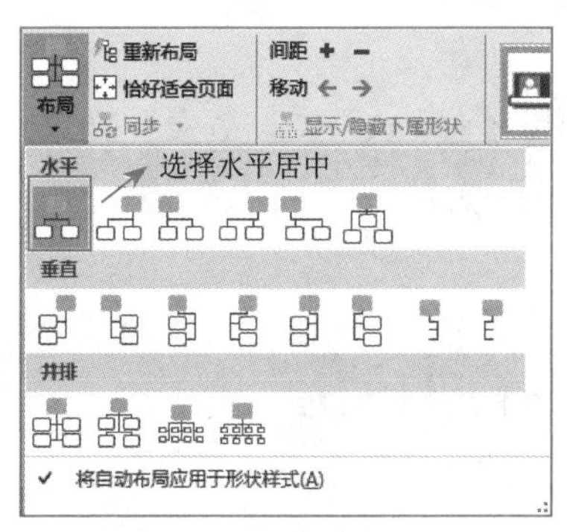

图6-21　选择布局样式

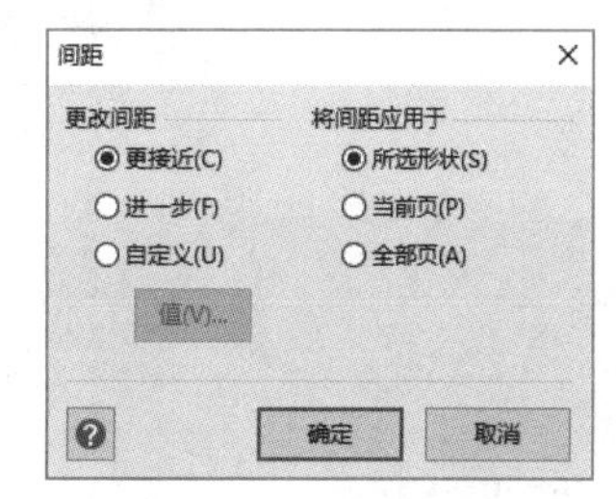

图6-22　调整形状间距

（3）美化组织结构图

在“设计”选项卡的“主题”选项组中，选择主题，在“变体”选项组中，选择颜色、效果、连接线变体，美化组织结构图。

四、思考与练习

我们可以用源数据文件来创建组织结构图，是否也可以为已有的形状快速添加数据，将外部数据快速导入到形状中，并直接在形状中显示导入的数据？

第7章 常用工具软件的使用

实验7.1　压缩软件的使用

一、实验目的

◎掌握压缩软件的安装方法。

◎掌握文件压缩的方法和技巧。

◎掌握解压文件的方法和技巧。

视频

压缩软件的使用

二、实验环境

◎微型计算机。

◎Windows 10操作系统。

◎360压缩软件。

三、实验内容和步骤

操作要求

① 建立以“班级+学号+姓名”为名的文件夹，在其内新建Word、Excel、PowerPoint、纯文本四个文件，同样以“班级+姓名”命名。

② 压缩该文件夹，并重命名为“计算机压缩实验”。

③ 解压“计算机压缩实验”文件，保存在指定的位置。

④ 创建带有密码的新压缩文件。

1．“360压缩”软件的安装

“360压缩”软件的安装十分简单，只要双击“360压缩”软件的安装文件，就会出现图7-1所示的界面。

选中“阅读并同意”复选框后，单击“立即安装”按钮，软件即将按默认参数安装；也可以单击安装界面上的“自定义安装”选项，出现图7-2所示的自定义安装界面，根据实际需要勾选相应选项，再单击“立即安装”按钮，软件将自动完成安装。

图7-1　“360 压缩”软件安装界面

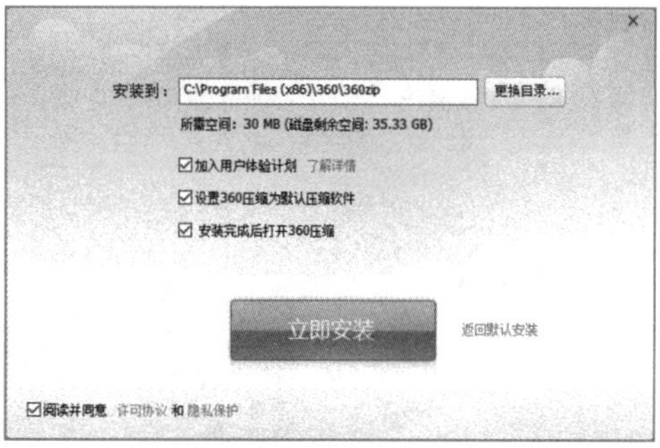

图7-2　自定义安装界面

2．使用“360压缩”软件的快速压缩功能

需要压缩文件时，先将一个或多个文件选定，然后右击，弹出快捷菜单，如图7-3所示。其中用圆圈标注的部分就是快捷菜单中“360压缩”软件启动的快捷方式。

图7-3　“360 压缩”软件的快捷菜单

在图7-3所示的快捷菜单中，选择“添加到压缩文件”命令，打开创建压缩对话框，如图7-4所示。在这个界面，可以选择或更改如下参数：

（1）更改压缩文件的名称和保存路径

默认文件名是原文件夹名，也可以更改，单击右边文件夹图标，可以更改压缩文件的保存路径。

（2）添加密码

这个选项可以给压缩文件加上密码，设置了密码的压缩文件，在解压缩时需要输入密码。如图7-5所示，这个功能可以根据需要选用。

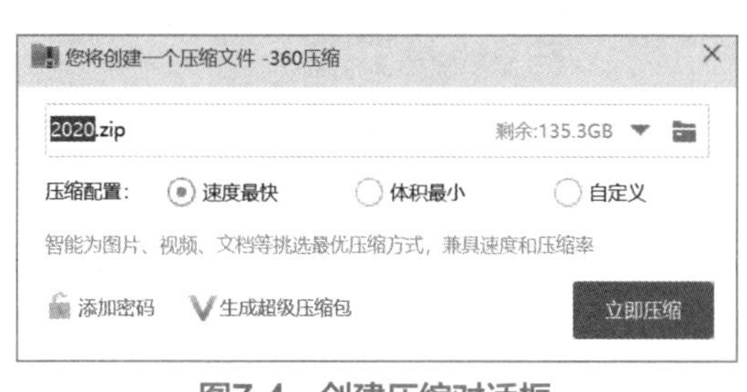

图7-4　创建压缩对话框

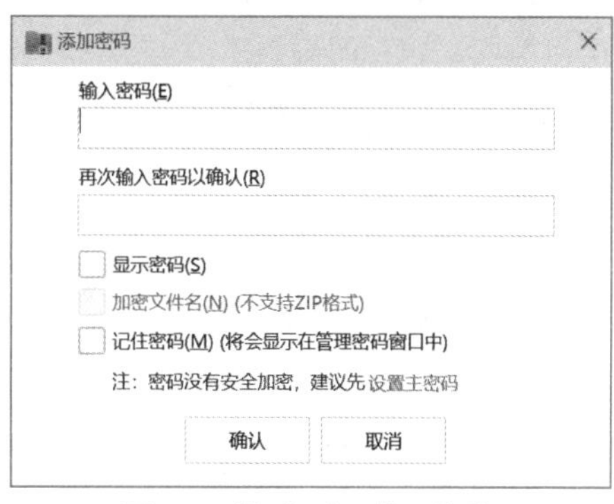

图7-5　“添加密码”对话框

（3）生成超级压缩包

生成超级压缩包界面中可以给压缩文件添加图片背景和超级注释，如图7-6所示。

① 图片可以选用软件自带图片，也可以单击“选择本地图片”按钮，选用计算机上的任何一张图片。

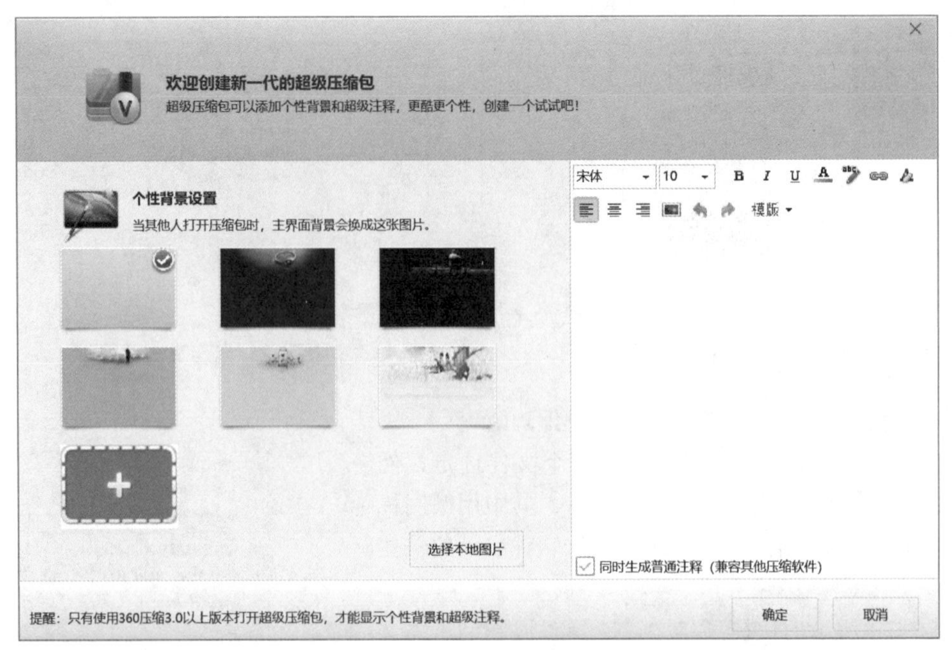

图7-6 “生成超级压缩包”界面

② 超级注释可以输入文字和编辑简单文本，编辑功能有文字的字体、字号、文字加粗、斜体、加下划线，文字颜色等选择；还有插入超链接，插入图片及段落的居左、居中、居右等选择；还可以单击“模板”，选择一个模板，如图7-7所示的“有模板的注释界面”，再在模板上编辑修改注释，编辑好注释后，根据需要决定是否勾选“同时生成普通注释”。

③ 设置好后，单击“确定”按钮，退出设置超级压缩包的界面。

（4）压缩配置

压缩配置中有“速度最快”、“体积最小”和“自定义”三项，如果选择“速度最快”单选按钮，压缩后的文件会较大；如果选择“体积最小”单选按钮，压缩所用时间会较长；如果选择“自定义”单选按钮，如图7-8所示，有以下参数可以选择：

图7-7 有模板的注释界面

图 7-8 压缩配置“自定义”选项

●“压缩格式”中可选择ZIP或7Z格式进行压缩。

●“压缩方式”中可以选择压缩的比例和压缩的速度，选择的压缩比例越大，压缩速度就越慢。

●“压缩分卷大小”可以选择压缩包的大小，当压缩后文件仍很大，需要分成几个较小文件时，这个选项是很有用的。

●“加注释”，如果同时有注释和超级注释，将优先显示超级注释。

● 右侧“选项”中有七个选项，为多选项，用户可以根据需要来选择。

选择好以上的选项后，单击“立即压缩”按钮就可以对文件进行压缩了，图7-9所示是压缩后的文件图标。

图7-9　压缩文件

3.“360压缩”软件的解压文件功能

文件解压缩是将被压缩的文件还原成原文件。文件解压缩的操作过程如下：

右击压缩文件图标，在弹出的快捷菜单中选择“解压到”命令，出现图7-10所示的360解压文件对话框。在该对话框中的“文件夹”图标可以更改解压缩后的文件路径和文件名称，然后单击“立即解压”按钮开始解压缩。

在解压缩前，也可以单击“高级选项”，打开图7-11所示的对话框，里面有七个选项，根据需要对相关参数进行设置，设置完成后，须单击“保存设置”按钮，然后再“立即解压”。

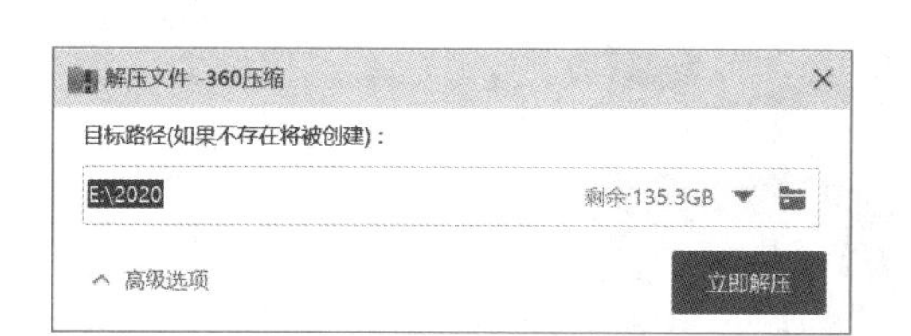

图 7-10　“解压文件”对话框

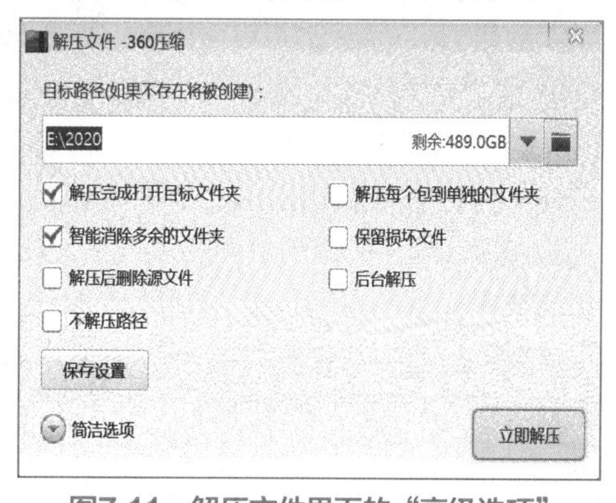

图7-11　解压文件界面的“高级选项”

四、思考与练习

① 如何使用“360压缩”软件对文件进行压缩和解压缩？

② 压缩软件还有哪些？对比几种压缩软件，并说出它们之间的区别。

实验7.2　看图软件的使用

一、实验目的

◎掌握ACDSee官方免费版的安装和注册方法。

◎掌握ACDSee的管理图片的方法。

◎掌握ACDSee的查看图片的方法。

◎掌握ACDSee的编辑图片的方法。

二、实验环境

◎微型计算机。

◎Windows 10操作系统。

◎ACDSee官方免费版。

三、实验内容和步骤

操作要求

① 准备五张图片，利用“查看”功能中的“工具”→“设置墙纸”命令，设置为“平铺”效果。

② 利用“管理”功能中的“批量”→“调整大小”命令，把上述五张图片尺寸修改为1 024×768像素。

③ 利用“管理”功能中的“批量”→“重命名”命令，把上述五张图片重命名为“桌面背景”+“序号”，序号从01到05。

④ 利用“编辑”功能中的“添加”→“特殊效果”→“拼贴画”命令，将上述五张图片做成“拼贴画”。

1．ACDSee官方免费版的安装

① 双击ACDSee官方免费版安装文件，就会出现图7-12所示的安装窗口。

② 单击“下一步”按钮，出现“许可证协议”窗口，如图7-13所示，单击“我接受”按钮，弹出下一个窗口。

③ 在图7-14所示的“安装类型”窗口中，选择“完全”单选按钮，再单击“下一步”按钮，所有程序功能都将安装；如果选择“自定义”单选按钮，再单击“下一步”按钮，则会依次出现自定义选择的几个选项，如图7-15所示，依次选择“选择组件”、“选择安装位置”和“选择‘开始菜单’文件夹”，最后单击“安装”按钮。

图7-12　ACDSee官方免费版安装窗口

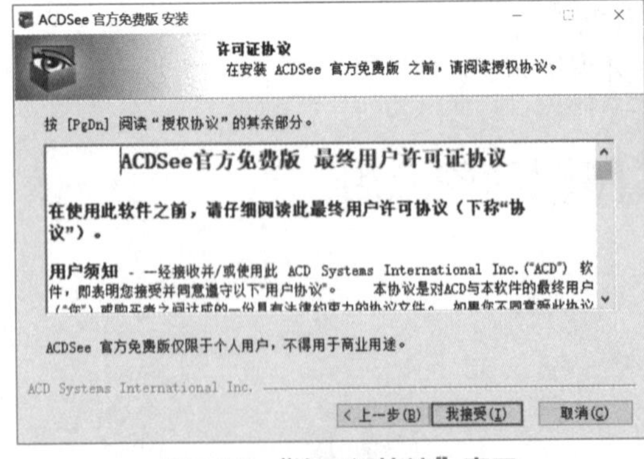

图7-13　“许可证协议”窗口

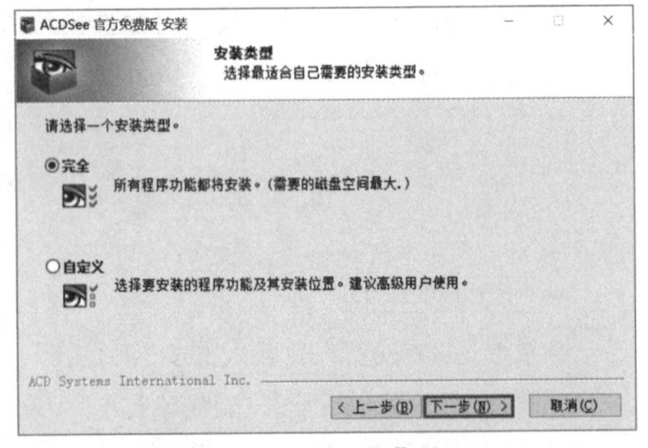

图7-14　“安装类型”窗口

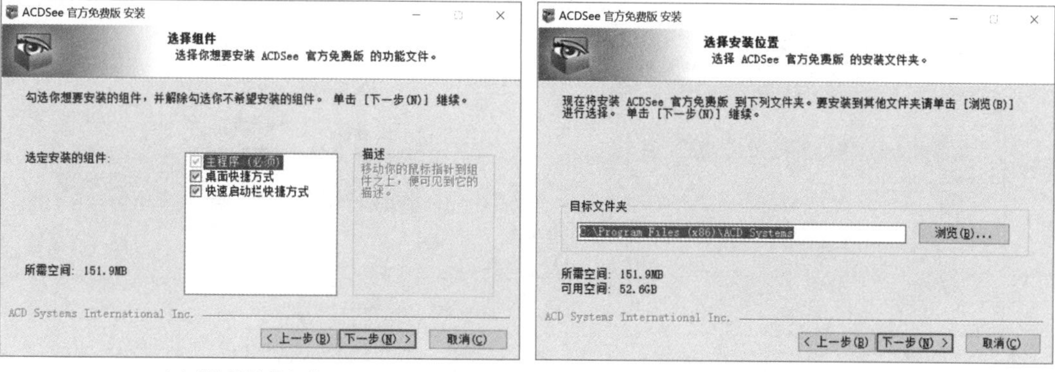

（a）“选择组件”窗口　　　　（b）“选择安装位置”窗口

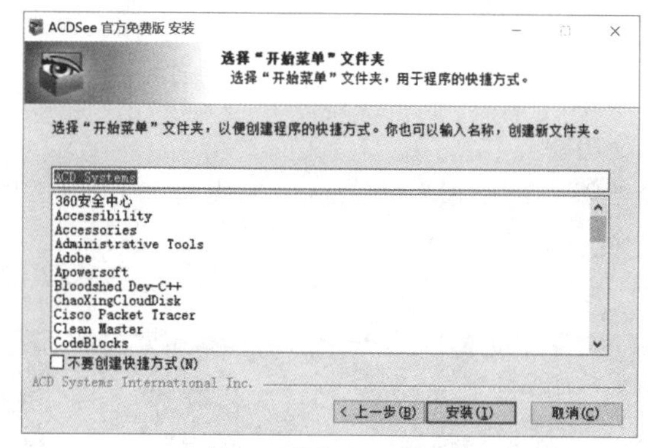

（c）“选择‘开始菜单’文件夹”窗口

图7-15　安装过程界面

④ 最后弹出安装完成界面，如图7-16所示。

2．ACDSee官方免费版的注册

① ACDSee官方免费版必须注册才能正常使用。第一次运行时将出现注册对话框。如图7-17所示。选择“个人”选项，在“电子邮箱”输入框中输入一个有效的邮箱地址，单击“下一步”按钮，出现创建账户界面，如图7-18所示，在这个界面填写验证码、名字、姓氏，单击“下一步”按钮。

② 在出现的创建密码界面（见图7-19）中，输入完密码后单击“下一步”按钮，在出现的已激活窗口中单击“确定”按钮，就可以正常使用ACDSee官方免费版了。

图7-16　安装完成窗口

图7-16　安装完成窗口　　**图7-17　官方免费版注册对话框**

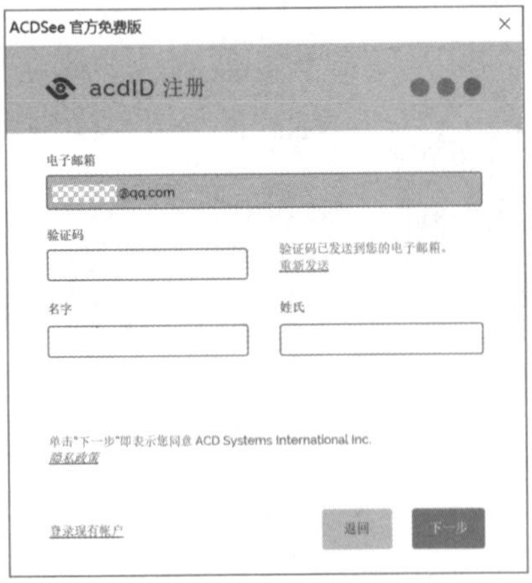

图7-18 创建账户界面

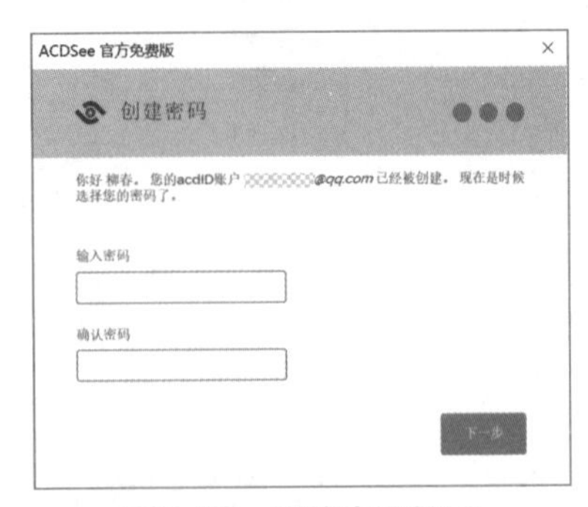

图7-19 创建密码界面

3．管理、查看和编辑功能

打开ACDSee官方免费版，界面如图7-20所示，右上角有“管理”“查看”“编辑”三个按钮，单击就可以切换到它的三大功能窗口中。

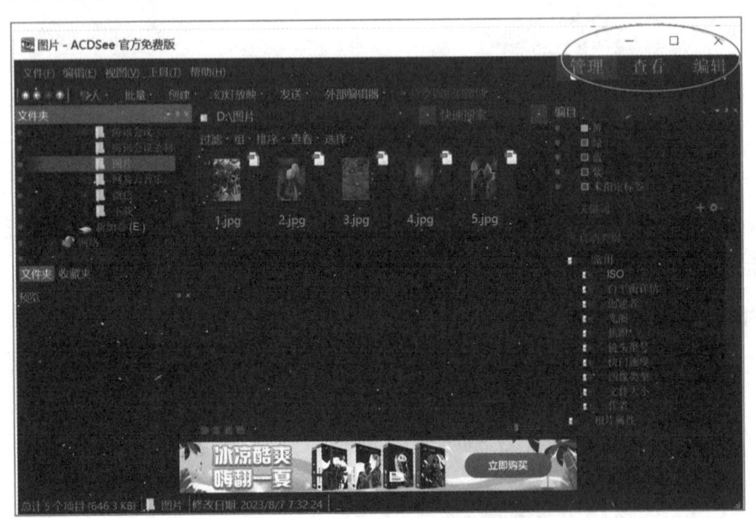

图7-20 ACDSee官方免费版窗口

（1）图片管理功能

软件打开默认的是管理功能窗口，在这个窗口中，无须将图片导入单独的库，就可以立即实时浏览所有相集。还可以根据日期、事件、编辑状态或其他标准进行排序，以便进行快速查看。下面介绍几个常用的功能：

① 批量操作前期准备。批量操作前将需要调整大小的图片放在一个文件夹中，并在图7-20所示的窗口中打开需要调整的图片所在的文件夹，选中需要调整的图片，本例是全部选中，方法是单击“选择”菜单中的“全部选择”命令，如图7-21所示。

② 批量调整图像大小。在图7-22中，单击“批量”菜单中的“调整大小”命令，出现“批量调整图像大小”对话框，如图7-23所示。在这个对话框中，调整图像大小有“原图的百分比”、“以像素计的大小”和“实际/打印大小”三种方式。

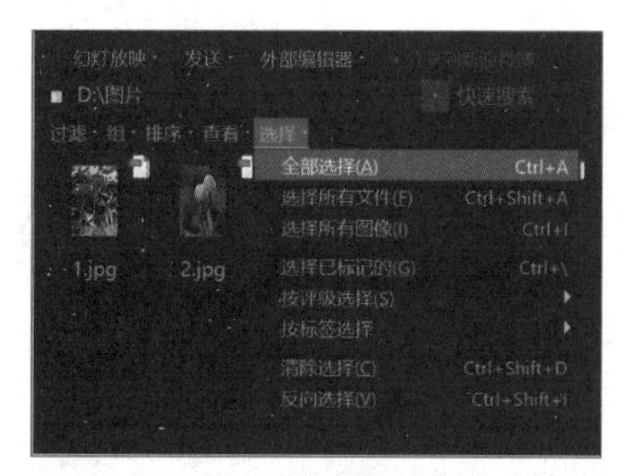

图7-21　“全部选择”命令

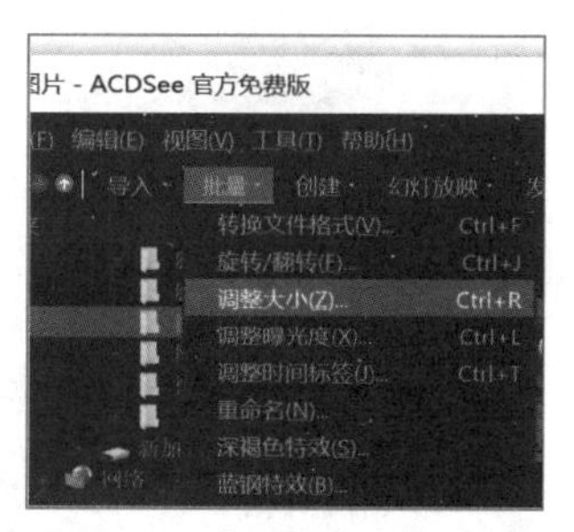

图7-22　“调整大小”命令

单击“选项”按钮将弹出“选项”对话框，可以设置的参数如图7-24所示，最主要的是“文件选项”，可以选择是否保留原始文件和调整好的图像放入的位置。在这个对话框中单击“JPEG压缩选项”按钮，可以设置的参数如图7-25所示，最主要的是“图像质量”滑块，可以根据需要选择，选好后单击“确定”按钮。

回到图7-23的对话框，设置好其他相关的参数，单击下方的“开始调整大小”按钮，操作就完成了。

③ 批量重命名图像文件。在图7-22中，选择“重命名”命令，弹出图7-26所示的对话框，对话框左边主要有三个选项卡。

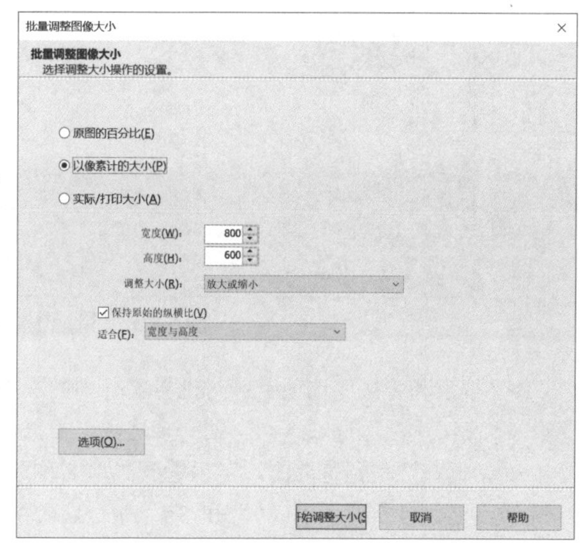

图7-23　“批量调整图像大小”对话框

●“模板”选项卡：使用模板重命名文件，主要选项是选择文件名是“数字”还是“字母”替换，数字和字母的起始值是“固定值”还是“自动检测”。

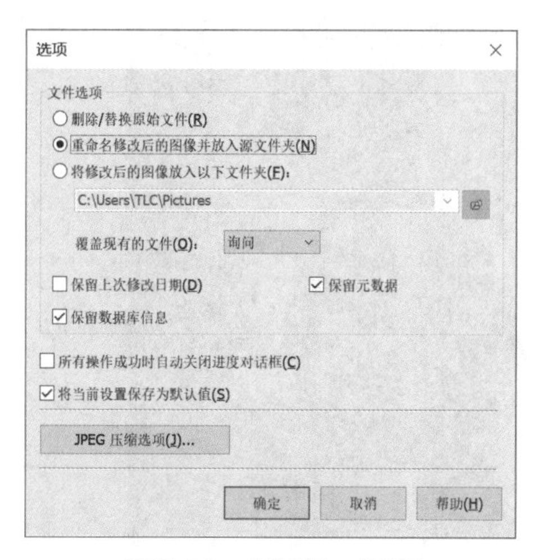

图 7-24　“选项”对话框

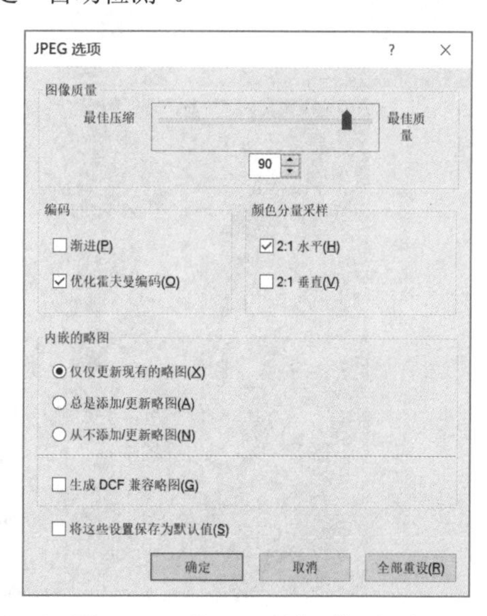

图 7-25　“JPEG 选项”对话框

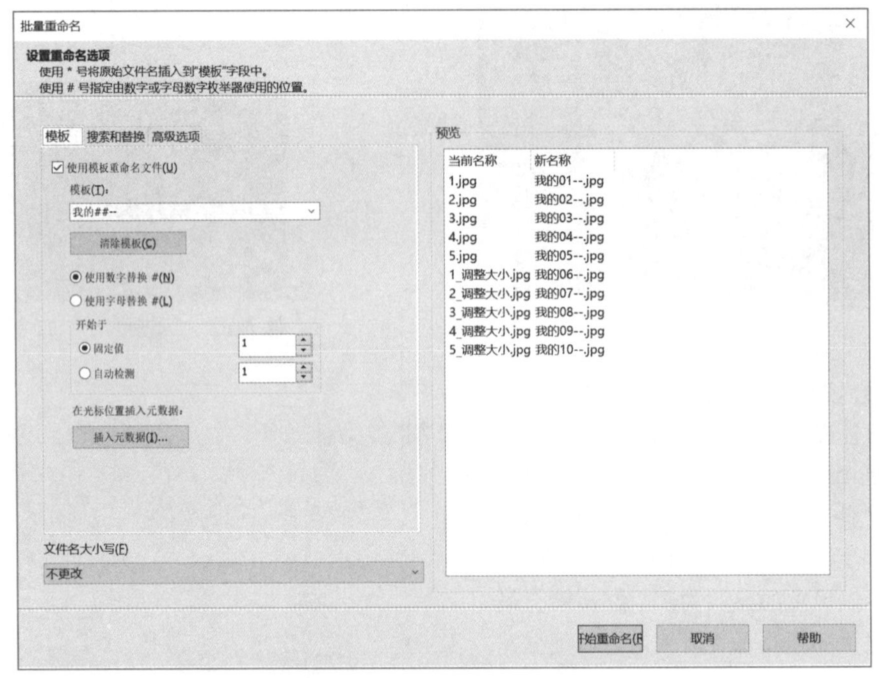

图7-26 “批量重命名”对话框

- “搜索和替换”选项卡：对批量文件中的文件名搜索和替换。
- “高级选项”选项卡：有四个多选项，根据需要选择。

对话框右边是预览界面，可以看到当前名称和修改后的新名称。

重命名时常常要用到“*”和“#”两个通配符，对话框中已有详细说明，不再重述。

参数设置好后，单击下方的“开始重命名”按钮，完成重命名。

“批量”菜单中还提供了转换文件格式、旋转/翻转等功能，操作简单，按提示操作即可。

（2）图片查看功能

图片查看功能窗口如图7-27所示。

图7-27 “查看”功能窗口

在这个窗口中提供了以下多种查看方式：

① 全屏呈现：只展示图片，绝无其他干扰。在全屏模式中，所有界面元素都会被隐藏。按空格键就能转到下一张图片。

② 即时幻灯放映：创建文件夹中一组或所有图片的快速幻灯放映预览。可以手动或自动前进到下一张幻灯，或者通过时间设置调整为最佳速度。

③“放大镜”与“导航器”：查看图片任何区域的细节。ACDSee还能在正在查看的图片旁边显示直方图及有用的文件信息。

④ 查看RAW图像：查看各大相机制造商的 RAW 文件。与图片负片相似，RAW图像是未冲印的，因此ACDSee会显示文件的JPEG预览，可以将其转换为其他文件格式，如JPEG、TIFF或PNG。如果要处理 RAW图像，则需要使用ACDSee Pro 10。

（3）图片编辑功能

图7-28所示为编辑模式菜单，利用各种编辑工具可以对图片进行编辑。原始图片始终保存，因此随时都可以重新编辑。

主要的编辑功能有：

图7-28 “编辑模式”菜单

① 选择范围：有“自由套索”、“魔术棒”和“选取框”三种方式，可以选中图片的特定部分，编辑效果只应用于图片的选中部分。

② 修复：有“红眼消除”和“修复工具”，“红眼消除”可以消除照片中人物的红眼，“修复工具”可以修复图片。

③ 添加：有“文本”、“边框”、“晕影”、“特殊效果”和“绘图工具”，可以给图片添加文本、边框、晕影，“特殊效果”共有 20 多种特效滤镜，其中包括将图片显示为一组富有创意的拼贴画效果，使图片轮廓鲜明并呈现怀旧感的 Lomo 效果，以及让肖像和风景呈现优美、柔和质感的 Orton效果。“绘图工具”可以在图像上绘制自由的线条。

④ 曝光/光线：有“曝光”、“色阶”、“自动色阶”、“色调曲线”和“光线”，利用这些工具可以校正图片曝光、更改图片的色调、调整图片亮度，“光线”工具可以调整太亮或太暗的图片。单击便可调亮阴影并消除高光，也可以通过各个滑块微调每个方面。

⑤ 颜色：有“白平衡”和“颜色平衡”，可以更改图片的白平衡及颜色平衡。

⑥ 细节：有“锐化”、“模糊”、“杂点”和“清晰度”，这几种滤镜可以模糊细节较少甚至完全没有细节的区域，同时保留图片的清晰度和重要细节，可以减少图片中的杂点，让图片更平滑、颗粒感更淡。

四、思考与练习

① 尝试在ACDSee中进行图片浮雕效果设置。

② 在ACDSee中如何更改文件的日期与属性？

实验7.3 翻译软件的使用

一、实验目的

◎掌握翻译软件金山词霸PC个人版的安装。

◎掌握翻译软件金山词霸PC个人版的使用。

翻译软件的使用

二、实验环境

◎微型计算机。

◎Windows 10操作系统。

◎金山词霸2022 PC个人版。

三、实验内容和步骤

操作要求

① 准备一段中文自我介绍，利用金山词霸翻译成英文、法语、韩语、日语、西班牙语、德语。

② 打开记事本文件，输入一段文字，开启金山词霸的“悬浮窗口”，勾选“屏幕取词”、“划词翻译”复选框，设置完成后，用鼠标指针划过文字，观察翻译情况。

金山词霸是一款经典、权威、免费的词典软件，完整收录柯林斯高阶英汉词典；整合500多万双语及权威例句，141本专业版权词典；并与CRI合力打造32万纯正真人语音。同时支持中文与英语、法语、韩语、日语、西班牙语、德语等177种语言互译。

金山词霸官网上提供了多个版本的安装文件，安装在不同设备上，界面和功能略有区别，比如手机版有“拍照翻译”功能，PC版有“屏幕取词”功能。这里介绍的是PC个人版的安装和使用。

1. 金山词霸PC个人版的安装

金山词霸PC个人版的安装非常简单，双击金山词霸的安装文件，就会出现图7-29所示的安装界面，在这个界面中，可以选择“一键安装”，软件会以默认参数完成安装；也可以选择“自定义安装”，出现图7-30所示的“自定义安装”界面，在这个界面中，可以选择软件的安装位置，单击“立即安装”按钮，就可以完成金山词霸PC个人版的安装。

图7-29 “金山词霸”安装界面

图7-30 “自定义安装”界面

2．金山词霸PC个人版的使用

（1）输入文字翻译功能的使用

双击打开安装好的金山词霸，出现图7-31所示的窗口，窗口中与翻译有关的功能主要在以下五个标签：

① ：查词，涵盖牛津词典、柯林斯高级词典等55本词典，专业权威，释义详细。如果输入的是中文，默认翻译为英文；如果输入的不是中文，则将会翻译为中文。

② ：翻译，支持中、英、日、韩、德、法等177种语言互译。

③ ：截图翻译，支持对截取的图片上的文字进行识别并翻译。

④ ：取词翻译，支持浏览器及办公软件取词，查词更简单。

⑤ ：生词本，通过设置，可以查词时将单词自动加入生词本，如图7-32所示。生词本支持删除、云同步、分享给他人、批量编辑等。也可以根据需要建立多个生词本，方便学习及归类。

图7-31　金山词霸打开窗口　　　　图7-32　“生词本”窗口

（2）屏幕取词功能的设置

① 打开金山词霸，单击右上方的齿轮状“设置”按钮。

② 打开“设置”对话框，在左侧的“取词划译”中找到“开启自动取词”功能，如图7-33所示。

③ 根据自己的习惯取词以及翻译方式，选中“鼠标悬停取词”，而后关闭“设置”对话框。

④ 新建一个记事本文件，试用“屏幕取词”功能，如图7-34所示。

图7-33　“取词划译”设置

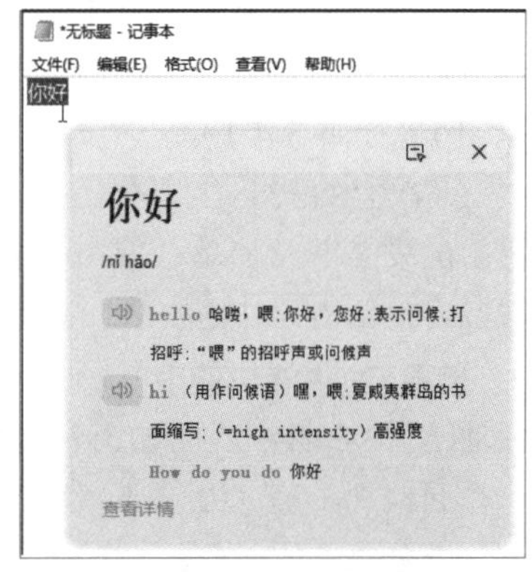

图7-34　使用“屏幕取词”

（3）悬浮窗口的显示控制及使用

金山词霸带有一个简洁的悬浮窗口，可以只占计算机很小的一个角落，使用非常方便，下面介绍如何调出这个窗口及窗口功能。

打开金山词霸，单击右上方的矩形悬浮窗口按钮，如图7-35所示。

图7-35 单击悬浮窗口按钮

悬浮窗口如图7-36所示，在这个界面中，可以选择“截图翻译”“固定”“返回主窗口”功能。

图7-36 悬浮窗口

四、思考与练习

① 安装手机版的金山词霸，尝试使用拍照翻译功能。

② 准备一个中文文档，在金山词霸官网尝试使用文档翻译功能，并将译文下载。

实验7.4 下载软件的使用

一、实验目的

◎掌握下载软件的安装。

◎掌握迅雷设置中心的使用方法。

◎掌握下载文件及查看方法。

视频

下载软件的使用

二、实验环境

◎微型计算机。

◎Windows 10操作系统。

◎迅雷X。

三、实验内容和步骤

操作要求

① 在D盘新建文件夹，文件名为迅雷下载的文件；再在迅雷“设置中心”把这个文件夹设置为迅雷下载文件的默认保存目录。

② 在迅雷“设置中心”设置任务管理的同时下载最大任务数10。

③ 在迅雷“已完成”中自定义查看的文件名和扩展名，并观察查看效果。

在日常的学习和工作中，经常会用到下载软件下载所需要的文件。这里以迅雷下载软件迅雷X为例进行如下实验。

1. 迅雷X的安装

迅雷的安装非常简单，双击安装文件，就会看到图7-37所示的安装界面，在这个界面勾选设置好后，单击“开始安装”按钮，就等待安装完成。

2. 迅雷X的功能与使用

启动迅雷X，其主界面如图7-38所示。迅雷主界面的左侧部分是任务管理窗口，该窗口中包含一个目录树，有“正在下载”、“已完成”和“垃圾箱”三个分类。单击其中一个分类就会看到这个分类里的任务。

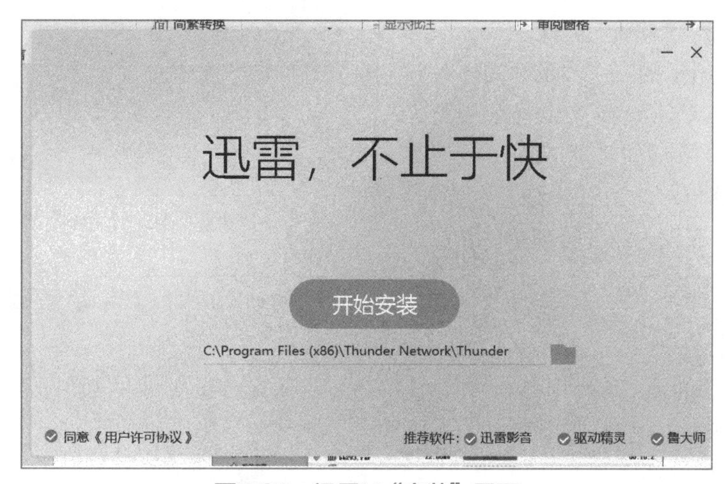

图7-37　迅雷X“安装”界面

图7-38　迅雷X的主界面

每个分类的作用如下：

① 正在下载：没有完成下载或者下载错误的任务都在这个分类中。当开始下载一个文件时可单击“正在下载”查看该文件的下载状态。

② 已完成：下载完成后任务会自动移至“已完成”分类。

在“已完成”分类中迅雷可以分类查看10个子分类，如图7-39所示，充分利用这些分类可以帮助用户更好地使用迅雷。还可以利用“自定义”设置想要查看文件的文件名和扩展名。

③ 垃圾箱：用户在“正在下载”和“已下载”中删除的任务都存放在迅雷的“垃圾箱”中。为防止用户误删文件，在“垃圾箱”中删除任务时，系统会提示是否把保存于硬盘上的文件一起删除。

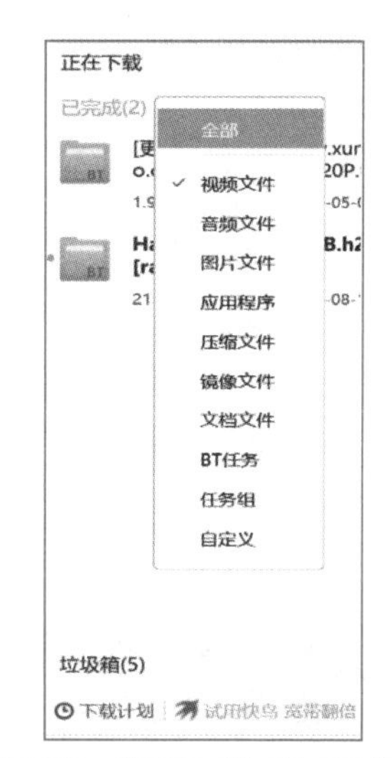

图7-39　“已完成”查看子分类

（1）迅雷X的下载设置

单击图7-40所示的三个点的“更多”按钮，弹出快捷菜单，选择“设置中心”命令，弹出图7-41所示的设置界面，设置界面左边有导航菜单，右边有详细设置操作，可以设置启动、下载、任务管理等。

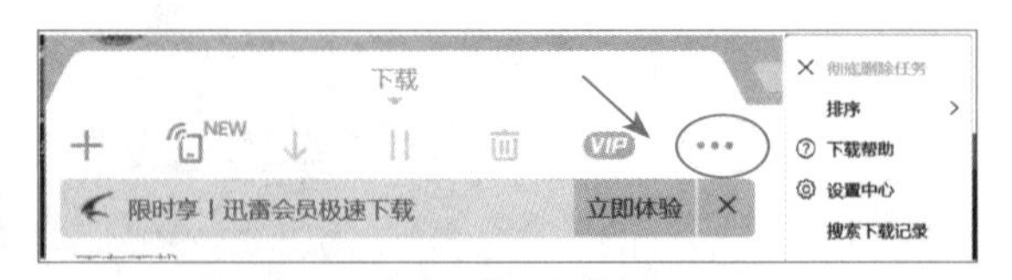

图7-40 “更多”按钮

图7-41 设置界面

四、思考与练习

了解其他下载工具的使用方法，比较它们与迅雷X的不同之处。

实验7.5 阅读器软件的使用

一、实验目的

◎了解阅读器软件的主要界面和功能。

◎掌握阅读器软件的使用方法。

二、实验环境

◎微型计算机。

◎Windows 10操作系统。

◎超星阅读器5.7。

视频

阅读器软件的使用

三、实验内容和步骤

1．了解阅读器软件的主要界面和功能

这里以超星阅读器5.7版为例，介绍阅读器软件的主要界面和功能。超星阅读器是一种网上数字化图书馆的图书阅读器，通过该软件可以阅读到国家图书馆的庞大书库以及超星数字图书相关内容。超星阅读器软件界面如图7-42所示。

（1）部分菜单功能

在图7-42所示的界面中单击左上角“”图标，进入超星阅读器菜单，如图7-43所示。

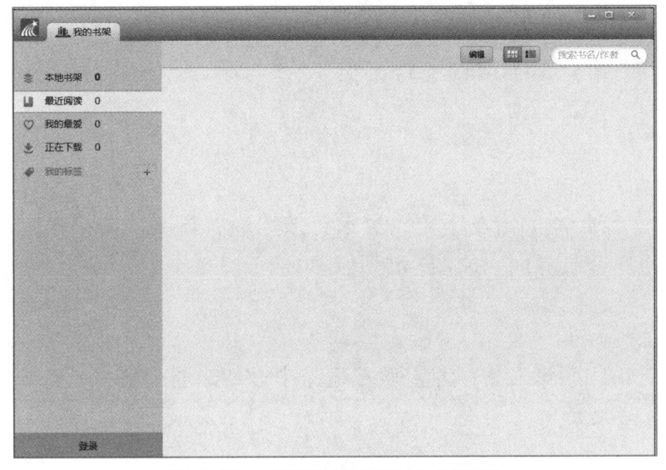

图7-42　超星阅读器5.7 主界面

图7-43　超星阅读器菜单

①“登录”菜单主要包括“注册”“登录”功能，“注册”功能用于登录超星注册中心注册个人用户。

②“导入”菜单用于导入已经下载的电子图书、PDF文档、PDG格式的电子书等。

③“设置”菜单用于设置超星阅读器相关的功能选项，一般保持默认即可。

（2）部分窗口功能

① 我的书架窗口：包括存储本地图书馆资源列表的“本地书架”，主要用于存放下载图书、管理本地硬盘文件、整理从远程站点复制的列表，以及建立个性化的专题图书馆。

- 最近阅读：显示最近阅读的图书或文档，包括显示阅读进度等。
- 我的最爱：显示标注了“我的最爱”标签的图书。
- 正在下载：显示图书下载情况，包括下载进度等。
- 我的标签：用于设置图书的标签，以建立个性化的数字图书馆。

② 阅读窗口：用于阅读或编辑超星PDG格式或PDF格式的电子书（eBook）。

2．超星阅读器的工具

使用超星阅读器可以打开网站中的电子图书，也可以打开本地保存的PDG和PDF格式的图书，只需要将本地文件通过“导入”菜单导入即可。对于网站中的电子图书，默认情况下，只要单击图书展示页面上“阅读器阅读”就可以打开阅读图书，如图7-44所示；对于本地保存的图书，可以通过在Windows“资源管理器”中双击其PDG文件来打开或在相应文件上右击，在弹出快捷菜单的“打开方式”中选择“超星阅读器5.7”打开，也可以导入本地书架后通过超星阅读器资源列表窗口中的本地书架来打开。

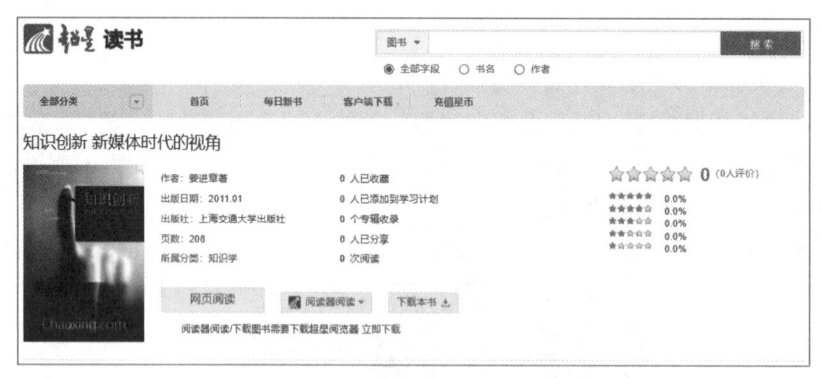

图7-44 超星读书图书展示页

3. 超星阅读器的登录、注册

（1）用户登录

在图7-42所示的超星阅读器主界面，单击左下角“登录”按钮或者在阅读器菜单中选择“登录”菜单（见图7-43），进入用户登录界面，如图7-45所示。

注意：

超星阅读器的用户与超星泛雅、学银在线、超星学习通等平台的账号是统一的，如果已经拥有了超星平台账号，直接登录即可。

（2）新用户注册

以前没有注册过的用户，需要进行新用户注册。操作方法如下：

在图7-45所示界面中，单击“注册”按钮，打开“新用户注册”界面，如图7-46所示。在界面中输入要注册的手机号，将弹出拼图安全验证窗口，按图示完成拼图，手机才能收到验证码，输入正确的验证码，并设置密码，单击“下一步”按钮，按提示完成注册。注册完成后，用户可以登录进入个人空间，绑定自己的校内学号或工号，从而方便使用各类校内资源。

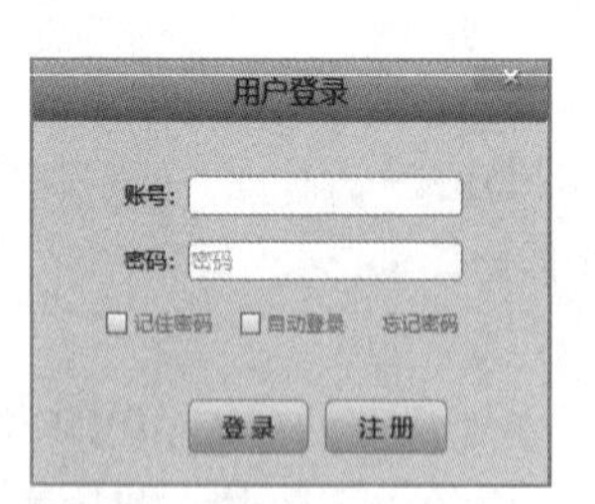

图7-45 “用户登录”界面

图7-46 新用户注册界面

4. 用超星阅读器下载资源

下载超星图书资源必须安装超星阅读器，并进行用户注册和登录。图书资源可以在“超星读书”或“超星汇雅图书”官网获取，超星汇雅图书必须登录方可进行图书的检索。

（1）下载属性设置

在超星阅读器菜单中依次单击“设置”→“属性设置”→“下载设置”，出现图7-47所示的“下载设置”界面，可以对图书下载的属性进行设置。可以设置图书的存放路径、图书下载的线程数量，也可以对使用代理进行设置等。

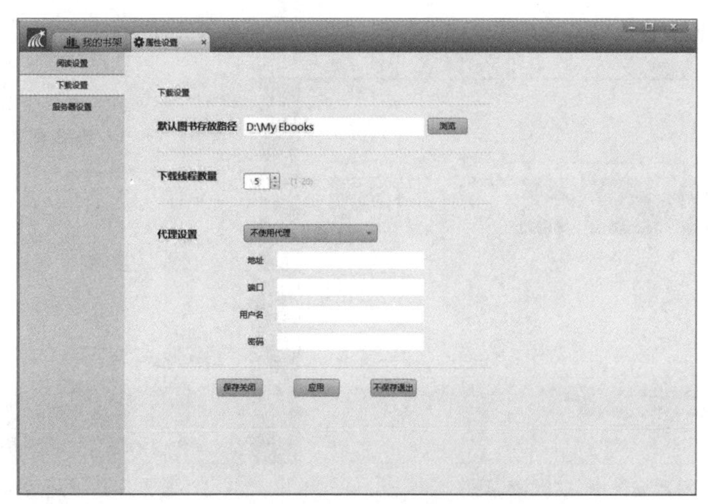

图7-47　“下载设置”界面

（2）图书下载

打开图7-44所示的图书展示页面，单击“下载本书”，弹出购买此书的收费界面，按提示购买。书籍下载情况可依次单击“我的书架”→“正在下载”查看，如图7-48所示。

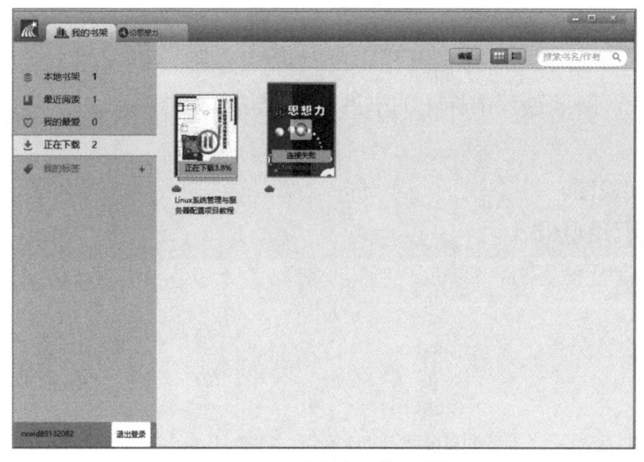

图7-48　图书下载界面

注意：

如果所在单位已经购买了图书资源版权，如已经购买了超星汇雅图书等，则不会弹出收费购买界面，而是直接进入图书下载界面。

5．图书和文档阅读

在“我的书架”中单击需要阅读的图书或文档即可进入图书阅读界面，如图7-49所示。

也可以通过“最近阅读”查看最近阅读的书籍情况，通过“我的最爱”查看历史阅读并标注了“我的最爱”图书情况，单击图书图标，即可进入阅读界面。如果对当前的阅读设置不习惯，可以通过依次单击阅读器菜单中的“设置”→“属性设置”→“阅读设置”，对阅读的相关属性进行设置，如图7-50所示。

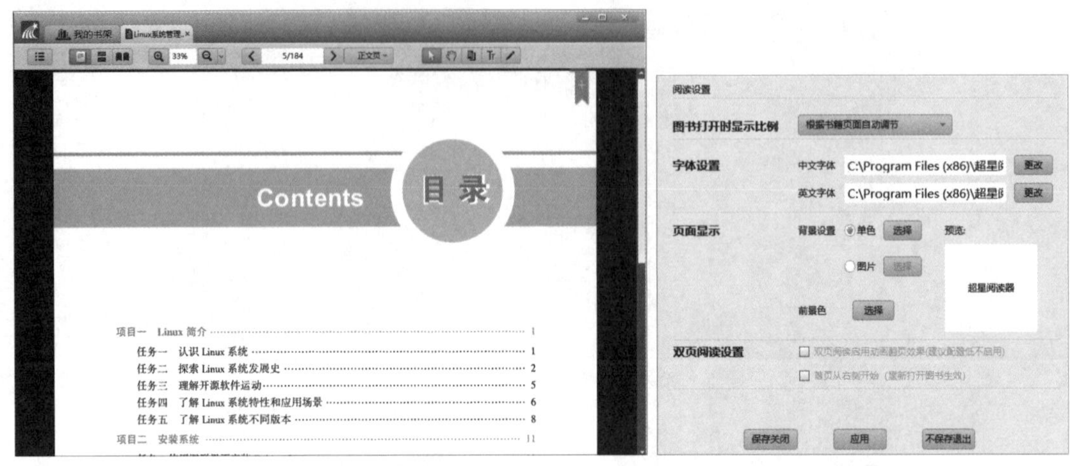

图7-49 图书阅读界面　　图7-50 “阅读设置”界面

在超星阅读器中有一些辅助工具可以辅助用户阅读，如图7-51所示。

图7-51 阅读辅助工具

（1）目录

在如图7-49所示界面中，选择工具栏中的“ ”按钮，进入图7-52所示的目录索引页，可以查看图书的目录、阅读过程中标记的书签、图书的缩略图等。

（2）阅读视图

①：单页阅读视图。

②：连续页阅读视图。

③：双页阅读视图。

（3）缩放工具

①：放大页面。

②：缩小页面。

③：缩放比例显示、快速调整缩放比例，缩放工具提供七种快速比例选择，以及“整宽”“整高”选择，如图7-53所示。

④ 整宽：整宽显示图书。

⑤ 整高：整高显示图书。

超星阅读器除了在阅读辅助工具栏提供了缩放工具，还在阅读快捷菜单提供了页面缩放工具，如图7-54所示，选择“缩放”，即可选择“放大”“缩小”“整宽”“整高”快捷调整阅读页面大小。

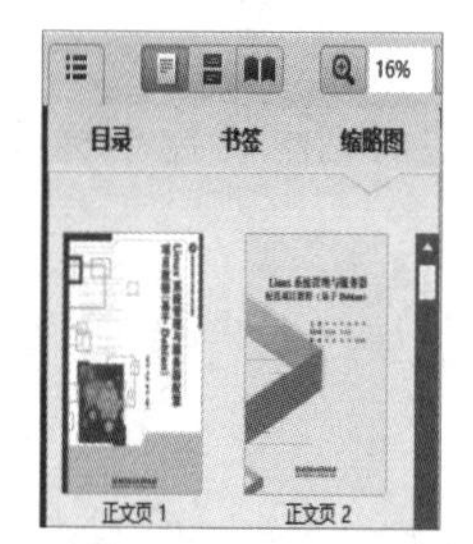

图7-52　图书目录选项看

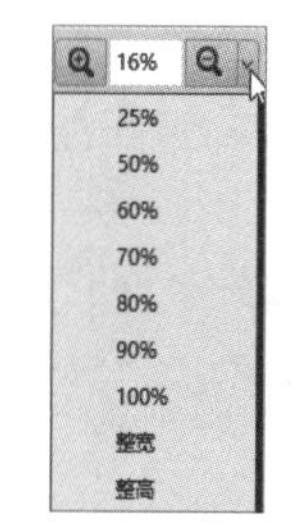

图7-53　图书缩放工具

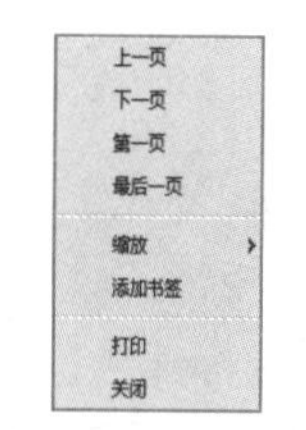

图7-54　翻页工具

（4）翻页工具

在阅读界面，在图书页上右击，将弹出阅读快捷菜单，如图7-54所示，包括“上一页”“下一页”“第一页”“最后一页”等选项。除了利用快捷菜单翻页外，阅读器还在辅助工具栏提供系列工具辅助翻页。

①：上一页。

②：下一页。

③ 正文页：快速到达指定类型的页。

④ 50/184：快速到达指定页码，输入页号，然后按【Enter】键即可。

⑤：上一页，在单页视图及双页视图下，鼠标指针移动至阅读区域左边边缘及左边空白区域，即会显示上一页按钮。

⑥：下一页，在单页视图及双页视图下，鼠标指针移动至阅读区域右边边缘及右边空白区域，即会显示下一页按钮。

（5）书签工具

在图7-54所示的阅读快捷菜单中，选择“添加书签”或者在阅读页面右上角选择“添加标签”按钮，如图7-55所示，即可为当前阅读页面添加书签，添加书签后，右上角的书签按钮将变红。

（6）其他工具

①：指针工具，用于指向页面中的某一个阅读区域。

②：手形工具，用于对阅读页面进行拖动。

③：复制工具，用于对选定的文字进行复制，选择此按钮后，在阅读快捷菜单中会出现“复制”选项。

④：文字识别，用于对指定区域的文字进行识别。

⑤：标注绘制按钮，选择此操作后，将弹出标注对话框，如图7-56所示，单击此按钮后，在阅读快捷菜单中会出现“隐藏标注工具”选项。

图7-55　“添加书签”界面

图7-56　标注工具栏

（7）阅读标注

① T：在标注对话框中单击此按钮，将在阅读页面上出现标注对话框，用于标注自己的阅读笔记或阅读心得。

② ：标线工具，单击右边的“ ”按钮，可以切换标线形状，可以根据需要选择“椭圆工具”“矩形工具”“直线工具”“曲线工具”。

③ ：标线颜色选择工具。

④ ：描边宽度选择工具。

⑤ 打印：在阅读快捷菜单中选择“打印”，即可打印当前阅读页面。

⑥ 删除标注：在标注处右击，在弹出的快捷菜单中，选择“删除”，即可删除标注。

四、思考与练习

学习使用超星阅读器，并在网上查找其他阅读器软件，比较各自的优缺点。

实验7.6 数据恢复软件的使用

一、实验目的

◎了解数据恢复软件的安装方法。

◎了解数据恢复软件的主要界面和功能。

◎ 掌握数据恢复软件的使用方法。

视 频

数据恢复软件的使用

二、实验环境

◎微型计算机。

◎Windows 10操作系统。

◎EasyRecovery个人版。

三、实验内容和步骤

在遇到文件误删或丢失的情况下，一般人们会以为文件就真的找不回来了，其实不然，借助专业可靠的数据恢复软件，可以将文件找回来。

Ontrack EasyRecovery由领先的数据恢复提供商开发，这款数据恢复软件易于使用且功能强大，足以处理几乎所有类型的常见数据丢失情况，这里以EasyRecovery个人版为例，介绍数据恢复软件的安装及使用。

操作要求

删除一个文件，使用EasyRecovery的扫描功能找到这个文件，有条件可以操作恢复功能。

1．EasyRecovery个人版的安装

EasyRecovery个人版的安装非常简单，双击安装文件，弹出图7-57所示的安装向导界面，按提示操作，直到出现图7-58所示安装完成界面，单击“结束”按钮，即可完成软件的安装。

2．EasyRecovery个人版的主要界面和功能

运行EasyRecovery个人版，它的主要界面如图7-59所示，包含三个主要的恢复选项：

① 全部：此选项可以恢复从特定驱动器或选定位置恢复的所有数据。

② 文档、文件夹和电子邮件：此选项可以恢复各种电子邮件客户端的Office文档（包含Word、Excel、PowerPoint文件）、文件夹（所有文件夹里的内容）和电子邮件。

③ 多媒体文件：选择此选项来恢复照片（JPG、PNG、BMP等）、音频（MP3、WMA、WAV等）和视频文件（MPEG、MOV、FLV等）。

除了以上三个主要的恢复选项，还有方便用户快速访问菜单的按钮，主要分布在界面的左上方。

图7-57　EasyRecovery安装向导

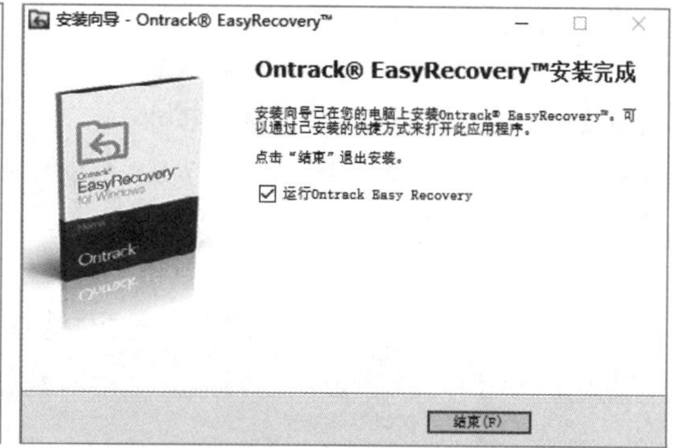

图7-58　EasyRecovery安装完成

在数据丢失不能确定能否恢复的情况下，可以利用EasyRecovery的预览功能，检测出需要的文件是否存在，具体操作如下：

① 打开高级设置。在主界面的左上角，单击图7-59中的齿轮状按钮。

② 打开预览。在打开的“高级设置”对话框（见图7-60）中单击左边第一个“预览”按钮，选择下面的“打开预览”，然后单击关闭，这样就打开了预览功能。还可以在恢复位置下扫描文件时打开预览，如图7-61所示。现在就可以对恢复位置下扫描出来的文件进行预览，包括预览Word文档、照片、视频、音频等。

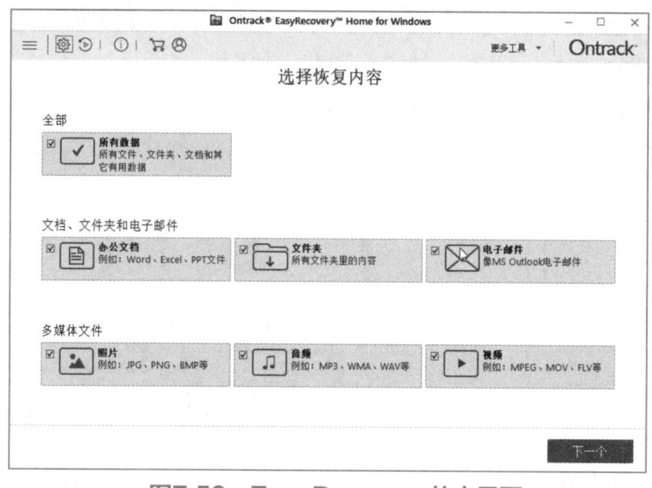

图7-59　EasyRecovery的主界面

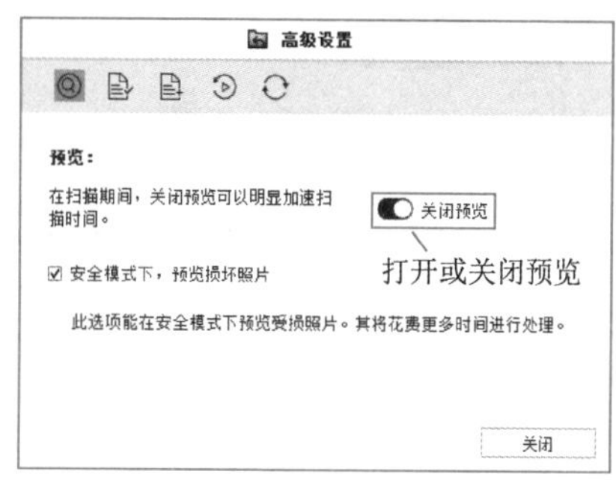

图7-60　高级设置中打开预览

3. 使用方法

当需要恢复某个文件时，只需打开软件，选择恢复的文件类型，接着选择软件的恢复位置，在扫描结束后选择恢复即可。详细操作如下：

① 选择恢复内容。在图7-59所示的软件主界面中选择恢复内容，可以选择恢复所有数据，也可以单独选择恢复文档、邮件、照片或音频。在本例中，选择了“办公文档”，如图7-62所示，单击右下角的“下一个”按钮。

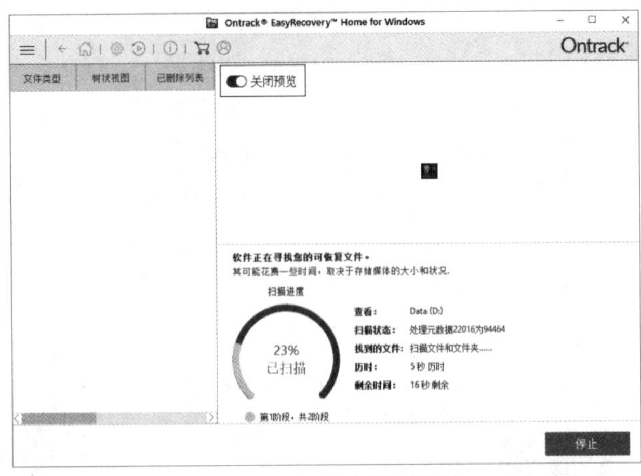

图7-61 扫描中打开预览

② 选择恢复位置，在弹出的恢复位置界面有“共同位置”“已连接硬盘”选项供选择，选择好后单击“扫描”按钮，如图7-63所示。

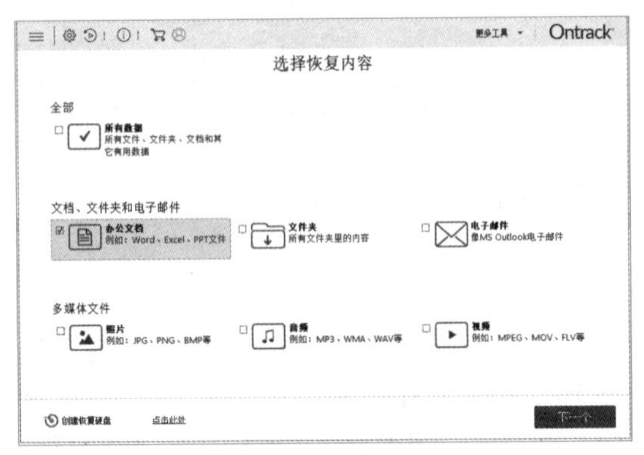

图7-62 选择恢复内容

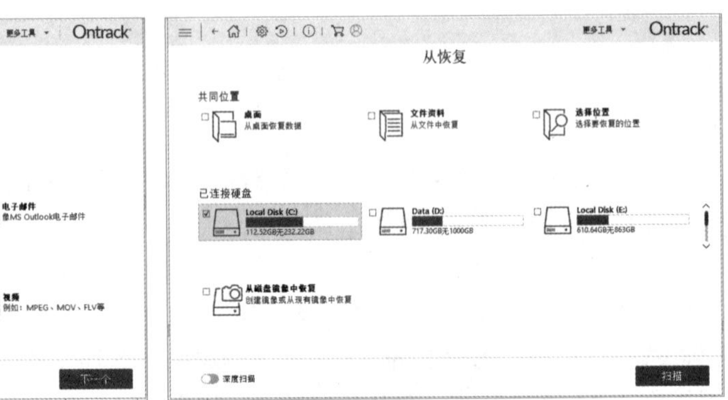

图7-63 选择恢复位置

③ 扫描完成后会出现之前删除的文件和文件夹，如图7-64所示。如果顺利找到需要的文件和文件夹，勾选要恢复的文件或文件夹，还可以对文档进行预览，如图7-65所示，确定所选内容是否是需要恢复的内容。确认好后单击界面下方“恢复”按钮。

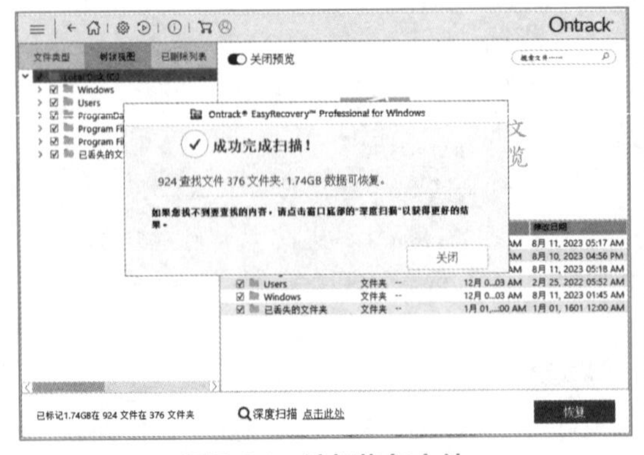

图7-64 选择恢复文件

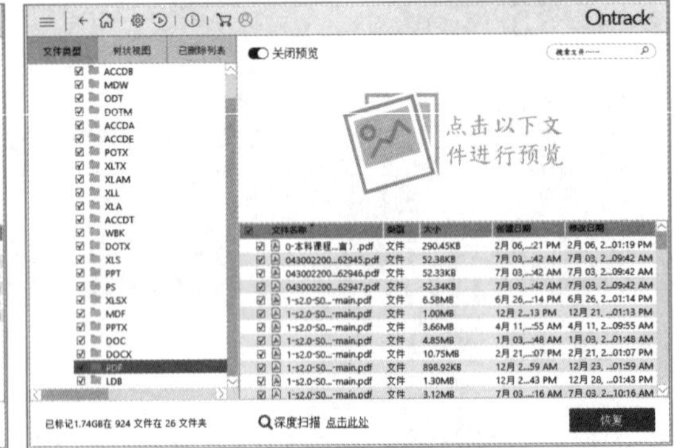

图7-65 对文档进行预览

④ 如果没有找到需要的文件或文件夹，可以单击界面下方的“深度扫描”按钮，再次等待扫描结果，操作类似第③步。

⑤ 当恢复数据的过程中需要暂停，就需要将扫描信息进行保存。这步是在图7-64所示的界面，准备稍后再恢复文件，或者在恢复软件过程中需要关闭该软件，就会弹出提示框询问是否保存扫描信息，如图7-66所示。单击“是”按钮，弹出“保存扫描信息”对话框，选择合适的位置保存，这里文件名称和文件类型一般默认，也可以修改，直接单击“保存”按钮，如图7-67所示。保存好后。下次想恢复文件的话，就可以打开保存的文件接着恢复即可。这个方法也适用于发生突发状况时，先将扫描信息保存，稍后再进行恢复。

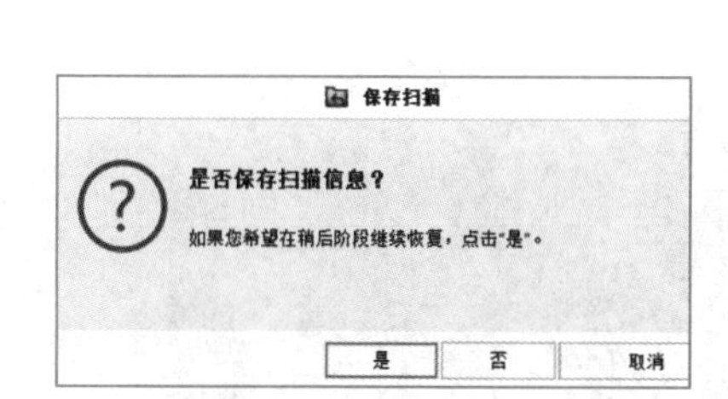

图7-66 “是否保存扫描信息”提示框

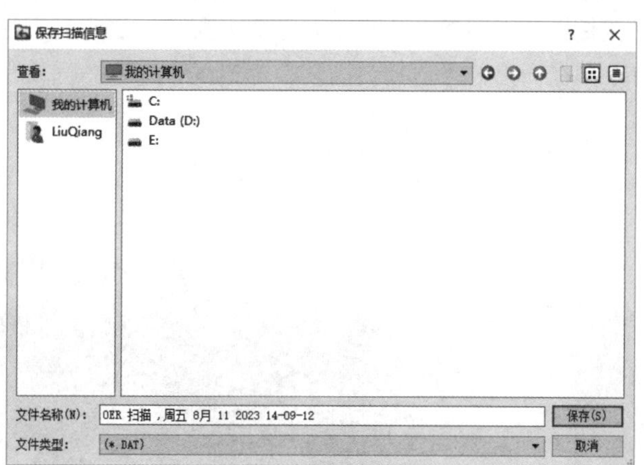

图7-67 选择保存信息位置

四、思考与练习

数据恢复是不得已而为之，所以，平时应尽可能避免数据的损坏，请总结有哪些方法能可确保数据安全。

实验7.7 文本素材的获取和处理

一、实验目的

◎掌握OCR软件识别文字图片的方法。

◎掌握在线识别文字图片的方法。

二、实验环境

◎微型计算机。

◎Windows 10操作系统。

◎OCR软件。

三、实验内容和步骤

OCR（optical character recognition，光学字符识别）是指用电子设备检查纸上打印的字符，通过检测暗、亮的模式确定其形状，然后用字符识别方法将形状翻译成计算机文字的过程。下面介绍通过安装在计算机上的识别软件或者通过在线识别将图像中的文字转换成文本格式，供文字处理软件进一步编辑加工。识别软件以汉王OCR软件为例，在线识别以百度大脑为例。

1. 汉王OCR识别软件的使用

运行汉王OCR，弹出汉王OCR的主界面，如图7-68所示，包括“文件”“编辑”“识别”“输出”“显示”“帮助”六个菜单。图像识别的流程就是依次操作前四个菜单完成的。图7-68中“文件”菜单中获取文字图像的方法有连接扫描仪，扫描获取，或者直接打开图像获取。

(1) 获得图像

扫描获得图像，扫描仪必须先安装好，再运行汉王OCR，单击“文件”→“选择扫描仪”命令，在弹出的“选择扫描仪”对话框中选好扫描仪。

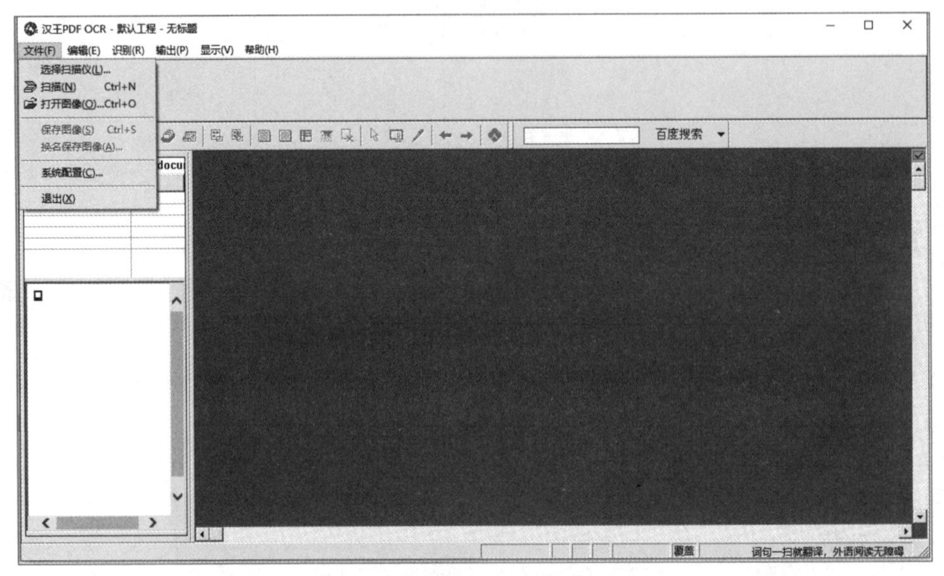

图7-68 汉王OCR的部分界面

单击“文件”→“系统配置”，将弹出“设置系统参数”对话框，如图7-69所示，分别在“获取新图像”和“识别”选项卡中设置好参数，单击“应用”按钮，退出系统参数设置。

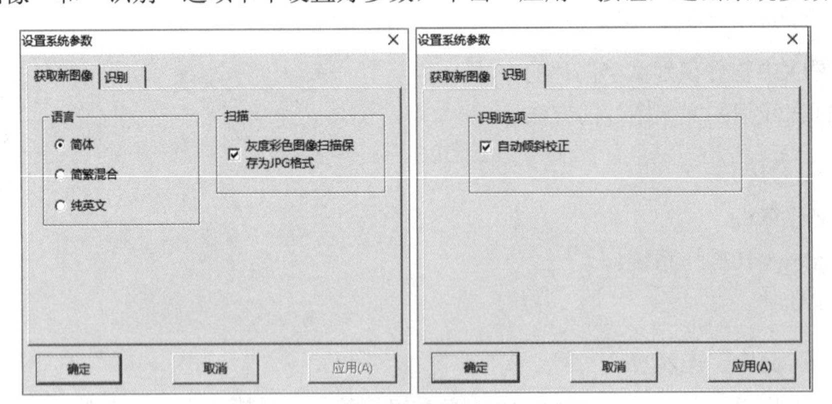

图7-69 “设置系统参数”对话框

选择“文件”→“扫描”命令，即可得到扫描图像，也可以拍照或用屏幕截图的方式，把文字图像保存到计算机。选择“文件”→“打开图像”命令，弹出图7-70所示的“打开图像文件”对话框，软件支持打开的文件格式包括.TIF、.BMP、.JPG、.PDF，如果是其他格式的图像文件，要事先转换成这几种格式，才能成功打开。找到需要识别的文字图像，单击“打开”按钮，文字图像出现在软件的编辑区内等待识别，如图7-71所示。

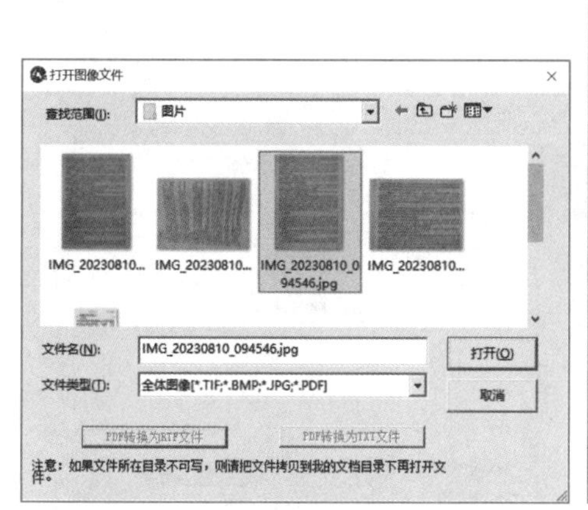

图7-70　“打开图像文件”对话框

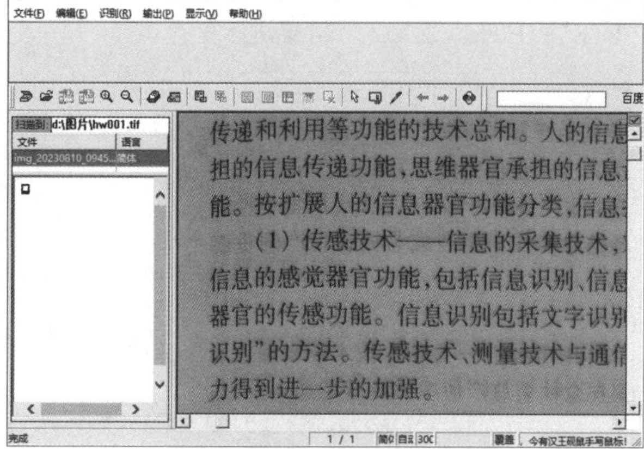

图7-71　等待识别的文字图像

（2）编辑图像

单击主界面的“编辑”菜单，如图7-72所示，选择“自动倾斜校正”或“手动倾斜校正”命令以及“旋转图像”命令，可让文字呈正方状态，不倾斜，以免影响识别效果；选择“图像反白”命令让黑白颜色互换，用于黑底白字转换成正常文字显示；选择“恢复原图”命令可以让图像恢复到打开状态。

把需要校正的图片校正好后，就可以操作第三个菜单了。

（3）识别图像上文字

单击主界面的“识别”菜单，如图7-73所示，先选择“选择全部文件”命令，准备对整个图片进行识别；再选择“版面分析”命令，图片上出现一个或多个红色方框，并标有序号，如图7-74所示，表示软件将识别红色框内文字。

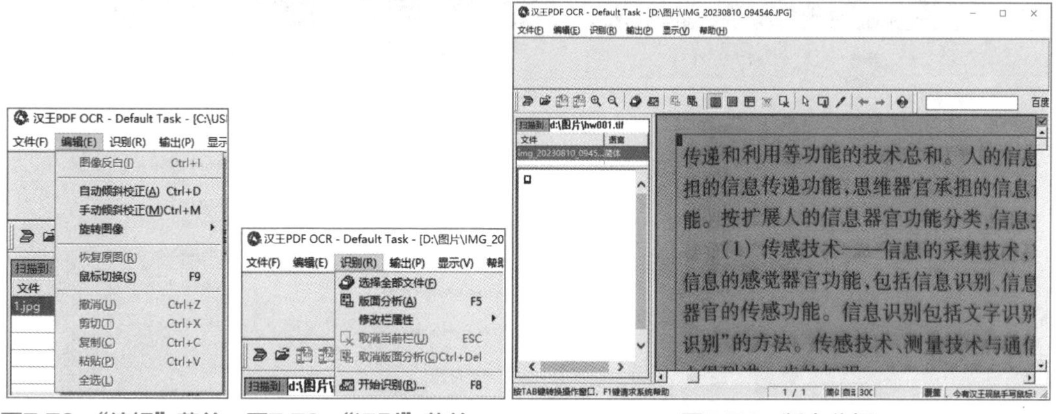

图7-72　“编辑”菜单　图7-73　“识别”菜单　图7-74　版本分析

再选择“开始识别”命令，软件将识别后的文字和原图片同时显示，如图7-75所示，上方就是识别好的图片与文字对照，是一行图片一行文字，文字识别有误差，在这个界面进行校对和修改。

（4）输出文本

校对并修改好后，选择主界面的“输出”→“到指定文件格式”命令，弹出图7-76所示的对话框，选择保存位置、保存的文件名和文件格式，文件格式默认为“.TXT”，也可以选择“.RTF”“.HTM”“.XLS”格式进行保存。

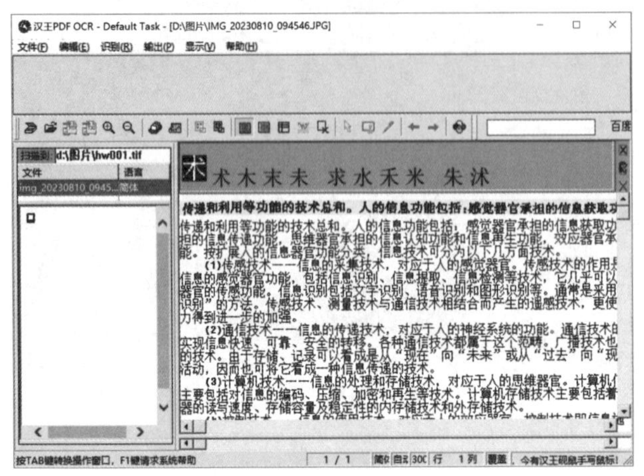

图7-75 识别完成

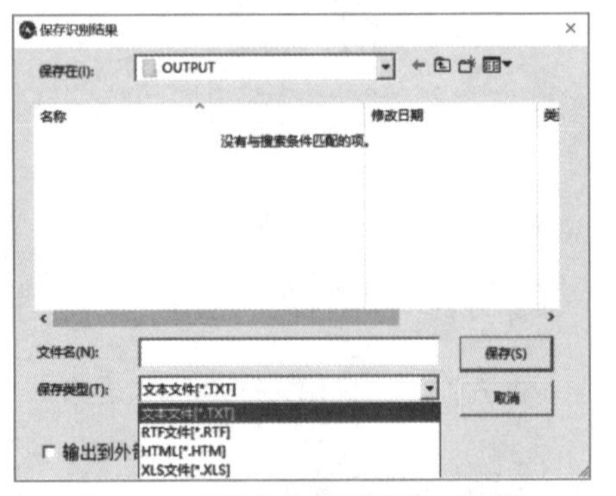

图7-76 “保存识别结果”对话框

2．在线文字识别

在线文字识别是在线图像识别的一个分支功能，有多个网站都开发有这个功能，使用也十分方便。而且由于在线识别通常基于网络收集的海量数据和人工智能深度学习等技术，对文字的识别越来越智能化，对各种文字的形式都可以识别（如既有图像又有文字的图片），而且开发了对文字的各种字体识别，如手写输入、行书草书识别。下面以百度在线文字识别为例，利用它的产品演示窗口，体现图片文字的在线识别。

① 打开百度大脑。找到“开放能力”→“文字识别”→“通用文字识别”，如图7-77所示。

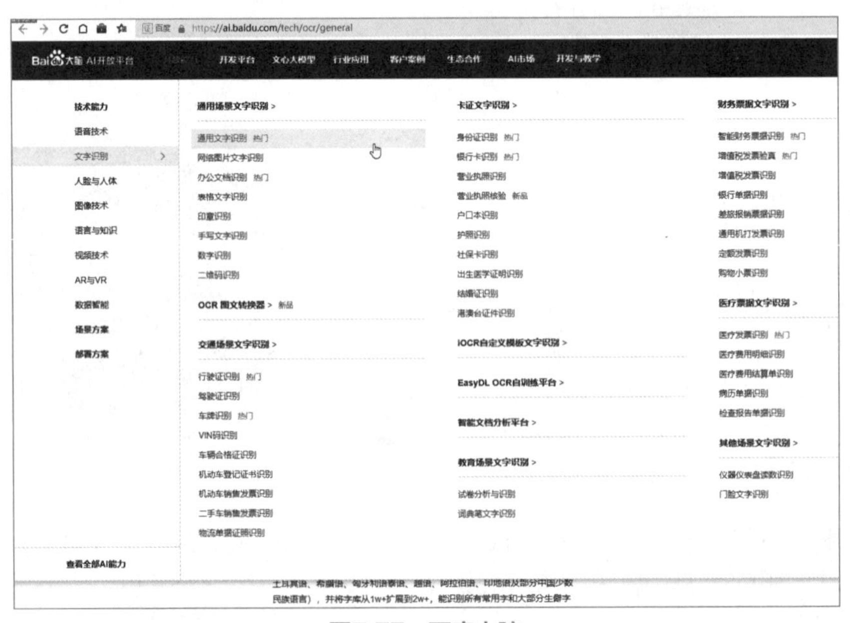

图7-77 百度大脑

② 上传图片。在“通用文字识别”界面中单击“本地上传”按钮，上传文字图片。

③ 网页实时显示识别结果。图片与识别结果同时显示，识别结果不能在这个界面编辑，但可以选中并复制到任何文字编辑软件中再修改，如图7-78所示，这种简单的文字识别，正确率已经接近100%。

图7-78　文字识别

四、思考与练习

截取文字图片，分别用文字识别软件和在线识别网站识别文字。比较这两个方式的利弊。

第 8 章 Python程序设计基础

实验8.1　顺序结构程序设计实验

一、实验目的

◎掌握Python程序的数字转换规则。

◎掌握赋值语句的基本格式及执行规则。

◎掌握输入/输出语句的基本格式及执行规则。

◎掌握顺序结构的程序设计方法。

二、实验环境

◎微型计算机。

◎Windows 10或麒麟操作系统。

◎Python 3.x。

三、实验内容和步骤

1. 学习Python基础知识

（1）标准输入/输出

① 标准输入。Python用内置函数input()实现标准输入，其调用格式为：

```
input([提示字符串])
```

其中，中括号中的“提示字符串”是可选项。如果有“提示字符串”，则原样显示，提示用户输入数据。input()函数从标准输入设备（键盘）读取一行数据，并返回一个字符串（去掉结尾的换行符）。例如：

```
>>> name=input("Please input your name:")
Please input your name:jasmine↙
```

② 标准输出。Python直接使用表达式可以输出该表达式的值。常用的输出方法是用print()函数，其调用格式为：

```
print([输出项1,输出项2,……,输出项n][,sep=分隔符][,end=结束符])
```

其中，sep表示输出时各输出项之间的分隔符（默认以空格分隔），end表示结束符（默认以回车换行结束）。

例如：

```
print(10,20,sep=',',end='*')
print(30)
```

输出结果为：

```
10,20*30
```

（2）格式化输入/输出

Python格式化输出的基本做法是将输出项格式化，然后利用print()函数输出。具体实现方法有以下四种：

- 利用字符串格式化运算符%。
- 利用format()内置函数。
- 利用字符串的format()方法。
- 利用f-strings实现格式化输出。

① 字符串格式化运算符%。在Python中，格式化输出时，用运算符%分隔格式字符串与输出项，一般格式为：

```
格式字符串%(输出项1,输出项2,……,输出项n)
```

其中，格式字符串由普通字符和格式说明符组成。普通字符原样输出，格式说明符决定所对应输出项的输出格式。格式说明符以百分号%开头，后接格式标志符。例如：

```
>>> print("%+3d,%0.2f"%(25,123.567))
+25,123.57
```

② format()内置函数。format()内置函数可以将一个输出项单独进行格式化，一般格式为：

```
format(输出项[,格式字符串])
```

其中，格式字符串是可选项。当省略格式字符串时，该函数等价于函数“str(输出项)”的功能。format()内置函数把输出项按格式字符串中的格式说明符进行格式化。

```
>>> print(format(15,'X'),format(65,'c'),format(3.145,'f'))
F A 3.145000
```

③ 字符串的format()方法。在Python中，字符串都有一个format()方法，这个方法会把格式字符串当作一个模板，通过传入的参数对输出项进行格式化。字符串format()方法的调用格式为：

```
格式字符串.format(输出项1,输出项2,……,输出项n)
```

格式说明符使用花括号括起来，一般形式如下：

```
{[序号或键]:格式说明符}
```

例如：

```
>>> '{0:.2f},{1}'.format(3.145,500)
'3.15,500'
```

④ f-string实现字符串格式化。f-string亦称为格式化字符串常量，是从Python 3.6开始引入的一种字符串格式化方法，主要目的是使格式化字符串的操作更加简便，可以使用f或F，在{}里面可以输出变量、表达式，还可以调用函数，在使用的时候需要注意避免内部的引号与最外层的引号冲突。

例如：

```
>>>a=5
>>>b=3.5
>>>print(f"a+b={a}+{b}={a+b}")
'a+b=5+3.5=8.5'
```

2. 观察与验证

① 在Python IDLE中运行下列程序：

```
x=y=10
x,y,z=6,x+1,x+2
print(x,y,z)
```

上述程序的运行结果是________。

② 在Python IDLE中运行下列程序：

```
print("1".rjust(20," "))
print(format("121",">20"))
print(format("12321",">20"))
```

上述Python语句的输出结果是________。

说明：

Python rjust() 返回一个将原字符串右对齐，并使用空格填充至长度 width 的新字符串。如果指定的长度小于字符串的长度则返回原字符串。

③ 写出下列程序的执行结果并上机验证。

```
print(1,2,3,sep='-',end='\t')
print('数量{0},单价{1}'.format(100,32.9))
print('数量{0:4d},单价{1:3.3f}'.format(100,32.9))
```

以上程序的运行结果是____
____。

3. 分析与改错

① 阅读下列程序：

```
i,j=3,4
i,j=2j,i
s=i+j
print("s=",s)
```

a. 分析以上程序的输出结果，并上机运行程序，验证结果。

b. 将程序的第二行修改为“#i,j=2j,i”，则程序的输出结果是________，产生这种结果的原因是什么？

c．将程序的第二行修改为“i,j=2*j,i”，则程序的输出结果是__________，产生这种结果的原因是什么？

d．选中全部语句，再选择Format→Indent Region命令或按快捷键【Ctrl+]】，设置批量缩进后运行程序，并观察程序的运行情况。选择Format→Dedent Region命令或按快捷键【Ctrl+[】，取消缩进后运行程序，并观察程序的运行情况。这两种运行状况说明了什么？

② 下列程序的功能是：不使用第三个变量，实现将两个数的值进行对调的操作。

```
a=eval(input("请输入a的值："))
b=eval(input("请输入b的值："))
print(a,b)
a=____________
b=____________
a=____________
print("对调之后a,b的值为{0},{1}".format(a,b))
```

a．请将程序补充完整。

b．若输入的a、b为浮点数，结果会怎样？

c．若要用一行语句实现两个整数的对调，应如何修改程序？

4．设计与综合

在线实训

Python顺序结构程序设计

说明：

本实训的时间是2023年8月15日，当时的网页信息如二维码所示。

① 完善程序，从键盘输入a、b、c三个整数，要求实现先交换a、b的值，然后计算$a+c$的值并输出。

输入输出范例：

测试输入：

```
2↙
5↙
10↙
```

预期输出：

```
15
```

参考源代码：

```
1. a=int(input())
2. b=int(input())
3. c=int(input())
4. # 请在此添加代码（可增行减行），交换a、b的值，然后计算a、c的和result的值
5. ########## Begin ##########
6.
7.
8.
```

```
9.
10. ########## End ##########
11.
12. print(result)
```

② 输入一个正实数x，分别输出x的整数部分和小数部分。

程序分析：

获取整数部分可以使用int()函数。

输出格式为：

```
print("{0:f}={1:d}+{2:f}\n".format(x,保存整数部分的变量,保存小数部分的变量))
```

输入输出范例：

测试输入1：

```
输入一个正实数:5.12↙
```

预期输出1：

```
5.120000=5+0.120000
```

测试输入2：

```
输入一个正实数:9.56↙
```

预期输出2：

```
9.560000=9+0.560000
```

③ 编写程序，输入球体的半径，计算球体的表面积和体积，结果保留2位小数。

输入输出范例：

```
请输入球的半径：3.5↙
```

预期输出为：

```
球为表面积为：153.94，体积为：179.59
```

④ 输入自己的出生年、月、日，按下列格式输出自己的出生日期信息及2023年的年龄。

输入输出范例：

```
测试输入：1992,12,5↙
```

预期输出：

```
我的出生日期是1992年12月05日
我今年31岁了
```

⑤ 编写程序，输入本金、年利率和年数，计算复利，结果保留两位小数。

输入输出范例如下：

测试输入：

```
请输入本金：2000↙
请输入年利率：5.6↙
请输入年份：5↙
```

预期输出：

```
本金利率和为：2626.33
```

提示：

输出语句可以用“print("本金利率和为：{0:2.2f}".format(****))”的形式，其中****代表存储本金利率和的变量。

⑥ 复数及math库的应用：已知x=5+3i，$y=e^{\frac{\sqrt{\pi}}{2}}$，求$z=\dfrac{2\sin 56°}{x+\cos|x+y|}$的值

分析：这是一个求表达式值的问题，程序分为以下三步：

a．求x、y的值。

b．求z的值。

c．输出z的值。

⑦ 逆序数：从键盘输入一个三位整数n，输出其逆序数m。例如，输入n=127，则m=721。

分析：程序分为以下三步：

a．输入一个三位整数n。

b．求逆序数m。

c．输出m。

输入输出范例如下：

测试输入：

```
n=127 ↙
```

预期输出：

```
127的逆序数是721
```

⑧ 随机产生一个三位整数，将它的十位数变为0。假设生成的三位数为738，则输出708。

提示：

随机数产生需要使用 random库的randomint函数。

四、思考与练习

① 输入三个浮点数，求它们的平均值并保留一位小数，对小数点后第二位进行四舍五入，最后输出结果。

② 输入三个整数给a、b、c，然后交换它们的值，把a中原来的值给b，把b中原来的值给c，把c中原来的值给a。

③ 国际象棋棋盘共有64个方格，现在第一个格子上放一颗麦粒，以后每一个格子都比前一个格子的麦粒数翻倍。计算放满整个棋盘需要的麦粒总数。现设一颗麦粒重50毫克，小麦共重多少吨？

④ 已知$y=\dfrac{e^{-x}-\tan 73°}{10^{-5}+\ln\left|\sin^2 x-\sin x^2\right|}$，其中$x=\sqrt[3]{1+\pi}$，输出$y$的值。

⑤ 求一元二次方程$ax^2+bx+c=0$（$a\neq0$）的根。

分析：由于Python能进行复数运算，所以不需要判断方程的判别式，而直接根据求根公式求根。调用复数运算函数需要导入math模块。

实验8.2　分支结构程序设计

一、实验目的

◎掌握Python程序中表示条件的方法。

◎掌握if语句的格式及执行规则。

◎掌握分支（选择）结构程序的程序设计方法。

二、实验环境

◎微型计算机。

◎Windows 10或麒麟操作系统。

◎Python 3.x。

三、实验内容和步骤

1．观察与验证

① 执行下列Python语句将产生的结果是__________。

```
m=True
n=False
p=True
b1=m|n^p;b2=n|m^p
print(b1,b2)
```

② 在Python中运行以下程序。

```
a=int(input())
if a>40:
    print("a1=",a)
    if a<50:
        print("a2=",a)
if a>30:
    print("a3=",a)
```

若从键盘输入55，则程序的输出结果是__________。

③ 下列Python语句的运行结果为________________。

```
x=True
y=False
z=True
if not x or y:print(1)
elif not x or not y and z:print(2)
elif not x or y or not y and x:print(3)
```

```
else:print(4)
```

思考：以上程序的可读性不好，应该如何优化程序？

2．分析与改错

① 分析以下程序的输出结果，说明出现该结果的原因，应该如何修改程序？

```
x=2.1
y=2.0
if x-y==0.1:
    print("Equal")
else:
    print("Not Equal")
```

② 下面程序的功能是判断一个整数是否能被3或7整除，若能被3或7整除，则输出“Yes”，否则输出“No”，请补充程序。

```
m=int(input())
if__________:
    print("Yes")
else:
    print("No")
```

③ 说明以下三个if语句的区别及分别实现的功能：

语句一：

```
if i>0:
    if j>0:
        n=1
    else:
        n=2
```

语句二：

```
if i>0:
    if j>0:
        n=1
else:
        n=2
```

语句三：

```
if i>0:
    n=1
else:
    if j>0:
        n=2
```

④ 输入三个整数，最小的放在a中，最大的放在c中，中间的放在b中，请填空。

```
a=eval(input("Input integer a:"))
b=eval(input("Input integer b:"))
```

```
c=eval(input("Input integer b:"))
if a>b:
    ____________
if a>c:
    ____________
if c<b:
    ____________
print(a, b, c, sep='\t')
```

- 若每个空白处只能填写一条语句，分别应该填写什么？
- 若每个空白处可以填写多条语句，分别应该填写什么？

3. 设计与综合

说明：

本实训的时间是2023年8月15日，当时的网页信息如二维码所示。

① 编写一个程序，判断从键盘输入的数是不是水仙花数。

分析：水仙花数是指一个3位正整数，它各位数字的三次幂之和等于它本身。如153是一个水仙花数，因为$153=1^3+5^3+3^3$。

输入输出范例如下：

测试输入1：

```
4
```

预期输出1：

```
4不是水仙花数
```

测试输入2：

```
153
```

预期输出2：

```
153是水仙花数
```

② 编写一个程序，实现从键盘输入两个整数，输出两个整数中的最大值。

分析：本程序是一个简单的双分支结构。

输入输出范例如下：

测试输入1：

```
4 91 ↙
```

预期输出1：

```
最大值：91
```

测试输入2：

```
151 100 ↙
```

预期输出2：

```
最大值：151
```

③ 编写程序，利用求余运算完成24小时制和12小时制时间的转换。

注意：

要求输入的数字是0到24之间的整数。

分析：

- 假设输入的时间是*i*，如果*i*<0或者*i*>24，则输出：输入时间格式错误。
- 假设*i*≥0并且*i*<12，则输出：现在是上午*i*点。
- 假设*i*=12，则输出：现在是中午12点。
- 假设*i*>12并且*i*<24，则输出：现在是下午*i*%12点。
- 假设*i*=24，则输出：现在是上午0点。

输入输出范例如下：

测试输入1：

```
4 ↙
```

预期输出1：

```
现在是上午4点
```

测试输入2：

```
15 ↙
```

预期输出2：

```
现在是下午3点
```

测试输入3：

```
25 ↙
```

预期输出3：

```
输入时间格式错误
```

④ 公司员工的工资计算方法如下：

工作时间超过120小时者，超过部分加发15%。工作时间不高于60小时者，扣发700元。其余按每小时84元计发。

输入员工的工号和该员工的工作时间，计算应发工资。

分析：为了计算应发工资，首先分两种情况，即工时数小于等于120小时和大于120小时。工时数超过120小时时，实发工资有规定的计算方法；而工时数小于等于120小时时，又分为大于60和小于等于60两种情况，分别有不同的计算方法。所以程序分为3个分支，即工时数>120、60<工时数≤120和工时数≤60，可以用多分支if结构实现，也可以用if的嵌套实现。

输入输出范例如下：

测试输入1：

```
101,145 ↙
```

预期输出1：

```
101号职工应发工资12495.0
```

测试输入2：

```
203,55 ↙
```

预期输出2：

```
203号职工应发工资3920
```

测试输入3：

```
201,75 ↙
```

预期输出3：

```
201号职工应发工资6300
```

⑤ 计算分段函数的值：从键盘输入x，根据如下公式，计算分段函数y的值。

$$y=\begin{cases}\dfrac{x^2-3x}{x+1}+2\pi+\sin x & x>0\\ 0 & x=0\\ \ln(-5x)+6\sqrt{|x|+e^4}-(x+1)^3 & x<0\end{cases}$$

分析：本程序主要考查数学函数的熟练使用，程序结构方面使用if三分支结构即可。

输入输出范例如下：

测试输入1：

```
5 ↙
```

预期输出1：

```
y=6.990927699183115
```

测试输入2：

```
-5 ↙
```

预期输出2：

```
y=113.53877868738716
```

测试输入3：

```
0 ↙
```

预期输出3：

```
y=0
```

⑥ 输入三条边长，先判断是否可以构成三角形，如果可以，则进一步求三角形的周长和面积，否则报错“无法构成三角形！”。

分析：设a，b，c表示三条边长，则构成三角形的充分必要条件是任意两边之和大于第三边且每条边长都大于0，即$a>0$，$b>0$，$c>0$，$a+b>c$，$b+c>a$，$c+a>b$。如果该条件满足，则可按照海伦公式计算三角形的面积S：

$$S=\sqrt{p(p-a)(p-b)(p-c)}$$

其中，$p=(a+b+c)/2$。

输入输出范例如下：

测试输入1：

```
请输入边长a:1
请输入边长b:2
请输入边长c:3
```

预期输出1：

```
无法构成三角形!
```

测试输入2：

```
请输入边长a:3
请输入边长b:4
请输入边长c:5
```

预期输出2：

```
三角形的周长=12.0，面积=6.0
```

⑦ 求解方程：编写程序，输入方程的三个系数a、b、c，求$ax^2+bx+c=0$方程的解。

分析：

方程$ax^2+bx+c=0$的解有以下几种情况：

- a=0 and b=0 and c!=0，无解。
- a=0 and b=0 and c=0，有无穷多解。
- a=0 and b!=0，有一个实数根：$x=-\frac{c}{b}$。
- $b^2-4ac=0$，有两个相等实根：$x_1=x_2=-\frac{b}{2a}$。
- $b^2-4ac>0$，有两个不等实根：$x_1=-\frac{b}{2a}+\frac{\sqrt{b^2-4ac}}{2a}$，$x_2=-\frac{b}{2a}-\frac{\sqrt{b^2-4ac}}{2a}$
- $b^2-4ac<0$，有两个共轭复根：$x_1=-\frac{b}{2a}+\frac{\sqrt{4ac-b^2}}{2a}\mathrm{i}$，$x_2=-\frac{b}{2a}-\frac{\sqrt{4ac-b^2}}{2a}\mathrm{i}$

可以利用print("\此方程有两个不等虚根：{0}+{1}i和{0}-{1}i".format(realPart，imagPart))的语句形式输出方程的两个共轭复根。

四、思考与练习

① 输入一个整数，若为奇数，则输出其算术平方根，否则输出其立方根。

② 输入整数x、y和z，若$x^2+y^2+z^2$大于1 000，则输出$x^2+y^2+z^2$千位以上的数字，否则输出3个数之和。

③ 编写程序，从键盘依次输入一个时间的小时、分钟、秒，输出该时间经过5分30秒后的时间。时间采用24小时制。

例如：

```
请输入小时：8
请输入分钟：12
请输入秒：56
```

则输出：

```
8:18:26
```

④ 输入年月，求该月的天数。

分析：用year、month分别表示年和月，day表示每月的天数。考虑到以下两点：

● 每年的1、3、5、7、8、10、12月每月有31天；每年的4、6、9、11月每月有30天；闰年2月有29天，平年2月有28天。

● 年份能被4整除，但不能被100整除，或者能被400整除的年均是闰年。

实验8.3 循环结构程序设计

一、实验目的

◎掌握while语句的基本格式及执行规则。

◎掌握for的基本格式及执行规则。

◎掌握多重循环结构的使用方法。

◎掌握循环结构程序设计的方法。

二、实验环境

◎微型计算机。

◎Windows 10或麒麟操作系统。

◎Python 3.x。

三、实验内容和步骤

1. 学习相关知识

（1）循环语句——for

① for语句的一般格式为：

```
for 目标变量 in 序列对象:
    语句块
```

for语句的首行定义了目标变量和遍历的序列对象，后面是需要重复执行的语句块。语句块中的语句要向右缩进，且缩进量要一致。其执行过程如图8-1所示。

② range()函数。range()函数可创建一个整数列表，一般用在 for 循环中。其语法为：

```
range(start, stop[, step])
```

参数说明：

● start：计数从 start 开始。默认是从 0 开始。例如range(5)等价于range(0,5)。

● stop：计数到 stop 结束，但不包括 stop。例如：range(0,5)是[0, 1, 2, 3, 4]没有5。

● step：步长，默认为1。例如：range(0,5)等价于 range(0,5,1)。

（2）循环语句——while

while语句的一般格式为：

```
while 表达式:
    语句块
```

while语句中的表达式表示循环条件，可以是结果能解释为True或False的任何表达式，常用的是关系表达式和逻辑表达式。表达式后面必须加冒号。语句块是重复执行的部分，称作循环体。其语法执行过程如图8-2所示。

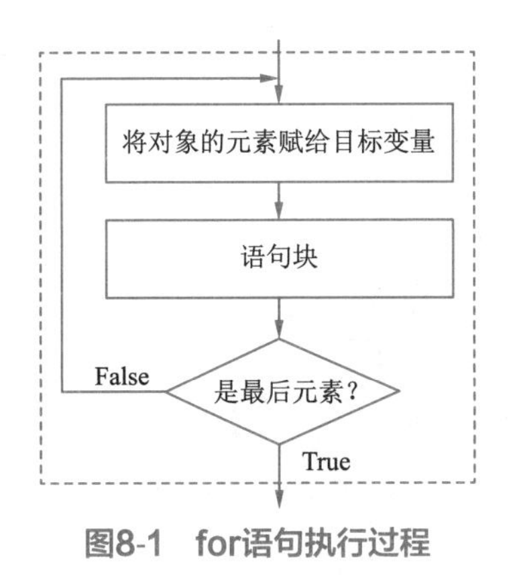

图8-1　for语句执行过程

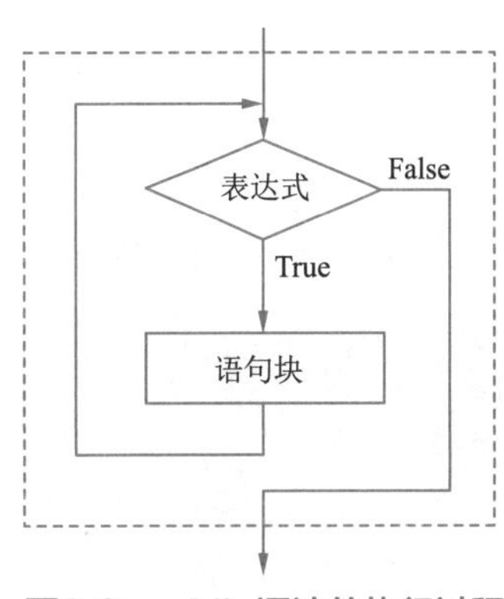

图8-2　while语法的执行过程

（3）continue与break语句

① break语句用在循环体内，迫使所在循环立即终止，即跳出所在循环体，继续执行循环结构后面的语句。

② 当在循环结构中执行continue语句时，立即结束本次循环，重新开始下一轮循环。

（4）pass语句

pass语句是一个空语句，它不做任何操作，代表一个空操作。看下面的循环语句：

```
for x in range(10):
    pass
```

该语句的确会循环10次，但是除了循环本身之外，它什么也没做。

（5）循环的嵌套

如果一个循环结构的循环体又包括一个循环结构，就称为循环的嵌套，或称为多重循环结构。

2．观察与验证

① 下列程序的输出结果是______________。

```
s=10
for i in range(1,6):
    while True:
        if i%2==1:
            break
        else:
```

```
            s-=1
            break
print(s)
```

② 写出下列程序的运行结果。

```
i=1
while i+1:
    if i>4:
        print(i)
        i+=1
        break
    print(i)
    i+=2
```

③ 写出下列程序的运行结果。

```
sum=j=1
while j<=3:
    f=1
    for i in range(2,2*(j+1)):
        f*=i
    sum+=f
    j+=1
print("sum=",sum)
```

3. 分析与改错

① 下列程序的输出结果是什么？如果将语句print(s) 与语句pass缩进对齐，则输出结果是什么？通过比较两次输出结果，可以得到什么结论？

```
s=10
for i in range(1,6):
    pass
print(s)
```

② 阅读下面的Python程序，写出程序的功能是什么。

```
import math
n=0
for m in range(101,201,2):
    k=int(math.sqrt(m))
    for i in range(2,k+2):
        if m%i==0:
            break
    if i==k+1:
        if n%10==0:
            print()
        print(m,end=' ')
        n+=1
```

③ 用户输入5，打印图8-3所示的字符金字塔图形，请补全代码：

```
n=input('输入行数：')
____________________
for i in range(1,n+1):
    print(____________,end= ' ')
    for j in range(1,2*i):
        print('&',____________)
    print()
```

```
    &
   &&&
  &&&&&
 &&&&&&&
&&&&&&&&&
```

图 8-3　字符金字塔

④ 质因数分解，如输入60，则得到60 = 2 * 2 * 3 * 5，请补全代码：

```
x=eval(input("请输入小于1000的整数："))
k=2
______________________________
while  x>1:
    if____________________________:
        print(k,end=" ")
        x = x//k
        if x >1:
            print("*",end=" ")
    else:
    __________________________
```

⑤ 输出图8-4所示的图形，请补充程序：

```
for i________________:
        print((' *'*(2*i-1)).center(30))
    for i in range(6, 0, -1):
        print(________________)
```

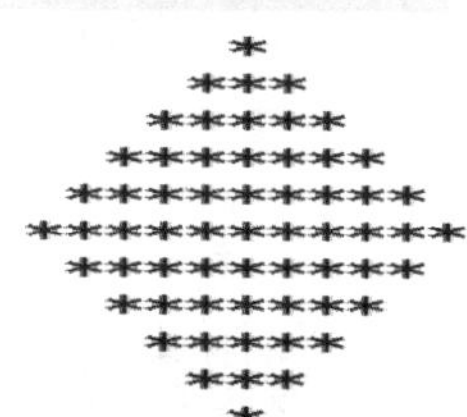

图 8-4　菱形

4. 设计与综合

说明：

本实训的时间是2023年8月15日，当时的网页信息如二维码所示。

在线实训

Python循环结构程序设计

① 从键盘输入n的值，求 $S_n = 1-\frac{1}{2}+\frac{1}{3}-\frac{1}{4}+\frac{1}{5}-\frac{1}{6}+\cdots+(-1)^{n-1}\frac{1}{n}$ 的值。

输入输出范例：

测试输入：

```
请输入n的值：100↙
```

预期输出：

```
0.688172179310195
```

② 输入一个日期，包括年、月和日，计算该日期是这一年的第几天。

输入输出范例：

测试输入1：

```
year:2020↙
month:6↙
day:15↙
```

预期输出1：

```
167
```

测试输入2：

```
year:2020 ↙
month:13 ↙
day:15 ↙
```

预期输出2：

```
Input Error!
```

③ 有数列$\frac{2}{1}$，$\frac{3}{2}$，$\frac{5}{3}$，$\frac{8}{5}$，$\frac{13}{8}$，…，求该数列的前n项和，其中n的值由键盘输入。

输入输出范例：

测试输入1：

```
30 ↙
```

预期输出1：

```
48.84060068717216
```

测试输入2：

```
100 ↙
```

预期输出2：

```
162.1029798996649
```

④ 求sin x的近似值：$\sin x = x - \frac{x^3}{3!} + \frac{x^5}{5!} - \frac{x^7}{7!} + \cdots$，直到最后一项的绝对值小于$10^{-6}$时停止计算。其中$x$为弧度，但从键盘输入时以角度为单位。

分析：这是一个累加求和问题。关键是如何求累加项，较好的办法是利用前一项来求后一项，即用递推的办法来求累加项。算法流程图如图8-5所示。

第i项与第i–1项之间的递推关系为：

$$a_1=x$$

$$a_i = -\frac{x^2}{(2i-2)(2i-1)}a_{i-1} \qquad (i = 2,3,4,\cdots)$$

输入输出范例：

测试输入：

```
30↙
```

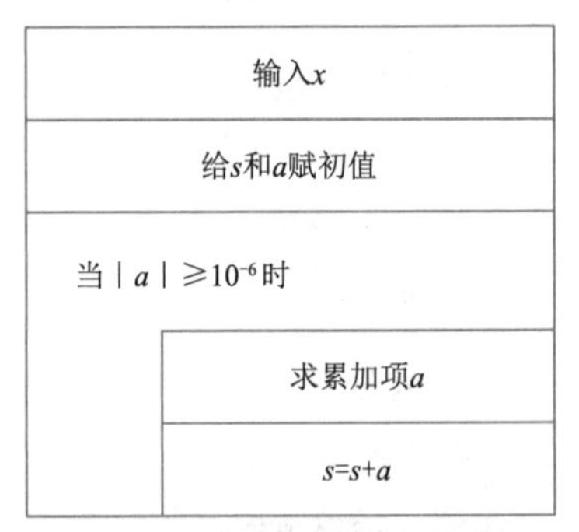

图8-5 求sin$x$值的算法流程图

预期输出：

```
x=30,sinx=0.500000
```

⑤ 输入n，求表达式$1+\frac{1}{1+2}+\frac{1}{1+2+3}+\cdots+\frac{1}{1+2+3+\cdots+n}$的值。

分析：这是求n项之和的问题。先求累加项a，再用语句$s=s+a$实现累加，共有n项，所以共循环n次。

求累加项a时，分母又是求和问题，也可以用一个循环来实现。因此整个程序构成一个二重循环结构。

输入输出范例：

测试输入：

```
100 ↙
```

预期输出：

```
s=1.9801980198019795
```

⑥ 已知$y=1+\frac{1}{3}+\frac{1}{5}+\cdots+\frac{1}{2n-1}$，求：从键盘输入一个数$x$，当$y<x$时的最大$n$值以及此时$n$值对应的$y$值。

分析：这是一个累加求和问题，循环条件是累加和$y \geqslant x$，假设$x=3$，则用N-S图表示算法如图8-6所示。当退出循环时，y的值已超过3，因此要减去最后一项，n的值相应也要减去1。又由于最后一项累加到y后，n又增加了1，故n还要减去1，即累加的项数是$n-2$。

输入输出范例：

测试输入：

```
3 ↙
```

预期输出：

```
y=2.994437501289942,n=56
```

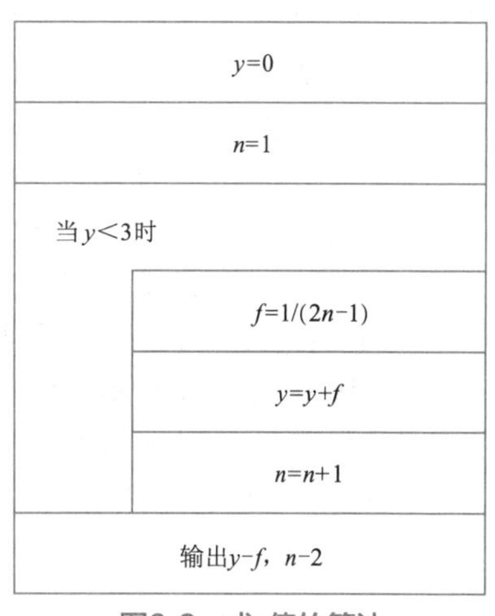

图8-6　求y值的算法

⑦ 求$f(x)=\frac{1}{1+x}$在$[a, b]$上的定积分$\int_a^b f(x)\mathrm{d}x$。

分析：为了求得图形面积，先将区间$[a, b]$分成n等份，每个区间的宽度为$h=(b-a)/n$，对应地将图形分成n等份，每个小部分近似一个小曲边梯形。近似求出每个小曲边梯形面积，然后将n个小曲边梯形的面积相加，就得到总面积，即定积分的近似值。n越大，近似程度越高。这就是函数的数值积分方法。

近似求每个小曲边梯形的面积，常用的方法有：

- 用小矩形代替小曲边梯形，求出各个小矩形面积，然后累加。此种方法称为矩形法。
- 用小梯形代替小曲边梯形，此种方法称为梯形法。

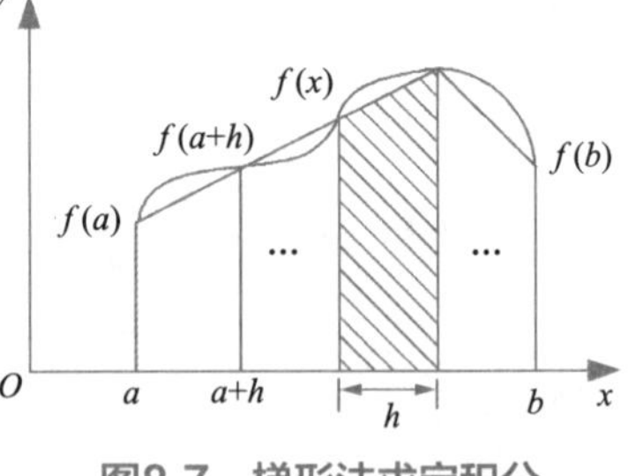

图8-7 梯形法求定积分

- 用抛物线代替该区间的$f(x)$，然后求出抛物线与$x=a+(i-1)h$，$x=a+ih$，$y=0$围成的小曲边梯形面积，此种方法称为辛普森法。

以梯形法为例，求解方法如图8-7所示。

第一个小梯形的面积为：$S_1=\dfrac{f(a)+f(a+h)}{2}\cdot h$

第二个小梯形的面积为：$S_2=\dfrac{f(a+h)+f(a+2h)}{2}\cdot h$

……

第n个小梯形的面积为：$S_n=\dfrac{f\left[a+(n-1)\cdot h\right]+f(a+n\cdot h)}{2}\cdot h$

输入输出范例：

测试输入：

```
0,2,1000 ↙
```

预期输出：

```
s=1.09861
```

⑧ 将1元钱换成1分、2分、5分的硬币有多少种方法?

分析：设x为1分硬币数，y为2分硬币数，z为5分硬币数，则有如下方程：

$$x+2y+5z=100$$

可以看出，这是一个不定方程，没有唯一的解。这类问题无法使用解析法求解，只能将所有可能的x、y、z值一个一个地去试，看是否满足上面的方程，如满足则求得一组解。

⑨ 验证哥德巴赫猜想：任何大于2的偶数，都可表示为两个素数之和。

分析：哥德巴赫猜想是一个古老而著名的数学难题，迄今未得出最后的理论证明。这里只是对有限范围内的数，用计算机加以验证，不算严格的证明。

读入偶数n，将它分成p和q，使$n=p+q$。p从2开始（每次加1），$q=n-p$。若p、q均为素数，则输出结果，否则将$p+1$再试。

四、思考与练习

① 求Fibonacci数列的前30项。

分析：设待求项（即f_n）为f，待求项前面的第一项（即f_{n-1}）为f_1，待求项前面的第二项（即f_{n-2}）为f_2。首先根据f_1和f_2推出f，再将f_1作为f_2，f作为f_1，为求下一项作准备。如此一直递推下去。

```
         1     1     2     3     5
第一次： f2  +  f1  →  f
               ↓     ↓
第二次：       f2  +  f1  →  f
                     ↓     ↓
第三次：             f2  +  f1  →  f
```

② 求两个整数a与b的最大公约数。

分析：找出a与b中较小的一个，则最大公约数必在1与较小整数的范围内。使用for语句，循环变量i从较小整数变化到1。一旦循环控制变量i同时整除a与b，则i就是最大公约数，然后使用break语句强制退出循环。

③ 用牛顿迭代法求方程$f(x)=2x^3-4x^2+3x-7$在$x=2.5$附近的实根，直到满足$|x_n-x_{n-1}|\leqslant 10^{-6}$为止。

分析：迭代法的关键是确定迭代公式、迭代的初始值和精度要求。牛顿切线法是一种高效的迭代法，它的实质是以切线与x轴的交点作为曲线与x轴交点的近似值以逐步逼近解，如图8-8所示。

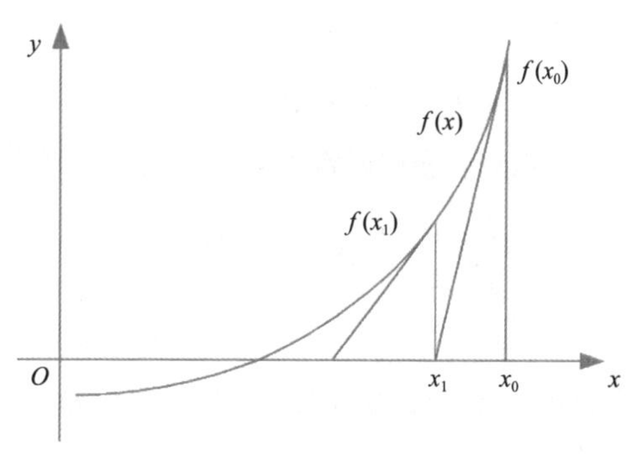

图8-8 牛顿迭代法

牛顿迭代公式为：

$$x_n = x_{n-1} - \frac{f(x_{n-1})}{f'(x_{n-1})} \qquad (n=1,\ 2,\ 3,\cdots)$$

其中，$f'(x)$为$f(x)$的导数。

④ 利用下面的计算公式计算e的近似值，要求最后一项小于10^{-6}。

$$e=1+\frac{1}{1!}+\frac{1}{2!}+\cdots+\frac{1}{n!}+\cdots$$

⑤ 编程输出九九乘法表。

实验8.4 函数

一、实验目的

◎掌握Python中函数的定义与调用方法。

◎掌握函数参数的传递规则。

◎掌握匿名函数的定义与使用方法。

◎掌握递归函数的定义与调用方法。

二、实验环境

◎微型计算机。

◎Windows或麒麟操作系统。

◎Python 3.x。

三、实验内容和步骤

1. 学习相关知识

（1）函数的定义

Python函数的定义包括对函数名、函数的参数与函数功能的描述。一般形式为：

```
def 函数名([形式参数表]):
```

```
    函数体
```

例如：

```
def myf(x,y):
    return x*x+y*y
```

Python还允许函数体为空的函数，其形式为：

```
def 函数名():
    pass
```

在函数定义处，表明此处要定义某某函数。在程序开发过程中，通常先开发主要的函数，次要的函数或准备扩充程序功能的函数暂写成空函数，从而在程序还不完整的情况下能够调试部分程序。

（2）函数的调用

有了函数定义，凡要完成该函数功能处，就可调用该函数来完成。函数调用的一般形式为：

```
函数名(实际参数表)
```

如果调用的是无参数函数，则调用形式为：

```
函数名()
```

其中，函数名之后的一对括号不能省略。

（3）参数传递方式

Python中的变量是一个对象的引用，变量与变量之间的赋值是对同一个对象的引用，当变量重新赋值对象时，指将这个变量指向一个新分配的对象。

在Python中，实参向形参传送数据的方式是“值传递”，即实参的值传给形参，是一种单向传递方式，不能由形参传回给实参。

参数传递过程中存在两个规则：

① 通过引用将实参复制到局部作用域的函数中，意味着形参与传递给函数的实参无关，在函数中修改局部对象不会改变原始的实参数据。

② 对于可变的列表或字典类型，局部区域的值是可以改变的。

（4）参数的类型

① 位置参数。函数调用时的参数通常采用按位置匹配的方式，即实参按顺序传递给相应位置的形参。这里实参的数目应与形参完全匹配。

```
def mysum(x,y):
    return x+y
mysum(54)
```

运行程序，提示以下TypeError错误：

```
TypeError: mysum() missing 1 required positional argument: 'y'
```

② 关键字参数。关键字参数的形式为：

```
形参名=实参值
```

在函数调用中使用关键字参数是指通过形式参数的名称来指示为哪个形参传递什么值，这可以跳过某些参数或脱离参数的顺序。

```
def mykey(x,y):
    print("x=",x,"y=",y)
mykey(y=10,x=20)
```

程序运行结果如下：

```
x=20 y=10
```

③ 默认值参数。默认值参数的形式为：

```
形参名=默认值
```

例如：

```
def mydefa(x,y=200,z=100):
    print("x=",x,"y=",y,"z=",z)
mydefa(50,100)
```

程序输出结果如下：

```
x=50 y=100 z=100
```

注意：

默认值参数必须出现在形参表的最右端。也就是说，第一个形参使用默认值参数后，它后面的所有形参也必须使用默认值参数，否则会出错。

④ 可变长度参数。

a. 元组可变长度参数。元组可变长度参数在参数名前面加*，用来接收任意多个实参并将其放在一个元组中。例如：

```
def myvar1(*t):
    print(t)
myvar1(1,2,3)
myvar1(1,2,3,4,5)
```

程序输出结果如下：

```
(1, 2, 3)
(1, 2, 3, 4, 5)
```

b. 字典可变长度参数。其表示方式是在函数参数名前面加**，可以接收任意多个实参，实参的形式为：

```
关键字=实参值
```

在字典可变长度参数中，关键字参数和实参值参数被放入一个字典，分别作为字典的关键字和字典的值。例如：

```
def myvar2(**t):
    print(t)
```

```
myvar2(x=1,y=2,z=3)
myvar2(name='bren',age=25)
```

程序输出结果如下：

```
{'y': 2, 'x': 1, 'z': 3}
{'age': 25, 'name': 'bren'}
```

（5）匿名函数

① 匿名函数的定义。匿名函数也称为lambda函数，定义格式为：

```
lambda [参数1[,参数2,……,参数n]]:表达式
```

例如：

```
lambda x,y:x+y
```

② 匿名函数的调用。

例如：

```
>>> f=lambda x,y:x+y
>>> f(5,10)
15
```

③ 把匿名函数作为函数的返回值，也可以把匿名函数作为普通函数的返回值返回。

```
def f():
    return lambda x,y:x*x+y*y
fx=f()
print(fx(3,4))
```

程序输出结果如下：

```
25
```

④ 把匿名函数作为序列或字典的元素。可以将匿名函数作为序列或字典的元素，以列表为例，一般格式为：

```
列表名=[匿名函数1,匿名函数2,……,匿名函数n]
```

这时可以以序列或字典元素引用作为函数名来调用匿名函数，一般格式为：

```
列表或字典元素引用(匿名函数实参)
```

例如：

```
>>> f=[lambda x,y:x+y,lambda x,y:x-y]
>>> print(f[0](3,5),f[1](3,5))
8 -2
>>> f={'a':lambda x,y:x+y,'b':lambda x,y:x-y}
>>> f['a'](3,4)
7
>>> f['b'](3,4)
-1
```

（6）递归函数

递归函数是指一个函数的函数体中又直接或间接地调用该函数本身的函数。例如，当n为自然数时，$n!$的递归表示：

$$n!=\begin{cases}1 & n\leqslant 1\\ n(n-1)! & n>1\end{cases}$$

程序代码如下：

```
def fac(n):
    if n<=1:
        return 1
    else:
        return n*fac(n-1)
m=fac(3)
print(m)
```

程序运行结果如下：

```
6
```

2．观察与验证

① 写出下列程序的输出结果。

```
def ff(x,y=100):
    return {x:y}
print(ff(y=10,x=20))
```

② 下列程序的输出结果是__________。

```
def deco(func):
    print('before f1')
    return func
@deco
def f1():
    print('f1')
f1()
f1=deco(f1)
```

③ 下列程序的输出结果是__________。

```
counter=1
num=0
def TestVariable():
    global counter
    for i in (1,2,3):counter+=1
    num=10
TestVariable()
print(counter,num)
```

④ 写出下列程序的运行结果。

```
def foo(num):
    for j in range(2,num//2+1):
        if num%j==0:
            return False
        else:
            return True
def main():
    n,c=8,0
    for i in range(2,n+1):
        if foo(i):
            c+=i
    print(c)
if __name__=='__main__':
    main()
```

3．分析与改错

① 有以下两个程序：

程序一：

```
x=[1,2,3]
def f(x):
    x=x+[4]
f(x)
print(x)
```

程序二：

```
x=[1,2,3]
def f(x):
    x+=[4]
f(x)
print(x)
```

试分析以上两个程序是否能正确运行，运行结果是否相同。

② lambda函数的定义与调用示例。有如下程序：

```
f=lambda a,b=2,c=5:a*a-b*c    #使用默认值参数
print("Value of f:",f(10,15))
print("Value of f:",f(20,10,38))
print("Value of f:",f(c=20,a=10,b=38))   #使用关键字实参
```

程序输出结果为：

____

____

____

③ 分析下面的程序。

```
x=10
def f():
    #y=x
    x=0
    print(x)
print(x)
f()
```

a．函数f()中的x和程序中的x是同一个变量吗？程序的输出结果是什么？

b．删除函数f()中第一个语句前面的“#”，此时运行程序会出错，为什么？

c．删除函数f()中第一个语句前面的“#”，同时在函数f()中第二个语句前面加“#”，此时程序能正确运行，为什么？写出运行结果。

④ 下列程序的作用是求两个正整数m，n的最大公约数，请补全程序。

```
def gcd(m,n):
    if m<n:
        m,n=n,m
    if m%n==0:
        __________
    else:
        return__________
ans=gcd(84,342)
print(ans)
```

4．设计与综合

在线实训

Python函数

说明：

本实训的时间是2023年8月15日，当时的网页信息如二维码所示。

① 定义一个无参函数，输出“欢迎您的到来！”，然后在主程序中调用该函数。

```
def hello():
     print( "欢迎您的到来！" )
hello()
```

② 定义一个函数，参数为一个实数，代表一个摄氏温度值，将它转换为一个华氏温度值，并返回该值（$F = 1.8C + 32$）。在主程序中调用该函数。

代码框架：

```
########## Begin ##########
def


########## End ##########
C=eval(input( "input a number:" ))
```

```
F=convert( C )
print( "%.1f"%F )
```

输入输出范例：

测试输入1：

```
input a number:15
```

预期输出1：

```
59.0
```

测试输入2：

```
input a number:39.5 ↙
```

预期输出2：

```
103.1
```

③ 求图8-9所示的五边形面积，长度k_1～k_7从键盘输入。

分析：求五边形的面积可以变成求三个三角形面积的和。由于要三次计算三角形的面积，为了程序简单起见，可将计算三角形面积定义成函数，然后在主函数中三次调用它，分别得到三个三角形的面积，然后相加得到五边形的面积。

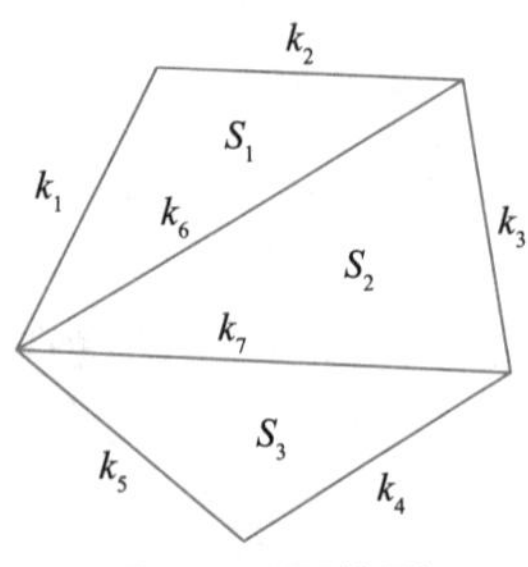

图8-9 五边形

代码框架：

```
from math import *
########## Begin ##########
def ts(a,b,c):

def main():

########## End ##########
main()
```

输入输出范例：

测试输入：

```
3,2,5,2,7,4,8 ↙
```

预期输出：

```
area=17.52347
```

④ 求y的值，要求结果保留5位小数，其中 $y=\mathrm{e}^2+\sum_{i=1}^{n}\frac{1+\ln i}{2\pi}$ 。

分析：定义一个匿名函数求累加项，循环控制累加n次。

代码框架：

```
from math import *
########## Begin ##########
```

```
f=lambda                              #请补充完整lambda函数
########## End ##########
n=int(input("Please Input n:"))
y=exp(2.0)
for n in range(1,n+1):
   y+=f(n)
print('y=%.5f'%y)
```

输入输出范例：

测试输入1：

```
Please Input n:100 ↙
```

预期输出1：

```
y=81.19547
```

测试输入2：

```
Please Input n:50 ↙
```

预期输出2：

```
y=38.97777
```

⑤ 先定义$\sum_{i=1}^{n} i^m$，然后调用求$s=\sum_{k=1}^{n} k+\sum_{k=1}^{n/2} k^2+\sum_{k=1}^{n/10} \frac{1}{k}$的值，要求$n$的值从键盘输入，$n$应该是10的倍数，且结果保留5位小数，当$n$的值不是10的倍数时，直接输出“input error”。

如n=100时，即求$s=\sum_{k=1}^{100} k+\sum_{k=1}^{50} k^2+\sum_{k=1}^{10} \frac{1}{k}$。

代码框架：

```
########## Begin ##########
def mysum(n,m):

def main():


########## End ##########
main()                  #调用main实现求和
```

输入输出范例：

测试输入1：

```
Please Input n:100 ↙
```

预期输出1：

```
s=47977.92897
```

测试输入2：

```
Please Input n:55 ↙
```

预期输出2：

```
input error
```

⑥ 用递归方法计算下列多项式函数的值。$p(x,n)=x-x^2+x^3-x^4+\cdots+(-1)^{n-1}x^n(n>0)$，其中，$x$和$n$的值由键盘输入，最后计算结果保留2位小数。

分析：函数的定义不是递归定义形式，对原来的定义进行如下数学变换：

$$\begin{aligned}p(x,n)&=x-x^2+x^3-x^4+\cdots+(-1)^{n-1}x^n\\&=x\{1-[x-x^2+x^3-\cdots+(-1)^{n-2}x^{n-1}]\}\\&=x[1-p(x,n-1)]\end{aligned}$$

经变换后，可以将原来的非递归定义形式转化为等价的递归定义：

$$p(x,n)=\begin{cases}x & n=1\\x[1-p(x,n-1)] & n>1\end{cases}$$

由此递归定义，可以确定递归算法和递归结束条件。

代码框架：

```
########## Begin ##########
def p(x,n):   #函数定义



########## End ##########
x,n=eval(input("请依次输入x,n的值: "))
s=p(x,n)
print("p(%f,%d)=%.2f"%(x,n,s))
```

输入输出范例：

测试输入1：

```
请依次输入x,n的值: 2,4↙
```

预期输出1：

```
p(2.000000,4)=-10.00
```

测试输入2：

```
请依次输入x,n的值: 2.5,9 ↙
```

预期输出2：

```
p(2.500000,9)=2725.50
```

⑦ 设计一个程序，求同时满足下列两个条件的分数x的个数：

A．$1/a<x<1/b$，其中a和b从键盘输入，a和b均为正整数，且$a>b$，若输入不正确，则提示“Input Error”。

B．x的分子分母都是素数，且分母是两位数。

分析：设$x=m/n$，a=6，b=5根据条件A，有$10\leqslant n\leqslant 99$；根据条件B，有$5m\leqslant n\leqslant 6m$，并且$m$、$n$均为素数。用穷举法来求解这个问题，并设计一个函数来判断一个数是否为素数，是素数返回值为True，否则为False。

代码框架：

```
########## Begin ##########
from math import *
def  isprime(n):     #判断一个数是否为素数


def  main():
    a=int(input("please input a:"))
    b=int(input("please input b:"))
    if(a<0 or b<0 or a<=b):
        print("Input Error")
    else:   ##以下为求出满足条件的分数的个数



        print("满足条件的数有{:d}个".format(count))

main()   ##调用main函数实现程序的功能

########## End ##########
```

输入输出范例：

测试输入1：

```
please input a:6 please input b:5 ↙
```

预期输出1：

```
满足条件的数有13个
```

测试输入2：

```
please input a:12 please input b:7 ↙
```

预期输出2：

```
满足条件的数有25个
```

测试输入3：

```
please input a:5 please input b:6 ↙
```

预期输出3：

```
Input Error
```

四、思考与练习

① 定义一个函数，函数参数为一个小于10 000的正整数，分解它的各位数字，并以一个元组的形式返回。在主程序中调用该函数。

② 编写一个lambda表达式，对给定的列表[1, 2, 3, 4, 5]，把它的每个元素值分别加上10，生成一个新列表。

③ 定义一个yield生成器函数，生成200以下5的所有倍数。

④ 练习随机数应用。请生成50个随机数据，模拟一个班的考试成绩（要求在40～100分之间）。计算这批数据的平均分、最高分和最低分，并排序由高到低输出。

⑤ 使用turtle库绘制一个五角星图案。示例代码如下：

```
import turtle
turtle.color('yellow', 'red')                # 设置线条黄色，填充色红色
turtle.begin_fill()                          # 开始填充
for_in  range(5):                            # 五角星有5条线
    turtle.forward(200)                      # 前进200像素，即边长200
    turtle.right(144)                        # 右转144度
turtle.end_fill()                            # 结束填充
turtle.done()                                # 结束绘图
```

⑥ 请将以上代码改写为一个绘制五角星的函数，可以绘制指定边长和填充色的五角星。在画板上随机绘制若干五角星。示例代码如下：

```
import turtle as t
import random
def  drawstar(line,color):                   # 绘制五角星函数
    t.fillcolor(color)
    t.begin_fill()
    for_in  range(5):                        # 5条线
        t.forward(line)                      # 前进line
        t.right(144)                         # 右转144度
    t.end_fill()
def  gotopos(x,y):                           # 函数，用于将绘图乌龟移到坐标(x,y)
    t.penup()                                # 抬起画笔
    t.setpos(x,y)                            # 移到指定坐标(x,y)
    t.pendown()                              # 放下画笔

t. speed(10)                                 # 主程序开始，设置绘图速度
colors=['red', 'green', 'blue', 'orange', 'yellow', 'pink']
for_in  range(20):                           # 绘制20个五角星
    x=random.randint(-200, 200)              # 随机坐标点(x,y)
    y=random.randint(-200, 200)
    line=random.randint(10, 100)             # 随机线长
    color=random.choice(colors)              # 随机选一种颜色
    gotopos(x, y)                            # 移动到(x,y)上
    drawstar(line, color)                    # 绘制五角星
t. done()                                    # 结束绘图
```

实验8.5 列表、元组、字典和集合

一、实验目的

◎掌握序列的通用操作方法。

◎了解列表、元组、字典和集合的概念。

◎掌握列表的专用操作方法。

◎理解元组与列表的区别。

二、实验环境

◎微型计算机。

◎Windows或麒麟操作系统。

◎Python 3.x。

三、实验内容和步骤

1. 学习相关知识

（1）排序

在Python中，数据排序可以直接使用sort方法或sorted()函数，也可以自己编写排序的程序。假设将n个数按从小到大顺序排列后输出，排序过程通常分为三个步骤：

① 将需要排序的n个数存放到一个列表中（设列表x）。

② 将列表x中的元素从小到大排序，即x[0]最小，x[1]次之……x[n–1]最大。

③ 将排序后的x列表输出。

其中第②步是关键。排序的方法很多，这里介绍最基本的排序算法。

- 简单交换排序法（simple exchange sort）的基本思路是将位于最前面的数和它后面的数进行比较，比较若干次以后，即可将最小的数放到最前面。
- 选择排序法（selection sort）的基本思路是在n个数中，找出最小的数，使它与x[0]互换，然后从n–1个数中找最小的数，使它与x[1]互换，依此类推，直至剩下最后一个数据为止。
- 冒泡排序法（bubble sort）的基本思路是将相邻的两个数两两进行比较，使小的在前，大的在后。

（2）查找

数据查找（search）是从一组数据中找出具有某种特征的数据项，它是数据处理中应用很广泛的一种操作。常见的数据查找方法有顺序查找和二分查找。

顺序检索的基本思想是对所存储的数据从第一项开始，依次与所要检索的数据进行比较，直到找到该数据，或将全部元素都找完还没有找到该数据为止。

二分查找：若被检索的是一组有序数据，则可以用二分检索方法。

① 在0到n–1中间选一个正整数k，用k把原来有序的序列分成三个子序列：

- a[0], a[1], …, a[k–2]。
- a[k–1]。
- a[k], a[k+1], …, a[n–1]。

② 用$a[k-1]$与x比较，若$x=a[k-1]$，查找过程结束；若$x<a[k-1]$，则用同样的方法把序列$a[0], a[1], \cdots, a[k-2]$分成三个序列；若$x>a[k-1]$，也用同样的方法把序列$a[k], a[k+1], \cdots, a[n-1]$分成三个序列，直到找到$x$或得到“$x$找不到”的结论为止。

这是一种应用“分治策略”的解题思想。当$k=n/2$时，称为二分检索法。

2．观察与验证

① 下列程序的运行结果是________。

```
s1=[1,2,3,4]
s2=[5,6,7]
print(len(s1+s2))
```

② 下列语句执行后，s的值为_________。

```
s=[1,2,3,4,5,6]
s[:1]=[]
s[:2]='a'
s[2:]='b'
s[2:3]=['x','y']
del s[:1]
```

③ 下列语句执行后，s的值为_________。

```
s=['a','b']
s. append([1,2])
s. extend([5,6])
s. insert(10,8)
s. pop()
s. remove('b')
s[3:]=[]
s. reverse()
```

④ 写出下列程序的运行结果。

```
n=tuple([[1]*5 for i in range(4)])
for i in range(len(n)):
    for j in range(i,len(n[0])):
        n[i][j]=i+j
    print(sum(n[i]))
```

⑤ 写出下列程序的运行结果。

```
def foo(list,num):
    if num==1:
        list.append(0)
    elif num==2:
        foo(list,1)
        list.append(1)
    elif num>2:
```

```
        foo(list,num-1)
        list.append(list[-1]+list[-2])
mylist=[]
foo(mylist,10)
print(mylist)
```

3．分析与改错

① 分析下列语句的执行结果，总结语句y=x和y=x[:]的区别。

```
>>> x=[1,2,3,4,5]
>>> y=x
>>> id(x),id(y)
(36312688, 36312688)
>>> x=[1,2,3,4,5]
>>> y=x[:]
>>> id(x),id(y)
(36313288, 36312728)
```

② 分析下列语句的执行结果，总结语句m+=[4,5]和m=m+[4,5]的区别。

```
>>> m=[1,2]
>>> n=m
>>> m+=[4,5]
>>> m,n
([1, 2, 4, 5], [1, 2, 4, 5])
>>> m=[1,2]
>>> n=m
>>> m=m+[4,5]
>>> m,n
([1, 2, 4, 5], [1, 2])
```

③ 下面的程序是希望从键盘输入10个数，并用它们建立元组p，但程序运行时出现错误：

```
AttributeError: 'tuple' object has no attribute 'append'
```

请修改程序，使程序能达到要求。

```
p=()
for i in range(10):
    x=int(input())
    p.append(x)
print(p)
```

④ 筛选法求[2, *n*]范围内全部素数的基本思路是：在2～*n*中划去2的倍数（不包括2），再划去3的倍数（不包括3），由于4已被划去，再找5的倍数……，直到划去不超过*n*的倍数，剩下的数都是素数。下面是用筛选法求[2, *n*]范围内的全部素数的程序，请补充程序。

```
from math import *
n=int(input("请输入n:"))
```

```
m=int(sqrt(n))
p=[i for i in range(n+1)]
for i in range(2,m+1):
    if p[i]:
        for j in range(2*i,n+1,__________):        #去掉i的倍数
            p[j]=0
for i in range(2,n+1):                               #输出全部素数
    if____________:
        print(p[i])
```

4. 设计与综合

在线实训

Python组合类型

说明：

本实训的时间是2023年8月15日，当时的网页信息如二维码所示。

① 编写程序，实现删除一个list里面的重复元素。

输入输出范例：

测试输入1：

```
Please Input:1234512378↙
```

预期输出1：

```
['1', '2', '3', '4', '5', '7', '8']
```

测试输入2：

```
Please Input:abcabc1233EF↙
```

预期输出2：

```
['a', 'b', 'c', '1', '2', '3', 'E', 'F']
```

② 编写程序，将列表s中的偶数变成它的平方，奇数保持不变。

输入输出范例：

测试输入：

```
please input a list:[9,7,8,3,2,1,5,6] ↙
```

预期输出：

```
变换前,s=[9, 7, 8, 3, 2, 1, 5, 6]
变换后,s=[9, 7, 64, 3, 4, 1, 5, 36]
```

③ 编写程序，输入一个字符串，将字符串中每个字符的ASCII码形成列表并输出。

分析：

- 可以使用ord(s[i])将字符转换为对应的ASCII码。
- 可以使用s.append(x)方法将对象x追加到列表s尾部。

输入输出范例：

测试输入：

```
请输入一个字符串:ABCDEF123 ↙
```

预期输出：

```
[65, 66, 67, 68, 69, 70, 49, 50, 51]
```

④ 数据排序。不使用Python内置函数，编程实现将*n*个数按从小到大顺序排列后输出。

输入输出范例：

测试输入1：

```
输入数据个数:3
输入一个数:12
输入一个数:78
输入一个数:54
```

预期输出1：

```
排序后数据: [12, 54, 78]
```

测试输入2：

```
输入数据个数:5
输入一个数:123
输入一个数:5
输入一个数:78
输入一个数:-1
输入一个数:9
```

预期输出2：

```
排序后数据: [-1, 5, 9, 78, 123]
```

⑤ 数据检索。设有*n*个数已存在序列*a*中，检索查找数据*x*是否在序列*a*中。

输入输出范例：

测试输入1：

```
(2, 4, 5, 7, 8, 90)
输入待查数据:90
```

预期输出1：

```
已找到 90
```

测试输入2：

```
(12,3,4,5,7,1)
输入待查数据:20
```

预期输出2：

```
未找到 20
```

⑥ 矩阵运算。给定一个$m \times n$矩阵，其元素互不相等，求每行绝对值最大的元素及其所在列号。

分析：首先要考虑的是如何用列表数据表示矩阵，用列表表示一维矩阵是显然的，当列表的元素是一个列表时，列表可以表示二维矩阵，接下来考虑求矩阵一行绝对值最大的元素及其列号的程序段，再将处理一行的程序段重复执行m次，即可求出每行的绝对值最大的元素及其列号。

输入输出范例：

测试输入：

```
请输入行数和列数，以","隔开：2,3
1
2
7
5
56
1
```

预期输出：

```
0 2 7
1 1 56
```

四、思考与练习

① 输入一串字符，统计单词个数（假设所有单词以空格分隔）。

② 生成包含100个两位随机整数的元组，统计每个数出现的次数。

③ 生成20个随机整数组成的元组，将前10个数按升序排列，后10个数按降序排列。

④ 统计列表lst = [12,2,16,30,28,10,16,20,6,18]中元素个数，找出最大值和最小值，并给lst列表从大到小排序并输出显示。

⑤ 使用元组分别保存学生姓名和对应成绩，找出最高分学生的姓名。

⑥ 寻找鞍点。找出一个二维数组中的鞍点，即该位置上的元素是该行上的最大值，是该列上的最小值。二维数组可能不止一个鞍点，也可能没有鞍点。

实验8.6　第三库应用实验

一、实验目的

◎掌握Python第三方库的安装方法。

◎掌握第三方库检索方法。

◎了解常见的第三方库。

◎了解简易爬虫程序的实现方法。

二、实验环境

◎微型计算机。

◎Windows或麒麟操作系统。

◎Python 3.x。

三、实验内容和步骤

1．学习相关知识

（1）第三方库简介

在Python语言的库中，分为Python标准库和Python的第三方库。Python的标准库是随着Python安装的时候默认自带的库，Python的第三方库，需要下载后安装到Python的安装目录下，不同的第三方库安装及使用方法不同。它们调用方式是一样的，都需要用import语句调用。

Python语言目前提供超过47万个第三方库，而且这个数量还在飞速增长。Python第三方库官方索引网站也称之为Python社区，如图8-10所示。Python库之间广泛联系、逐层封装，几乎覆盖信息技术所有领域，下面简单介绍数据分析与可视化、网络爬虫、自动化、Web开发、机器学习常用的一些第三方库。

图8-10　PyPI官方网站

（2）第三方库的安装

安装Python第三方库主要有三种方法：一是使用pip命令，这是最主要的第三方库安装方法；二是集成安装方法，结合特定Python开发工具的批量安装。常见的有使用Pycharm、Anaconda等；三是文件安装方法，即先下载whl文件，然后安装第三方库。

① pip命令直接安装第三方库命令：

```
pip  install  库名称
```

IDEL开发环境下安装。假定Python安装时选定了“Add Python 3.11 to PATH”复选框，安装numpy第三方库的步骤如下：

a．进入命令提示符界面（运行cmd）。

b．执行 pip install numpy，如图8-11所示。

c．查看安装成功否，导入库：进入开发环境执行>>>import numpy语句。

图8-11　pip安装 numpy第三方库

② Anacond开发环境下安装第三方库。由于Anaconda已经集成了常用的第三方库，一般不需要安装。若要安装，通过“开始”菜单进入Anaconda Prompt，如图8-12所示。

假设要安装jieba库，则方法为：进入Anaconda Prompt后，输入“pip install 库名称”，如图8-13所示。

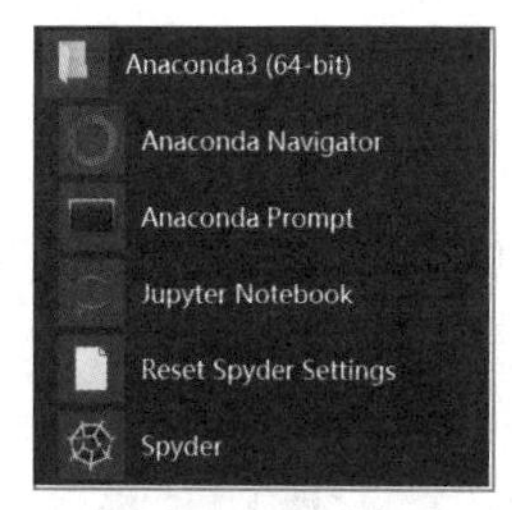

图8-12　Anaconda“开始”菜单项

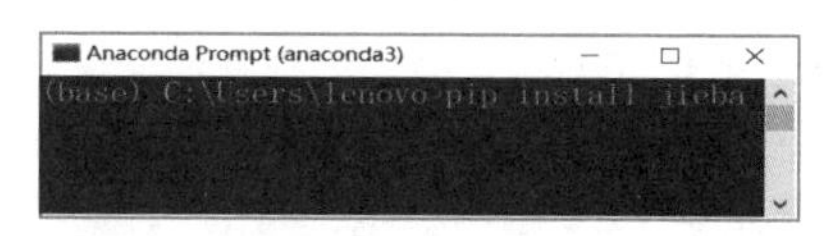

图8-13　Anaconda Prompt界面

③ 下载whl文件后安装。许多Python第三方库是以whl文件的形式出现的，此时就需要下载whl文件后再安装。

a．下载whl文件。whl文件主要有两个网站：PyPI网站和国内whl集合网。

b．执行pip安装whl文件，使用形式为：

```
pip  install  whl文件名
```

例如：若有MyLib.whl文件放在D:\Test盘根目录下，则命令为：

```
pip  install  D:\Test\MyLib.whl
```

（3）查看已安装的第三方库

在Anaconda Prompt或Windows命令行模式下，输入：pip list，如图8-14所示。

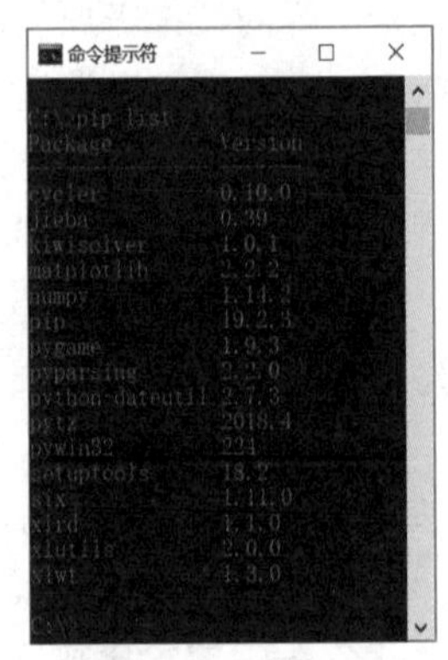

图8-14　查看已经安装的第三方库

（4）第三方库的使用

库是具有相关功能模块的集合，模块是一种以.py为扩展名的文件；在.py文件中定义了一些常量和函数，模块的名称是该文件的名称。要在程序中使用第三方库，则需要在程序中导入库。

① 导入整个模块。导入模块的格式为：

```
import 模块名 [as 别名]
```

导入模块后，调用时的格式为：

```
模块名.对象名（参数） 或  别名.对象名（参数）
```

例8-1　若要绘制0～4π的正弦函数图像，则要调用到numpy和matplotlib库的子库pyplot，使用第三方库后生成的函数图如图8-15所示。

图8-15　正弦函数图像

程序源代码如下：

```
import numpy as np                          # 导入numpy模块，别名为np
import matplotlib.pyplot as plt             # 导入matplotlib模块的pyplot子库，别名为plt
x=np.arange(0, 4*np.pi, 0.01)
y=np.sin(x)                                 # y是与自变量x相对应的一维数组
plt.plot(x,y, color='g',linewidth=2) # plt.plot()函数根据参数绘制正弦函数图像
plt.show()                                  # 显示图形
```

② 导入模块中的指定对象或所有对象。导入模块的格式如下：

```
from 模块名 import 对象名 [as 别名]
from 模块名 import *
```

采用这种方法导入模块后，调用时不能加模块名或别名作为前缀。【例8-1】的程序可以修改如下：

```
from numpy import *                         # 导入numpy模块
from matplotlib.pyplot import *             # 导入matplotlib模块的pyplot子库
x=arange(0, 4*pi, 0.01)
```

```
y=sin(x)                              # y是与自变量x相对应的一维数组
plot(x,y, color='g',linewidth=2)      # plt.plot()函数根据参数绘制正弦函数图像
show()                                # 显示图形
```

说明：

一般math库导入，常用from关键字开始的方式导入，调用时可省略模块名；而对于第三方库，一般使用import关键字开始的导入方式，代码清晰直观。

2．用Python提供的库函数来实现简单爬虫程序的功能

在信息社会，信息就是资源，如何从网上获取所需的信息成为当前的热点，爬虫程序应运而生。

爬虫程序是一组客户端程序，它的功能是访问Web服务器，从服务器获取网页代码，提取出所关心的数据，保存数据应用于数据分析领域。

爬虫模拟浏览器的工作过程获取网页。

爬虫工作流程如图8-16所示。

为简便实验操作，本实验主要使用requests库、re库实现爬取豆瓣电影排行榜的网页。

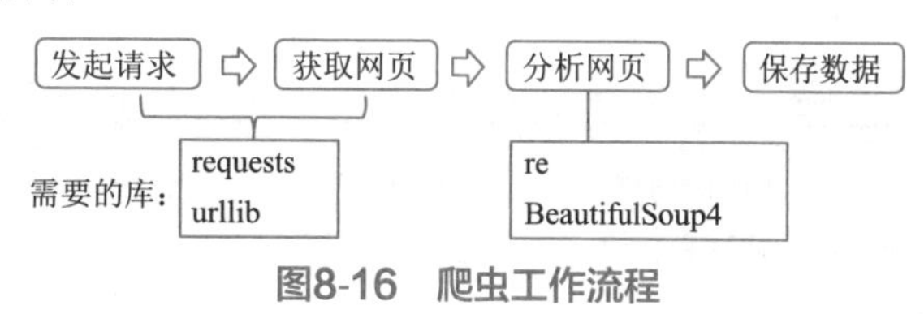

图8-16　爬虫工作流程

爬取网页的通用代码如下：

```
import requests
url = "……"
resp = requests.get(url)
print(resp.text)
```

上述代码中resp.text为网页内容，可以使用print(resp.text)显示网页内容或者将网页内容写入文件。

具体操作步骤如下：

（1）安装第三方库requests

按照前述方法，在命令模式下，输入命令 pip install requests，安装第三方库requests。

requests库是获取网页的第三方库，requests库基本功能是：发起请求、获取网页。客户机调用requests 对象get()函数中的URL地址向服务器发送请求。服务器返回响应对象response，获得网页信息：response.text属性。

（2）爬取网页

爬取网页的代码如下：

```
import requests
url="https://movie.douban.com/chart"
resp=requests.get(url)
print(resp.text)
```

运行以上代码，如有内容显示，则代表爬取成功，若无内容显示，则爬取失败。

（3）网页爬取失败的处理方法

原因：网站使用了反爬虫设置，拒绝爬虫程序的访问。

原理：网站检查客户端头部信息中的User-Agent，来确定是浏览器还是爬虫程序。

解决办法：设置爬虫程序的User-Agent。

User-Agent简称UA，是一个特殊的字符串，用于描述客户端的操作系统、浏览器版本、浏览器语言等信息。常用浏览器的UA字符串见表8-1。

表8-1 常用浏览器的UA字符串

常用浏览器	UA字符串
IE	Mozilla/5.0 (Windows NT 10.0; Win64; Trident/7.0; rv:11.0) like Gecko
Firefox	Mozilla/5.0 (Windows NT 10.0; Win64; x64; rv:81.0) Gecko/20100101 Firefox/81.0
chrome	Mozilla/5.0 (Windows NT 6.1) AppleWebKit/537.2 (KHTML, like Gecko) Chrome/22.0.1216.0 Safari/537.2
safari	Mozilla/5.0 (iPad; CPU OS 6_0 like Mac OS X) AppleWebKit/536.26 (KHTML, like Gecko) Version/6.0 Mobile/10A5355d Safari/8536.25
opera	Opera/9.80 (X11; Linux i686; U; ru) Presto/2.8.131 Version/11.11

response对象是服务器响应请求，返回的结果。response对象的四个属性分别代表不同的内容，见表8-2。

表8-2 response对象

属性	描述
status_code	请求的返回状态，整数，200表示请求成功，404表示失败
text	响应内容的字符串形式
content	响应内容的二进制形式
encoding	响应内容的编码方式

在处理数据之前，应先根据response.status_code判断情况，代码如下：

```
resp=requests.get(url)
if resp.status_code==200:
    ……#网页获取成功，可以继续处理
else:
    …… #获取失败，终止处理
```

一般需要依据目标网页的编码，设置response.encoding属性，否则中文会乱码：

```
resp=requests.get(url)
resp.encoding="utf-8"
print(resp.text)
#中文网页常采用"utf-8"  或者 "gbk"
```

（4）保存网页源代码到文件

根据实验环境，这里选择的浏览器为谷歌浏览器，这里把爬取网页的代码更改如下：

```
import requests
url="https://movie.douban.com/chart"
```

```
    head=\
    {'User-Agent':'Mozilla/5.0 (Windows NT 10.0; Win64; x64; rv:81.0) Gecko/20100101
Firefox/81.0'}
    resp=requests.get(url,headers=head)
    resp.encoding="utf-8 "
    file=open("d:\\movies.txt","w",encoding="utf-8")
    file.write(resp.text)
    file.close()
```

代码中，头部head包含了访问者信息，浏览器的版本、操作系统等，有固定格式。调用requests.get()函数获取网页内容；resp是response对象；encoding属性是编码，网页常用utf-8；resp.text为网页的源代码。

经过这一步操作，程序运行后，我们将“豆瓣电影排行榜”网页的源代码保存到了D盘下的movies.txt文件中。

（5）使用re库分析网页

网页分析就是从网页中提取有用的信息，目前常用方法有：①使用re库和正则表达式，相当于处理字符串，简单直观；②使用BeautifulSoup4等库，建立网页结构树，通过结构分析处理。使用BeautifulSoup4略显复杂，需要能解析网页结构库的支持。无论是①还是②，想要精确找到目标信息必须使用正则表达式。

正则表达式（regular expression, regex）描述了一种字符串匹配的模式。是字符串表达“简洁”和“特征”思想的工具。

正则表达式的形式：r'表达式'、r"表达式"、r'''表达式'''

例如表示若干PPT文件名：p1-1.ppt、p2-1.ppt、p2-3.pptx、p3-11.pptx，用正则表达式表达：r'''p\d-\d{1,2}\.pptx?'''

① 查找网页中所有的超链接。

```
    超链接：<a href="链接地址"> 链接文字 </a>
    正则表达式：r'''<a href=".*?">.*? </a>'''
```

程序源代码：

```
    import re
    file=open("movies.txt","r",encoding="utf-8")
    txt=file.read()
    file.close()
    regrule=r'''<a href=".*?">.*?</a>'''                    #正则表达式
    regex=re.compile(regrule)                               #模式对象
    links=re.findall(regex,txt)
    for t in links:
        print(t)
```

② 分析已经爬取的豆瓣电影排行榜网页文件“movies.txt”，显示排行榜中的电影名称。

```
    t=<a  class="nbg"  href="https://movie.douban.com/subject/30458949/"
title="长津湖">
```

```
    rex=r'''<a class="nbg" href="https://movie.douban.com/subject/\d{8}/"
title="'''
    name=re.split(rex,t)
```

其中t为“movies.txt”中的其中一段源代码。

以上代码的执行结果为：[",'长津湖">']，使用title=name[1][:-2]去除右边两个符号">，得到如下结果：[",'长津湖']，从列表中可以取出电影名字。

③ 爬取并下载网页中所有的图片。网页文件为已经爬取的豆瓣电影排行榜“movies.txt”。

分析：图片标签的特点是<img src="图片地址"…属性…/>。

用记事本打开“movies.txt”，观察文件中图片标签的特点，如图8-17所示。

```
<img src="https://img1.doubanio.com/view/photo/s_ratio_poster/public/p2628328069.jpg" width="75" alt="长津湖" class=""/>
<img src="https://img1.doubanio.com/view/photo/s_ratio_poster/public/p2628373757.jpg" width="75" alt="一秒钟" class=""/>
<img src="https://img1.doubanio.com/view/photo/s_ratio_poster/public/p2586418907.jpg" width="75" alt="长安三万里" class=""/>
```

图8-17 “movies.txt”中的图片标签

经分析可知，通用字符串为<img src="图片地址"width="75"alt="替代文本"class=""/>。

假设图片地址、替代文本用“.*?”表示，则正则表达式为：<img src=".*?"width="75"alt=".*?"class=""/>。

（6）完整的爬虫程序

```
import re
import requests
file=open("movies.txt","r",encoding="utf-8")
txt=file.read()
file.close()
reg=r'''<img src=".*?" width="75" alt=".*?" class=""/>'''
regex=re.compile(reg)
imgs=re.findall(regex,txt)
i=0
for p in imgs:
    lnk=re.split(r'''<img src="''',p)
    url=re.split(r'''" width="75" alt=".*?" class=""/>''',lnk[1])
                                        #分割去掉图片地址右边
    r=requests.get(url[0])              #下载图片
    filename="d://img//m%d.jpg"%i       # 用%方式
    f=open(filename,"wb")
    f.write(r.content)                  # 将图片内容(content属性)写入文件
    f.close()
    i+=1
```

四、思考与练习

① 安装第三方库PyInstaller，将自己实验中完成的爬虫程序打包成可执行程序。

② 采用文件安装方法，安装第三方库WordCloud，将2023年政府工作报告生成词云。

③ 安装第三方库，完成手写字体识别的程序。

第9章 数据库技术

实验9.1 MySQL环境搭建

一、实验目的

◎了解MySQL版本信息。

◎掌握MySQL的安装、配置方法。

◎掌握启动、停止MySQL服务方法。

◎掌握登录MySQL的方法。

二、实验环境

◎微型计算机。

◎Windows 10操作系统。

三、实验内容和步骤

1. 了解MySQL 版本

在MySQL的官网下载界面可以看到两种版本选择——Community和Enterprise，即社区版和企业版。它们的特点见表9-1，社区版免费，但官方不提供技术支持，企业版能够以很高性价比为企业提供数据仓库应用。

表9-1　社区版和企业版的特点

社　区　版	企　业　版
遵循GPL协议，开源，免费	收费
未经严格测试，存在技术风险	严格测试，安全、稳定、可靠
无实时图形监控，无技术支撑	实时图形监控，专业技术支持

MySQL的命名机制由3个数字和1个后缀组成，例如：MySQL-8.0.34。

① 第1个数字8是主版本号，描述了文件格式，所有版本8的发行版都有相同的文件格式。

② 第2个数字0是发行级别，主版本号和发行级别组合在一起构成了发行序列号。

③ 第3个数字34是在此发行系列的版本号，随每次新分发版本递增。通常选择已发行的最新版本。

MySQL 4.1、4.0等低于5.0的老版本，官方将不再提供支持。MySQL 8.0.0于2016年9月12日发布，这是一个开发里程碑版本。MySQL 8.0的前一个版本是MySQL 5.7，官方表示MySQL 8.0的速度要比MySQL 5.7快两倍，MySQL 8.0为读/写工作负载、I/O密集型工作负载和高竞争“热点”工作负载提供了更好的性能。MySQL 8.0包含许多新特性和改进，如JSON数据类型、InnoDB替代方案、Atomic DDL语句、多索引扫描、表级别的DDL操作、非持久TEMPTABLE等。MySQL 8.0在 SQL语法上有一些调整，MySQL 5.7在性能和稳定性方面已经优秀，选择使用哪一个版本，应根据具体的使用需求来确定。

2．下载MySQL文件

MySQL支持多种平台，不同平台下的安装与配置过程也不相同。在Windows平台下可以使用二进制的安装软件包（MSI Installer）或免安装版的软件包（ZIP Archive）进行安装。二进制的安装包提供了图形化的安装向导过程，安装过程中自动配置，适合初学者；而免安装版直接解压缩，需要手动配置，适合高级用户。Linux平台下使用命令行安装MySQL，但由于Linux是开源操作系统，有众多分发版本，因此不同Linux平台需要下载相应的MySQL安装包。

Windows 可以将MySQL服务器作为服务来运行，通常，在安装时需要具有系统的管理员权限。这里介绍Windows平台下，以二进制安装软件包.msi方式的安装过程。

打开浏览器，在地址栏中输入MySQL官网网址，找到MySQL Community Server 8.0.33下载页面，并选择General Availability(GA) Releases 类型的安装包，下载界面如图9-1所示，根据平台选择32位或者64位的安装包，在这里选择32位，单击右侧的Download按钮开始下载。

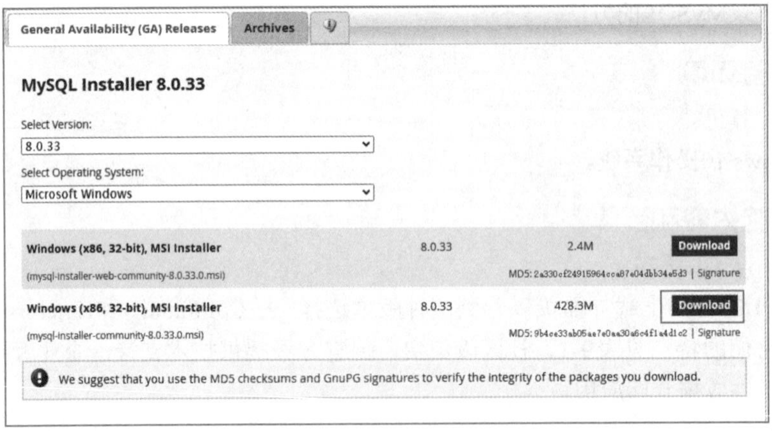

图9-1 MySQL下载页面

3．安装MySQL 8.0

MySQL下载完后，找到下载文件，双击进行安装。在Choosing a Setup Type窗口中列出了五种安装类型，如图9-2所示，分别是Developer Default（默认安装类型）、Server only（仅作为服务器）、Client only（仅作为客户端）、Full（完全安装）和Custom（自定义安装类型）。这里选择Developer Default（默认安装类型）单选按钮，单击Next（下一步）按钮。

在Check Requirements窗口，查看Requirement可知缺少哪些插件，单击Execute按钮，尝试由安装程序自动下载安装。如出现Status为DL FAIL时，需自行下载安装所需插件，安装后重启计算机，重新安装MySQL。

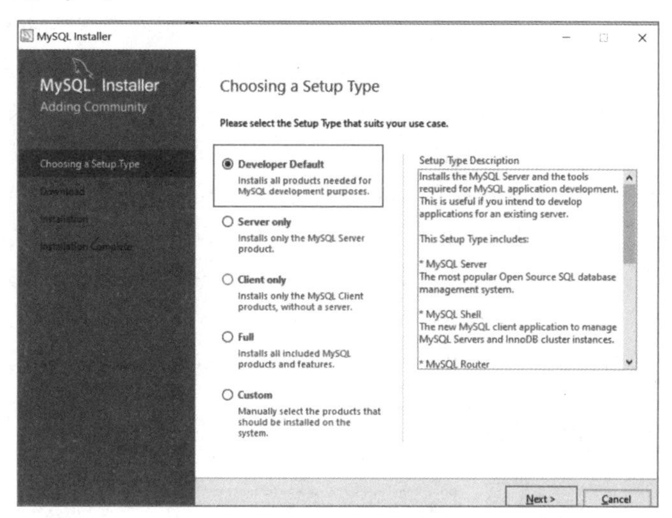

图9-2　安装类型窗口

在Installation窗口，确认上一窗口Status均为Ready to Install，单击Execute按钮。安装完成，Status显示为Complete，单击Next按钮进入产品配置窗口。

4．配置MySQL 8.0

① 进入服务器配置窗口，采用默认设置，单击Next按钮，进入MySQL服务器配置窗口，如图9-3所示。MySQL服务器配置窗口中各参数的含义如下：

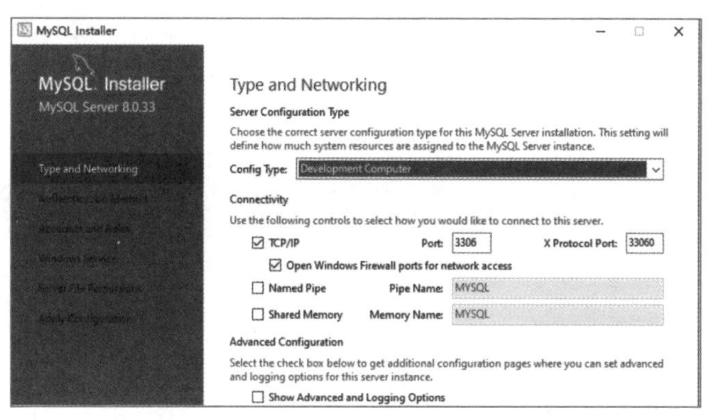

图9-3　MySQL服务器配置窗口

Server Configuratiion Type：该选项用于设置服务器的类型。单击Config Type选项右侧的下拉按钮，可以看到包括三个选项：

● Development Computer（开发机器）：该选项代表典型个人用桌面工作站。假定机器上运行着多个桌面应用程序。将MySQL服务器配置成使用最少的系统资源。

● Server Computer（服务器）：该选项代表服务器，MySQL服务器可以同其他应用程序一起运行，例如FTP、Email和Web服务器。MySQL服务器配置成使用适当比例的系统资源。

● Dedicated Computer（专用服务器）：该选项代表只运行MySQL服务器。假定没有运行其他服务程序，MySQL服务器配置成使用所有可用系统资源。

作为初学者，建议选择Development Computer（开发机器）选项，这样占用资源比较少。

Connectivity：此选项可以启用或禁用TCP/IP网络，并配置用来连接MySQL服务器的端口号，默认情况启用TCP/IP网络，默认端口为3306。要想更改访问MySQL使用的端口，直接在文本框中输入新的端口号即可，但要保证新的端口号没有被占用。

一般不建议进行更改，单击Next按钮。

② 打开Authentication Method窗口，如图9-4所示，第一个单选项的含义是MySQL 8.0提供的新的授权方式，采用SHA256基础的密码加密方法；第二个单选项的含义是传统授权方法（保留5.x版本兼容性）。为了数据安全建议选择第一种强密码鉴权方式，但是需要注意，用其他客户端一定要使用对应版本的driver，否则可能会链接不上。比如，如果安装的navicat版本是9.x，它对应的是传统授权方法，如果选第一种方式，可能navicat客户端连不上MySQL 8.0。

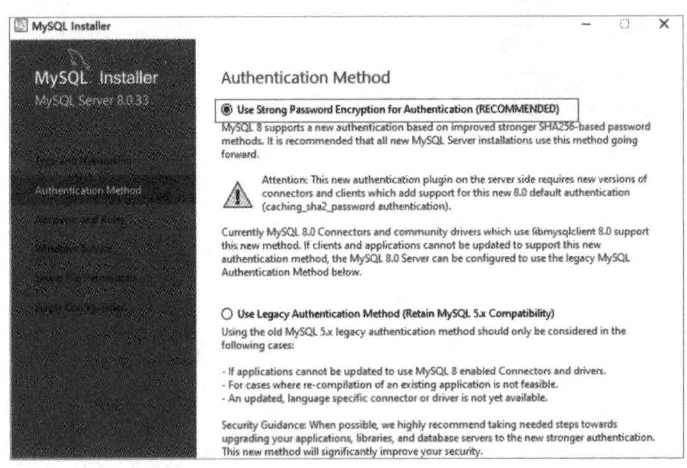

图9-4　身份验证方法窗口

③ 打开Accounts and Roles窗口，重复输入两次相同的登录密码，单击Next按钮。系统默认的用户名称为root，如果想添加新用户，可以单击Add User（添加用户）按钮进行添加，如图9-5所示。

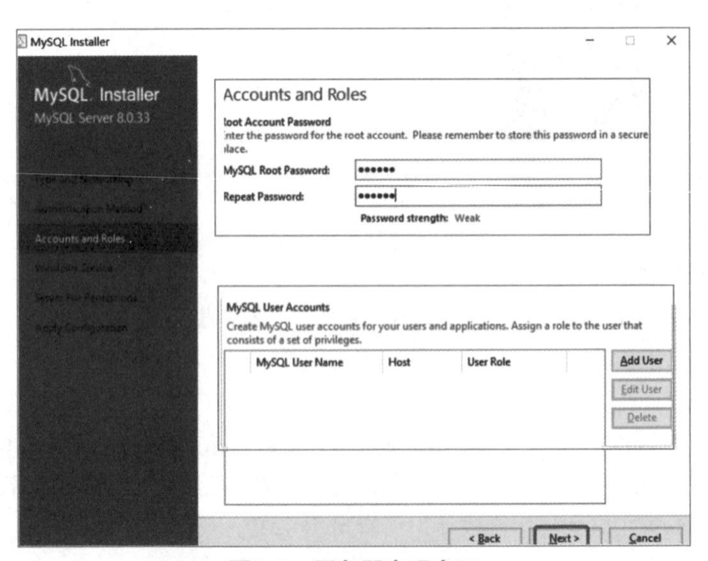

图9-5　服务器密码窗口

④ 打开Windows Service窗口，如图9-6所示，将MySQL 注册成一个Windows服务，并设置开机自启动，这样就能随时使用MySQL了，MySQL实际占用的资源很少，不用担心影响计算机性能。

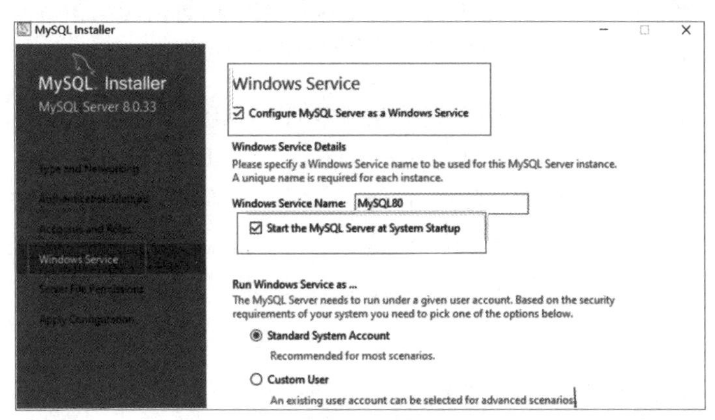

图9-6 设置服务器窗口

⑤ 系统自动配置MySQL服务器。配置完成后，单击Finish按钮，完成服务器的配置。

5．启动 MySQL 服务

在前面的配置过程中，已经将MySQL安装为Windows服务，当Windows启动、停止时，MySQL也自动启动、停止。用户也可以使用图形服务工具来控制MySQL服务器或从命令行使用NET命令。

通过Windows的服务管理器查看。选择“开始”→“运行”命令，打开“运行”对话框，在文本框中输入“services.msc”，单击“确定”按钮，打开Windows的服务管理器，在其中可以看到服务器名为MYSQL80的服务项，其右边状态为“正在运行”，表明该服务已启动，如图9-7所示。双击MYSQL80服务，打开“MYSQL80的属性”对话框，在其中通过单击“启动”或“停止”按钮来更改服务状态。

服务(本地)

MYSQL80	名称	描述	状态	启动类型	登录为
停止此服务	MYSQL80		正在运行	自动	网络服务
暂停此服务	Net.Tcp Port Sharing Service	提供通过 net.tcp 协议共享 TCP 端...		禁用	本地服务
重启动此服务	Netlogon	为用户和服务身份验证维护此计算机...		手动	本地系统

图9-7 服务管理器窗口

从命令行使用NET命令来启动或停止MySQL服务。选择“开始”→“运行”命令，打开“运行”对话框，输入“cmd”，按【Enter】键，打开“命令提示符”窗口，输入“net start mysql80”启动MySQL服务，输入“net stop mysql80”停止MySQL服务。注意，“mysql80”是服务的名字，如果服务名字是DB或其他名字，应该输入“net start DB”或其他名字。

6．登录MySQL数据库

（1）以Windows 命令行方式登录

按照上面步骤打开命令提示符窗口，输入命令“cd C:\Program Files\MySQL\MySQL Server 8.0\bin”并按【Enter】键确认，如图9-8所示，把当前路径调整为mysql.exe文件所在的目录。

再输入登录命令，命令格式为：

```
mysql -h hostname -u usename -p
```

图9-8　命令提示符窗口输入命令

其中，mysql为登录命令，-h后面的参数是服务器的主机地址，在这里客户端和服务器在同一台机器上，所以输入localhost或者IP地址127.0.0.1，-u后面接登录数据库的用户名，在这里是root，-p后面是用户登录的密码，如果-p后面不接密码，执行命令时，系统会提示输入密码“Enter password”。如图9-9所示，输入命令“mysql -h localhost -u root -p”，当验证正确后，命令提示符变为“mysql>”时，表明已经成功登录到MySQL数据库，可以开始用SQL语句对数据库进行操作了。

```
命令提示符 - mysql -h localhost -u root -p
Microsoft Windows [版本 10.0.19045.3208]
(c) Microsoft Corporation。保留所有权利。

C:\Users\tongq>cd C:\Program Files\MySQL\MySQL Server 8.0\bin

C:\Program Files\MySQL\MySQL Server 8.0\bin>mysql -h localhost -u root -p
Enter password: ******
Welcome to the MySQL monitor.  Commands end with ; or \g.
Your MySQL connection id is 11
Server version: 8.0.33 MySQL Community Server - GPL

Copyright (c) 2000, 2023, Oracle and/or its affiliates.

Oracle is a registered trademark of Oracle Corporation and/or its
affiliates. Other names may be trademarks of their respective
owners.

Type 'help;' or '\h' for help. Type '\c' to clear the current input statement.

mysql>
```

图9-9　Windows命令行登录窗口

（2）使用MySQL Command Line Client方式登录

打开“开始”菜单，找到MySQL文件夹，单击文件夹下拉列表，选择MySQL 8.0 Command Line Client菜单命令，进入密码输入窗口，输入正确的密码之后，就登录到MySQL数据库了。

7．配置Path变量

在前面登录MySQL服务器的时候，不能直接输入mysql登录命令，是因为没有把MySQL的bin目录添加到系统的环境变量里面，所以不能直接使用mysql命令。如果每次登录都要先更改当前目录为bin目录，再输入mysql命令，这样会比较麻烦。因此，下面介绍手动配置Path变量。

在任务栏的搜索框输入“系统高级设置”，打开“系统属性”对话框，然后选择“高级”选项卡，在这个界面的下方，单击“环境变量”按钮，打开“环境变量”对话框，在“系统变量”列表中选择Path变量，如图9-10所示。

图9-10　系统变量显示对话框

单击“编辑”按钮，在“编辑系统变量”对话框中单击“新建”按钮，将MySQL应用程序的bin目录（C:\Program Files\MySQL\MySQL Server 8.0\bin）添加到变量值中，然后单击“确定”按钮，完成配置Path变量的操作，然后就可以直接输入mysql命令登录数据库了。

四、思考与练习

① MySQL有哪两种配置方法？

② 如何在Linux平台下安装和配置MySQL 8.0？

③ 有哪些MySQL常用图形化工具？

实验9.2　SQL语句练习

一、实验目的

◎掌握用SQL语句建立、修改表的结构。

◎掌握用SQL语句输入、编辑表中的数据。

◎掌握用SQL语句查询表中的数据。

在线实训

MySQL数据库的基本操作（一）

二、实验环境

◎微型计算机。

◎Windows 10操作系统。

◎MySQL软件。

在线实训

MySQL数据库的基本操作（二）

三、实验内容和步骤

说明：

本实训的时间是2023年8月15日，当时的网页信息如二维码所示。

1. 数据定义

（1）创建表

用SQL语句创建“教师”表，表结构见表9-2。

表9-2　“教师”表

字段名称	字段类型	字段宽度	是否主键
教师号	字符型	4	是
姓名	字符型	4	否
性别	字符型	1	否
课程号	字符型	5	否

操作步骤如下：

① 创建st数据库。登录MySQL，输入如下语句并按【Enter】键。

```
create database st;
```

② 输入语句：

```
    create table教师(教师号char(4) primary key,姓名char(4),性别char(1),课程号
char(5));
```

③ 查看表结构。输入语句：

```
    desc 教师;
```

注意：

SQL语句中只能包含英文标点符号。

（2）增加字段

在“教师”表中增加两个字段：参加工作日期（数据类型为日期/时间型）、职称（数据类型为短文本，字段宽度为4）。

输入如下语句并按【Enter】键：

```
    alter table 教师 add 参加工作日期 date,职称 char(4);
```

（3）删除“教师”表中的“参加工作日期”字段

输入如下语句并按【Enter】键：

```
    alter table 教师 drop 参加工作日期;
```

（4）将“职称”字段的宽度改为3

输入如下语句并按【Enter】键：

```
    alter table 教师 alter 职称 char(3);
```

（5）给“姓名”字段加上不允许为空的约束

输入如下语句并按【Enter】键：

```
    alter table 教师 alter column 姓名 char(4) not null;
```

2．数据操纵

（1）在“教师”表中添加两个教师的信息

```
    (1001,张华,男)
    (1002,李皓,男,C0002,副教授)
```

输入如下语句并按【Enter】键：

```
    insert into 教师(教师号,姓名,性别) values("1001","张华","男");
    insert into 教师 values("1002","李皓","男","C0002","副教授");
```

（2）将教师张华的信息补完整，所教授的课程编号为“C0001”，职称为“讲师”

输入如下语句并按【Enter】键：

```
    update 教师 set 所授课程号 ="C0001",职称="讲师" where 姓名="张华";
```

（3）将张华从教师表中删除

输入如下语句并按【Enter】键：

```
    delete from 教师 where 姓名="张华";
```

3．数据查询

（1）查找所有学生的信息

输入如下语句并按【Enter】键：

```
select * from 学生;
```

（2）查找有摄影爱好的学生，显示姓名与简历字段

输入如下语句并按【Enter】键：

```
select 姓名,简历 from 学生  where 简历 like "*摄影*";
```

（3）查找每位同学的姓名与年龄

输入如下语句并按【Enter】键：

```
select 姓名,year(date())-year(出生年月) as 年龄  from 学生;
```

（4）查找2000年出生的学生的姓名与出生年月

输入如下语句并按【Enter】键：

```
select 姓名,出生年月  from 学生 where 出生年月 between '2000-1-1' and '2000-12-31';
```

（5）查找选修了“大学计算机基础”课程的总人数和平均成绩

输入如下语句并按【Enter】键：

```
select count(*) as 人数,avg(成绩) as 平均分 from 课程,成绩 where 课程名="大学计算机基础" and 课程.课程号=成绩.课程号;
```

（6）查找每位同学的姓名、课程名及成绩，并且按成绩的升序排序

输入如下语句并按【Enter】键：

```
select 姓名,课程名,成绩 from 学生,课程,成绩 where 学生.学号=成绩.学号 and 成绩.课程号=课程.课程号 order by 成绩;
```

四、思考与练习

用SQL语句实现：

① 在学生表中查找女同学的学号、姓名。

② 统计学生表中男女学生的人数。

③ 查找贷款的同学的所有信息。

第10章 网络技术

实验10.1 常见网络命令

一、实验目的

◎掌握Windows 10下命令窗口的使用。

◎掌握常用网络命令的使用。

◎学会利用命令的方法管理了解网络的实际有关状况。

◎学会网络故障的简单判别方法。

二、实验环境

◎微型计算机。

◎Windows 10操作系统。

◎局域网环境。

三、实验内容和步骤

1．熟悉命令提示符窗口

① 在任务栏的搜索框中输入“cmd”，然后单击“确定”按钮，打开图10-1所示的“命令提示符”窗口。

② 在“命令提示符”窗口的光标闪烁处可以输入系统内部或外部命令，按【Enter】键表示执行该命令。例如，使用“dir”命令查看当前文件夹下的文件列表；使用“cd”命令进行当前路径切换。

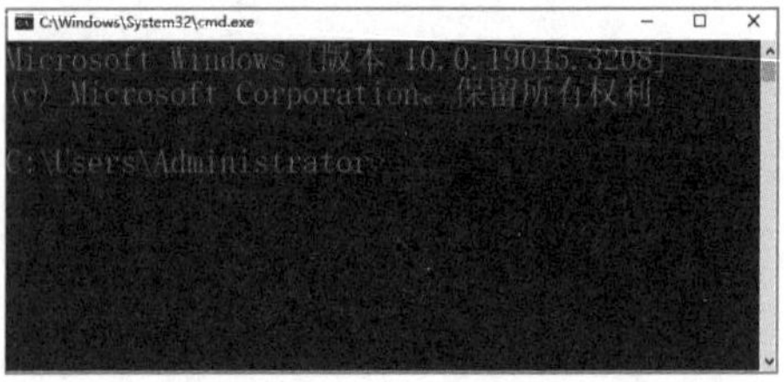

③ 使用【Esc】键可以清除已经输入的命令，使用键盘上的【↑】和【↓】键，可以调出刚才输入过的命令。

图10-1 命令提示符窗口

④ 通常可以在命令后面加“/?”参数查看这个命令的说明及使用格式。例如，输入命令“copy/?”，可以查看复制命令的用法。

2．ipconfig命令的使用

ipconfig命令用来显示计算机当前的网络参数配置情况，它可以显示IP地址、子网掩码、默认网关、DNS等参数。

① 输入“ipconfig”，查看网络配置的IP地址、子网掩码、默认网关。

② 输入“ipconfig /all”，查看本地网卡中的MAC地址、DNS配置等信息。

3．ping命令的使用

ping用于确定本地主机是否能与另一台主机交换数据报。简单地说，ping是一个测试程序，如果ping运行正确，大体上就可以排除网络访问层、网卡、Modem的输入输出线路、电缆和路由器等存在的故障，从而缩小了考虑问题的范围。

① 测试本地回环地址，这里输入“ping 127.0.0.1”，效果如图10-2所示。

② 两人一组，输入“ping <对方的IP地址>”，测试局域网内两台计算机之间的网络是否正常，将ping后面的IP改为一个局域网不存在的地址再进行测试，查看命令返回的结果。

③ 输入“ping 默认网关IP地址 -t”，测试与默认网关之间的网络是否正常，并比较返回的TTL值与步骤②中的TTL值是否一样，按【Ctrl+C】组合键中断。

④ 输入“ping www.sohu.com”，如果一切正常，可以通过域名的DNS解析，再对解析后的IP地址发送数据包，并可得到其应答。此时的TTL值会根据网络经过路由器数目的多少而得到一个不同于步骤①～③中的任何TTL值。若ping www.sohu.com得到的TTL值为54，则可推断出用户使用的计算机与主机www.sohu.com之间使用的链路中经过的路由器数目为64-54=10个，因54接近2^6=64，故用户计算机的TTL为64。

4．tracert命令的使用

如果有网络连通性问题，则可以使用tracert命令来检查到达的目标 IP 地址的路径并记录结果。tracert命令显示用于将数据包从计算机传递到目标位置的一组 IP 路由器，以及每个跃点所需的时间。如果数据包不能传递到目标，则tracert命令将显示成功转发数据包的最后一个路由器。

① 两人一组，输入“tracert <对方的IP地址>”，查看到达对方的路由列表，由于是处于同一局域网内，没有经过任何路由器，因此可以看到输出结果是直接到对方，效果如图10-3所示（假定对方的IP地址为172.26.2.5）。

```
C:\Documents and Settings\Administrator>ping 127.0.0.1

Pinging 127.0.0.1 with 32 bytes of data:

Reply from 127.0.0.1: bytes=32 time<1ms TTL=128
Reply from 127.0.0.1: bytes=32 time<1ms TTL=128
Reply from 127.0.0.1: bytes=32 time<1ms TTL=128
Reply from 127.0.0.1: bytes=32 time<1ms TTL=128

Ping statistics for 127.0.0.1:
    Packets: Sent = 4, Received = 4, Lost = 0 (0% loss),
Approximate round trip times in milli-seconds:
    Minimum = 0ms, Maximum = 0ms, Average = 0ms
```

图10-2　使用ping测试本地回环地址

```
C:\Documents and Settings\Administrator>tracert 172.26.2.5

Tracing route to 172.26.2.5 over a maximum of 30 hops

  1    <1 ms    <1 ms    <1 ms  172.26.2.5

Trace complete.
```

图10-3　没经过路由器情况下的tracert跟踪情况

② 输入tracert -d www.sohu.com，查看到达搜狐网站服务器之间的路由列表，参数“-d”将更快地显示路由器路径，因为这样tracert不会解析路径中路由器的名称。

5. netstat命令的使用

netstat用于显示与IP、TCP、UDP和ICMP协议相关的统计数据，一般用于检验本机各端口的网络连接情况。

① 使用netstat -s按照各个协议分别显示其统计数据。

② 使用netstat -e显示关于以太网的统计数据。它列出的项目包括传送的数据包的总字节数、错误数、删除数、数据包的数量和广播的数量。这些统计数据既有发送的数据包数量，也有接收的数据包数量。

③ 使用netstat -a查看所有的有效连接信息列表，包括已建立的连接（ESTABLISHED），也包括监听连接请求（LISTENING）的那些连接。

④ 使用netstat -a -n -o或netstat -ano查看所有的有效连接信息列表，并以数字形式显示地址和端口号，而且显示与每个连接相关的所属进程ID，效果如图10-4所示。

6. arp命令的使用

arp命令用于显示和修改IP地址与物理地址之间的转换表。按照默认设置，arp高速缓存中的项目是动态的，每当发送一个指定地点的数据报且高速缓存中不存在当前项目时，arp便会自动添加该项目。

① 使用arp -a或arp -g查看高速缓存中的所有项目，效果如图10-5所示。

```
C:\Documents and Settings\Administrator>netstat -ano
Active Connections

  Proto  Local Address          Foreign Address     State        PID
  TCP    0.0.0.0:135            0.0.0.0:0           LISTENING    1144
  TCP    0.0.0.0:445            0.0.0.0:0           LISTENING    4
  TCP    0.0.0.0:1025           0.0.0.0:0           LISTENING    1320
  TCP    127.0.0.1:1027         0.0.0.0:0           LISTENING    3916
  TCP    211.85.220.118:139     0.0.0.0:0           LISTENING    4
  UDP    0.0.0.0:445            *:*                              4
  UDP    211.85.220.118:137     *:*                              4
  UDP    211.85.220.118:138     *:*                              4
```

图10-4 使用netstat命名查看所有连接和监听端口

```
C:\Documents and Settings\Administrator>arp -a

Interface: 172.26.2.107 --- 0x2
  Internet Address      Physical Address      Type
  172.26.2.1            00-1a-a9-07-8f-11     dynamic
  172.26.2.2            00-1e-4f-1c-2b-68     dynamic
  172.26.2.5            00    -1c-23-d9-36-2f     dynamic
```

图10-5 使用arp命令查看ARP协议转换表中的所有项目

② 两人一组，使用ipconfig /all命令，将得到的本机的IP地址和MAC地址提供给对方，并使用“arp -s <对方IP> <对方MAC地址>”向arp高速缓存中人工输入一个静态项目，然后再次使用arp -a命令查看。

③ 使用“arp -d <对方IP>”人工删除步骤②中添加的静态项目。

四、思考与练习

① 同一局域网内部有两台计算机A和B，A的IP设置为192.168.1.2，子网掩码为255.255.255.0；B的IP设置为192.168.1.10，子网掩码为255.255.255.252。在A上ping B和在B上ping A，分别查看它们的输出结果，并思考为什么。如果将A的IP改为192.168.1.9，然后再进行同样的ping测试，再查看输出结果有什么变化。

② 在局域网中某台计算机上使用“ping <局域网内其他IP>”的前后分别运行“arp -a”，查看其结果有何区别，并思考为什么会出现这样的差别。

实验10.2　无线路由器连接及配置

一、实验目的

◎了解路由器基本配置方法。

◎掌握无线路由器上的无线设置方法。

◎掌握无线路由器基本安全设置。

二、实验环境

◎微型计算机。

◎Windows 10操作系统。

◎无线路由器。

◎Packet Tracer 软件。

三、实验内容和步骤

视频

无线路由器的连接与配置

1．家用无线路由器连接及配置

家庭网络环境中，可以用家用路由器同时使用有线和无线连接来组建网络。家用路由器实际上是路由器、无线AP和交换机三种网络连接组件的结合产品。在企业环境中，这三种硬件是相互独立的。

（1）将路由器连接到Internet

无线路由器包括一个Internet端口、一个USB端口和多个局域网（LAN）端口。将直通以太网电缆连接到Internet端口（此端口下方标识WAN），将电缆另一端连接到服务提供商宽带调制解调器上的WAN端口上。启动后，路由器的Internet LED将会亮起，表示开始通信。

（2）登录路由器

大多数家用路由器按照“设置向导”进行设置即可以使用。但路由器的默认IP地址、用户名和密码是公开的，很容易在网上查到，因此出于安全原因，我们要更改这些默认设置。

① 打开浏览器，输入无线路由器的默认IP或网址，访问无线路由器的配置GUI。在安全页面输入路由器默认的用户名和密码，一般在路由器的底部标贴上会标识出来。

② 更改路由器默认的用户名和密码。在某些设备上只能更改密码。

③ 更改默认路由器的IP地址。使用任何私有的IP地址，例如10.10.10.1，单击“保存”按钮，会临时断开对路由器的访问。在命令窗口，使用ipconfig/renew 命令更新IP设置，然后重新登录。

（3）基本无线设置

如果是双频的无线路由器，支持2.4 GHz和5 GHz双频段同时工作，会出现两个Wi-Fi，2.4 G和5 G Wi-Fi各自的优缺点见表 10-1，根据需要连接。关掉“Wi-Fi多频合一”功能，则需要分别设置2.4 GHz和5 GHz的网络模式。

表10-1　2.4 GHz和5 GHz Wi-Fi的优缺点

频　段	2.4 G	5 G
优点	2.4 G信号频率低，在空气或障碍物中传播时衰减较小，传播距离更远	5 G信号频宽较宽，无线环境比较干净，干扰少，网速稳定，且5 G可以支持更高的无线速率

续表

频　段	2.4 G	5 G
缺点	2.4 G信号频宽较窄，家电、无线设备大多使用2.4 G频段，无线环境更加拥挤，干扰较大	5 G信号频率较高，在空气或障碍物中传播时衰减较大，覆盖距离一般比2.4 G信号小

① SSID名称设置。为无线网络设置名称或服务集标识符（SSID）。无线路由器通过发送广播SSID来宣告它的存在，这样无线主机可以自动搜索到SSID；否则如果禁用其广播，无线网络名称不会出现在 Windows 检测到的无线网络列表中，无线设备就需要手动输入SSID，则必须先知道无线网络的 SSID。

② 信道设置。无线设备在特定频率范围上通信，设置信道是一种可避免无线干扰的方法。802.11b和802.11g标准通常使用信道1、6和11来避免干扰。

③ 安全设置。无线路由支持多种不同的安全模式。目前强大的安全模式是包含AES加密的WPA2。

2．模拟无线路由器的基本配置

操作要求

使用Packet Tracer 模拟无线路由器的基本配置。

首先，安装Packet Tracer软件，安装好后运行桌面的Cisco Packet Tracer图标打开软件，选择打开Connect to a Wireless Router and Configure Basic Settings.pka文件，进入实验环境。

（1）连接设备

WRS1 有 2 个网段internal（内部）和 Internet（互联网）。端口 Ethernet 1-4 和 Wireless 被视为internal（内部）网段的一部分，而 Internet端口属于 Internet（互联网）网段。WRS1将充当连接到其内部网段的设备的交换机，以及两个网段之间的路由器。Packet Tracer 在 PC0 与 WRS1 之间连接的两端都显示绿点时，请继续下一步，效果如图10-6所示。

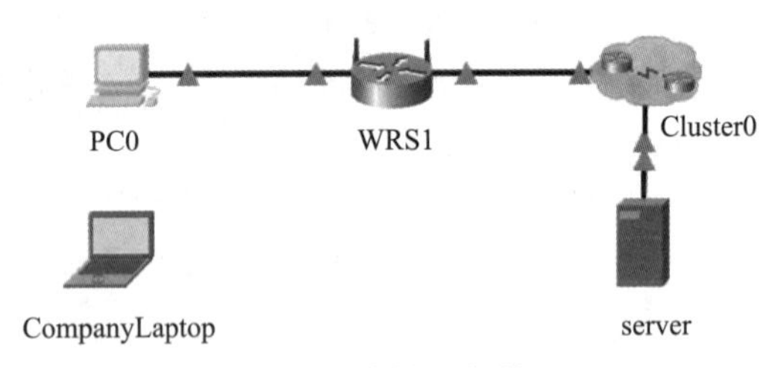

图10-6　连接设备效果

（2）配置PC0使用DHCP

单击 PC0 并选择 Desktop（桌面）选项卡，单击IP Configuration（IP 配置）并选择DHCP，如图10-7所示。

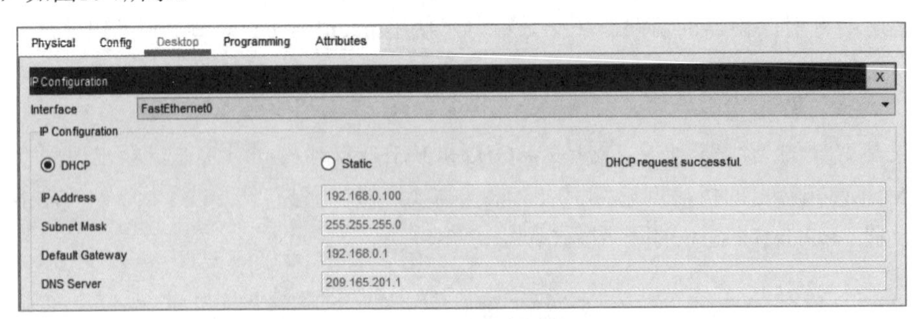

图10-7　PC0 IP配置并选择DHCP

（3）连接到无线路由器

在PC0的Desktop（桌面）选项卡中，选择Web Browser（Web 浏览器）。在URL字段中输入 192.168.0.1，打开无线路由器的 Web 配置页面，使用admin作为用户名和密码。在Basic Setup（基本设置）页面的Network Setup（网络设置）标题下，如图10-8所示，可以查看DHCP服务器的IP地址范围。

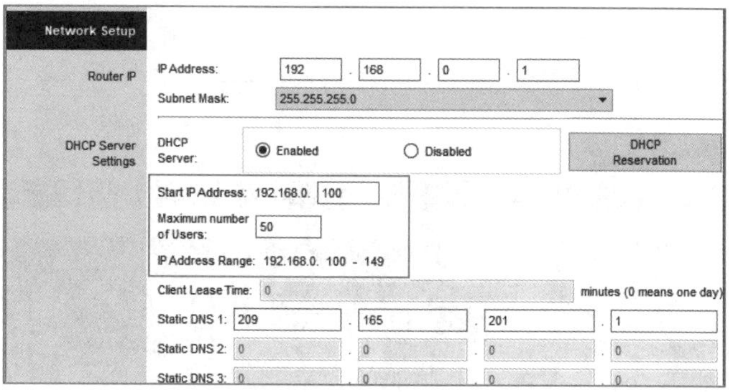

图10-8　网络设置页面

（4）配置WSR1的Internet端口

在“Basic Setup”（基本设置）页面顶部的“Internet Setup”（Internet设置）下，将 Internet IP地址方法从“Automatic Configuration–DHCP”（自动配置-DHCP）改为“Static IP”（静态IP）。输入为Internet接口分配的 IP 地址，如图10-9所示，向下滚动页面，并单击“Save Settings”按钮，保存设置。

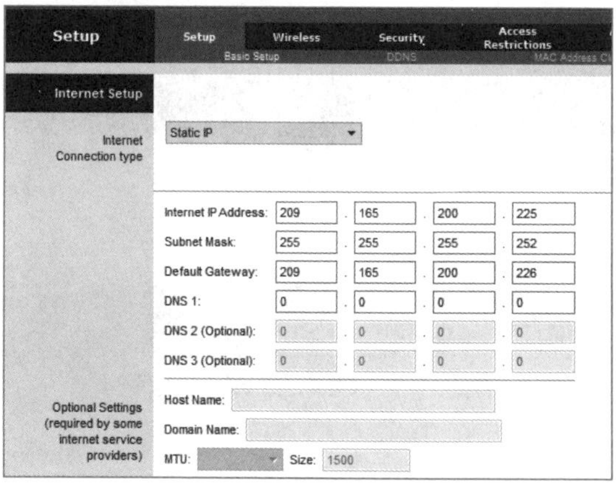

图10-9　静态IP设置

（5）设置路由器的SSID并更改访问密码

导航至Wireless→Basic Wireless Settings（无线 → 基本无线设置），将Network Name（SSID）改为aCompany。注意，SSID是区分大小写的。滚动到窗口底部并单击Save Settings按钮，保存设置。效果如图10-10所示。Laptop0现在将显示与 WRS1 的无线连接。

导航至Administration→Management，将当前路由器密码改为cisco，效果如图10-11所示。

（6）更正正在使用的无线信道

许多接入点可根据相邻信道的使用情况自动选择信道。为适应环境的变化，有些产品会不断监控无线覆盖空间来动态调整信道设置。在此步骤中，要将接入点配置为在使用20 MHz无线电频段的信道6上运行。

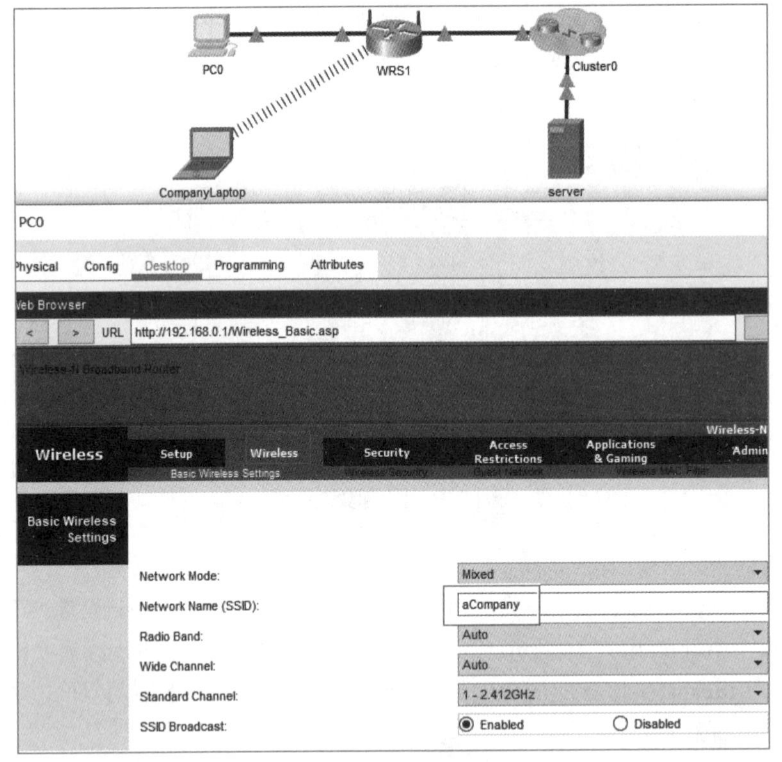

图10-10　更改SSID

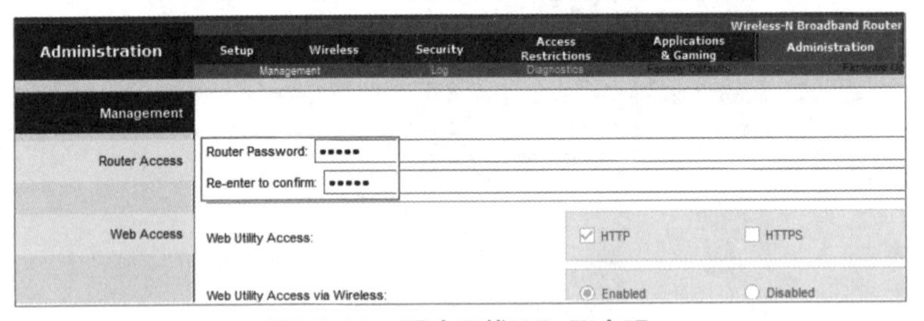

图10-11　更改无线Wi-Fi密码

（7）更改 WRS1 中的 DHCP 地址范围

导航至Setup→Basic Setup，滚动页面至Network Setup，分配给路由器的IP地址是192.168.0.1，将其改为192.168.50.1。最后，单击Save Settings按钮，保存设置。

注意：

地址的DHCP范围已自动更新，以反映接口 IP 地址的更改。很短的一段时间后，Web 浏览器将会显示 Request Timeout（请求超时）。思考为什么？

关闭浏览器，在PC0的Desktop（桌面）选项卡中，单击“命令提示符”，输入ipconfig / renew，强迫PC0通过DHCP重新获取IP信息。

四、思考与练习

① 计算机默认网关的IP是什么？什么设备承担了默认网关的角色？

② 路由器设置页面的登录密码忘记了该怎么办?

③ 了解新一代的家用路由器的Wi-Fi 6技术、160 MHz频宽、多用户MIMO技术。

实验10.3　局域网配置与共享资源

一、实验目的

◎了解局域网的配置方法。

◎掌握设置 Windows 以实现资源共享的方法。

◎掌握设置共享的权限的方法。

视 频

局域网的配置与资源共享

二、实验环境

◎两台或更多运行 Windows 10 的计算机。

◎以星状拓扑结构连接起来的局域网。

三、实验内容和步骤

1. 局域网配置

操作要求

将计算机添加到现有网络中。

① 确定自己的计算机在局域网中的物理连接正常。

② 单击“开始”→“控制面板”→“网络和Internet设置”→“网络和共享中心”，在此页面单击连接“以太网”，在弹出的对话框中单击“属性”按钮，打开图10-12所示的“以太网 属性”对话框。可以看到，Windows默认已经安装了“Microsoft网络客户端”“Microsoft网络的文件和打印机共享”和TCP/IP协议。

③ 在图10-12所示的选项卡的列表框中选择“Internet协议版本4 (TCP/IPv4)”，单击“属性”按钮，出现图10-13所示的“Internet协议版本4(TCP/IPv4)属性”对话框。

图10-12　本地连接属性

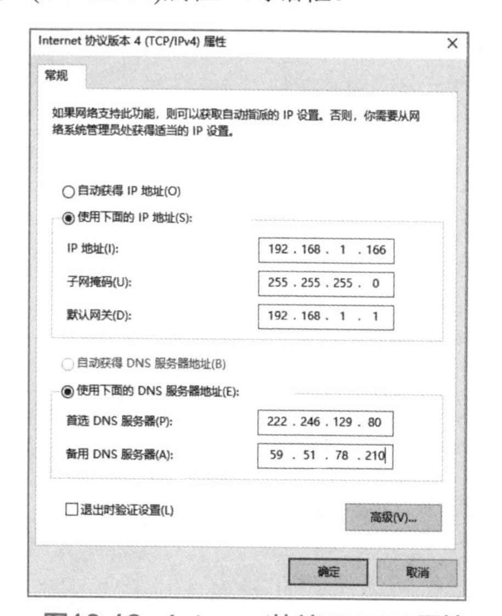

图10-13　Internet协议(TCP/IP)属性

④ 选择“使用下面的IP地址”单选项，这里在“IP地址”文本框中输入192.168.1.×（其中×为事先按一定顺序分配好的机器号，不能相同，否则会造成IP冲突，导致网络不能正常访问），“子网掩码”自动设置为255.255.255.0，“默认网关”文本框中输入192.168.1.1。这里网关192.168.1.1是一台提供连接校园网或外网的主机。

⑤ 在“首选DNS服务器”文本框中输入“222.246.129.80”，或者输入事先给定的DNS地址。

⑥ 单击“确定”按钮，关闭“Internet协议版本4（TCP/IPv4）属性”对话框，再单击“确定”按钮，关闭“以太网 属性”对话框。

⑦ 配置好后，整个局域网的配置结构如图10-14所示。

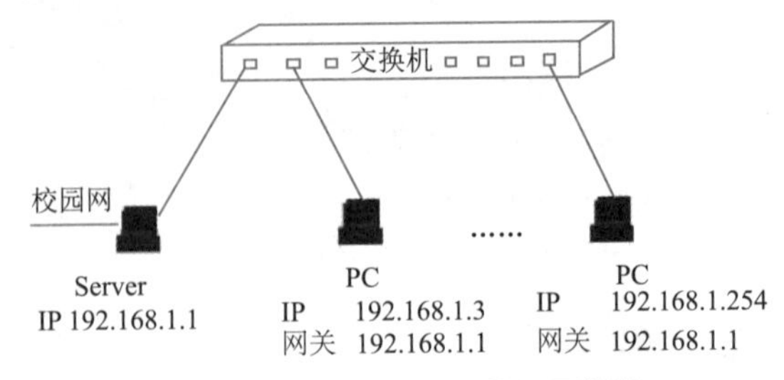

图10-14 局域网网络配置结构

2. 局域网共享资源设置

操作要求

设置 Windows 以实现资源共享。

为了更好地标识在哪台计算机上执行哪些步骤，此实验中将计算机标识为PC1、PC2。

（1）在Windows 10中将网络类型改为专用网络

为了使计算机使用Windows 提供的默认共享设置来共享其资源，将网络设置设为专用网络。在PC1计算机上，选择“开始”→“设置”命令，打开“设置”窗口，选择“网络和Internet”选项，单击“以太网”下方的“属性”按钮，如图10-15所示，选择“专用”网络类型。

（2）设置网络类型的共享选项

在PC1计算机上，选择“开始”→“控制面板”→“网络和Internet设置”→“网络和共享中心”，在此页面单击“更改高级共享设置”选项，打开“针对不同网络配置文件更改共享选项”页面，如图10-16所示，在“专用（当前配置文件）”中，选择“启用网络发现”和“启用文件和打印机共享”选项。

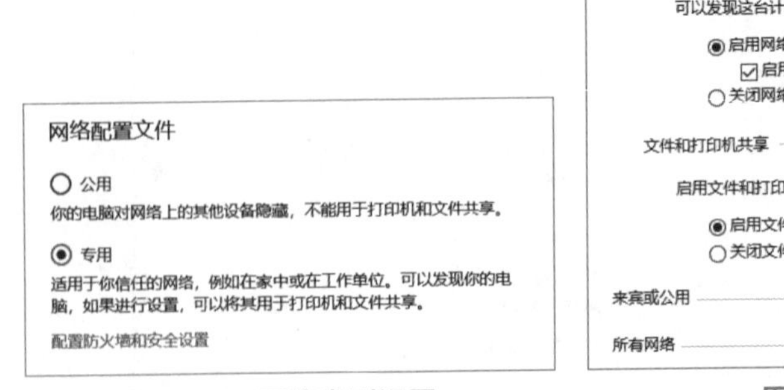

图10-15 网络类型设置

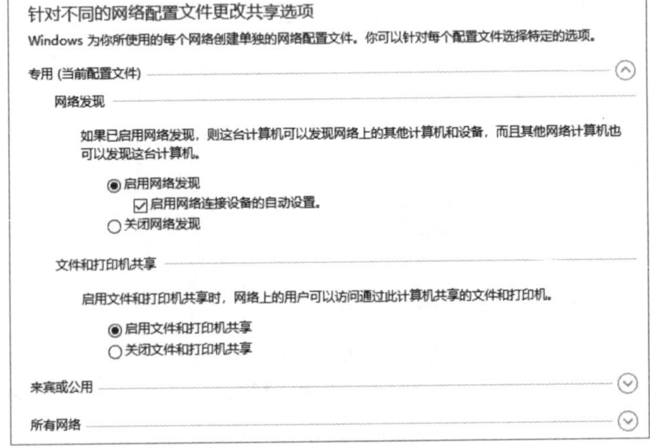

图10-16 网络的共享选项设置

（3）取消共享向导设置

在 PC1 上，打开“文件资源管理器”或打开某一个文件夹，在“查看”选项卡中，单击

“选项”按钮，打开“文件夹选项”对话框。如图10-17所示，单击“查看”选项卡，取消选中“使用共享向导（推荐）”复选框，然后单击“确定”按钮。

（4）创建并共享的文件夹

在PC1上，右击桌面上的任何空白区域，新建一个文件夹，将此文件夹命名为“测试文件夹”。在文件夹中新建一个记事本，并输入“这是我的测试文档”文字。

右击“测试文件夹”，选择“属性”命令，打开“测试文件夹 属性”对话框。在“共享”选项卡，单击“高级共享”按钮，如图10-18所示，选择“共享此文件夹”复选框，然后单击“确定”按钮。

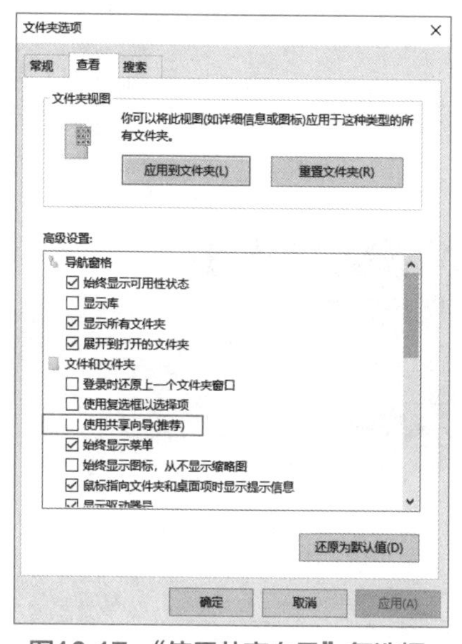

图10-17 “使用共享向导”复选框

图10-18 文件共享设置

（5）访问局域网计算机上的一个共享文件夹

在 PC2上，如图10-19所示，选择“开始”→“搜索程序和文件”，或在窗口的地址栏输入“\\PC1\测试文件夹”，然后按【Enter】键。

由于安全原因，可能需要输入用户名和密码后才能从PC2上访问PC1的测试文件夹。如果发生这种情况，确保输入正在共享资源的计算机PC1的用户名和密码。例如：输入administrator，输入密码即可登录（PC1上共享使用具有管理员权限的账户，并且要设置密码）。成功访问由PC1共享的资源时，文件夹中的内容会显示出来。

也可以在PC1上创建一个用户，用于获得对PC1所共享资源的访问权。然后，如图10-20所示，在“测试文件夹 属性”对话框，选择“安全”选项卡，单击“编辑”按钮，打开“测试文件夹 的权限”对话框，单击“添加”按钮，打开“选择用户和组”对话框，在“输入对象名称来选择（示例）”中输入用户名，然后单击“确定”按钮，添加这个用户的访问权限。

如果添加Everyone账号，则局域网的任何一台计算机都可以访问共享资源。Everyone是系统默认的用户账户，赋予的是所有经过验证登录的用户权限。

如果关掉密码保护。具体操作方法是，单击“更改高级共享设置”选项，打开“针对不同的网络配置文件更改共享选项”页面，选择“关闭密码保护共享”选项，单击“保存更改”按钮，然后注销或重启计算机。

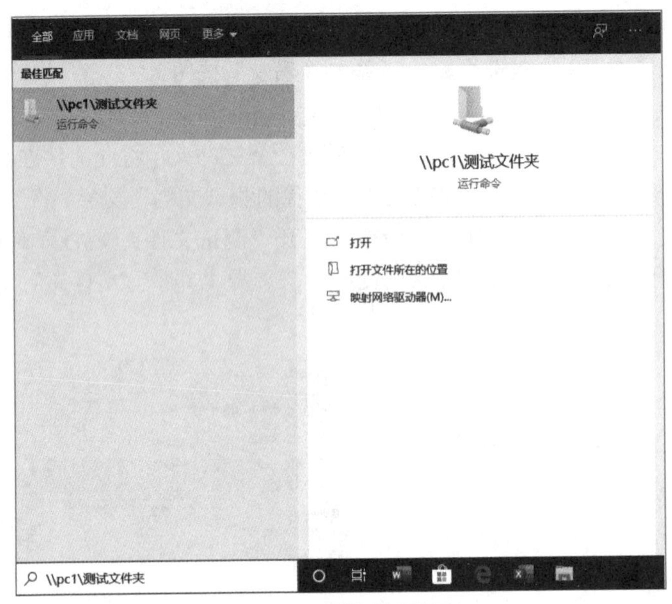

图10-19　输入访问地址

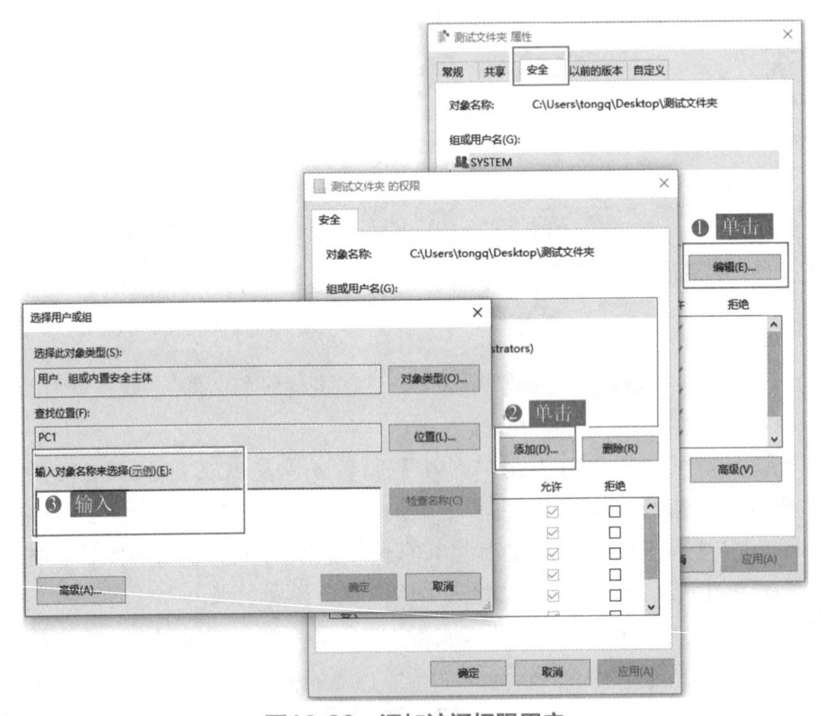

图10-20　添加访问权限用户

（6）更改共享文件夹的权限

在PC1计算机上，右击“测试文件夹”，然后选择“属性”→“共享”选项卡，单击“高级共享”→“权限”按钮，在“权限”对话框中，选中“完全控制”行中“允许”列和“更改”行中“允许”列的复选框，允许“任何人”更改“测试文件夹”的内容。单击“确定”按钮关闭“权限”窗口。

（7）映射网络驱动器

在 PC2上，单击任务栏中的文件夹图标，打开“Windows 资源管理器”窗口，右击“网络”，选择“映射网络驱动器”命令，打开图10-21所示的窗口，将驱动器设置为“Z:”，然后单击“浏览”按钮，打开“浏览文件夹”对话框，展开另一个计算机，并选择“确定”按钮。

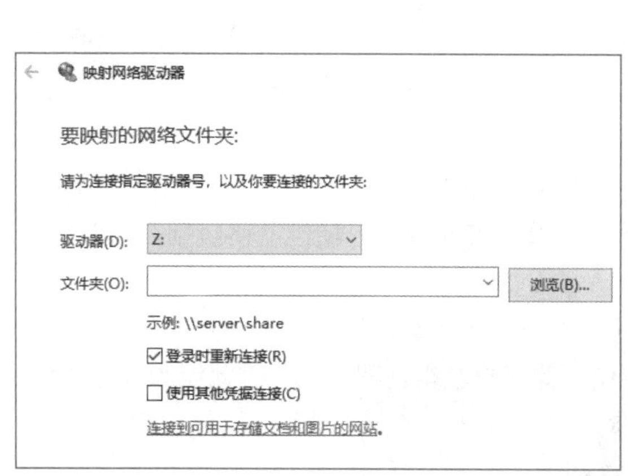

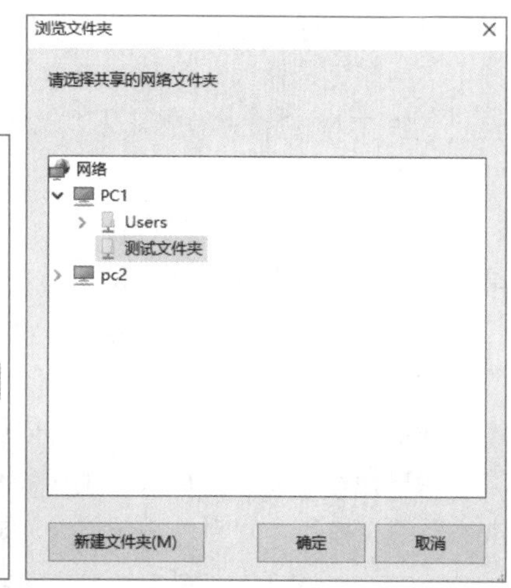

图10-21　映射网络驱动器

四、思考与练习

① 共享文件或文件夹的默认权限是什么？

② 用户访问共享文件夹时，如果提示没有权限，是什么原因？怎么操作？

③ 在映射网络驱动器操作时，如果窗口未打开，是什么原因？该怎么操作？

实验10.4　远 程 连 接

一、实验目的

◎了解远程控制的一般原理及实现方式。

◎了解各种远程连接工具的使用。

◎掌握Windows中“远程桌面连接（RDC）”工具的使用。

远程桌面连接（RDC）工具的使用

二、实验环境

◎两台或更多运行 Windows 10的计算机。

◎局域网。

三、实验内容和步骤

操作要求

远程连接到另一台 Windows 10 计算机，要连接的计算机，我们称它为PC2。远程连接PC2之前，需要在PC2上检查或更改某些Windows的属性设置，否则可能不能远程登录它。

1. 更改要连接计算机的电源选项

单击“开始”→“控制面板”选项，然后选择“硬件和声音”→“电源选项”。在“电源选项”窗口的“首选计划”区域，单击右侧的“更改计划设置”，在打开的图10-22所示的“更新计划设置”窗口中，在“关闭显示器”和“使计算机进入睡眠状态”下拉框中选择“从不”，单击“保存修改”按钮。

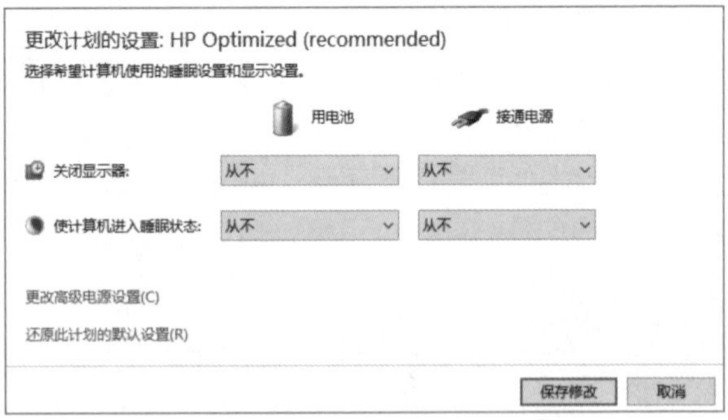

图10-22 更新计划设置

2. 在PC2上的启用远程桌面连接

单击“控制面板”→“系统和安全”→“允许远程访问”选项，打开图10-23所示的“系统属性”对话框中，在“远程”选项卡中，选择“仅允许运行使用网络级别身份验证的远程桌面的计算机连接（建议）”，这样更安全。

在图10-23中，单击“选择用户”按钮，打开“远程桌面用户”对话框，如图10-24所示，设置哪个用户拥有远程访问权限。由于将使用此账户获得远程访问，因此无须添加任何用户，请单击“取消”按钮。回到“系统属性”对话框，单击“确定”按钮，关闭窗口。

图10-23 远程桌面设置

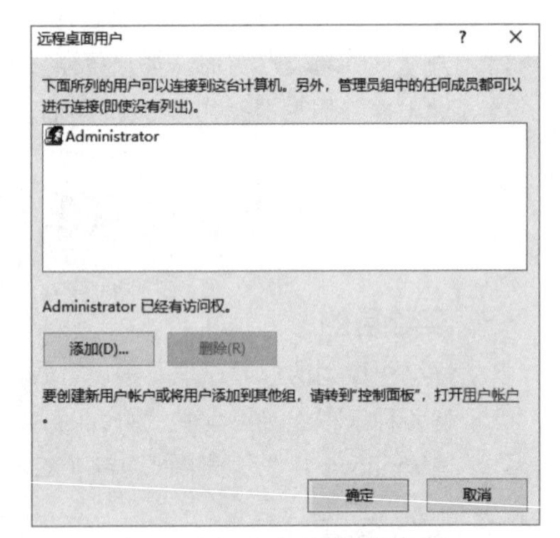

图10-24 添加远程访问用户

3. 检查PC2上的防火墙设置

单击“控制面板”→“Windows Defender防火墙”→“启用或关闭Windows Defender防火墙”选项。验证是否为专用和公用网络选择了“Windows Defender防火墙状态”为启用状态。如果没有，那么选中“启用”按钮打开Windows 防火墙，然后单击“确定”按钮。

4. 确定PC2的IPv4地址

选择“开始”→“运行”命令，在打开的“运行”对话框中输入cmd，然后按【Enter】

键，打开“命令提示符”窗口，在窗口中输入ipconfig，然后按【Enter】键。记录IPv4的地址，如图10-25所示。

5．从PC1上使用远程桌面连接远程访问PC2

以管理员或管理员组成员的身份登录到PC1。单击“开始”菜单，在“Windows 附件”中选择“远程桌面连接”选项，打开“远程桌面连接”窗口，将PC2的IPv4地址输入“计算机”字段中，然后单击“连接”按钮，如图10-26所示。

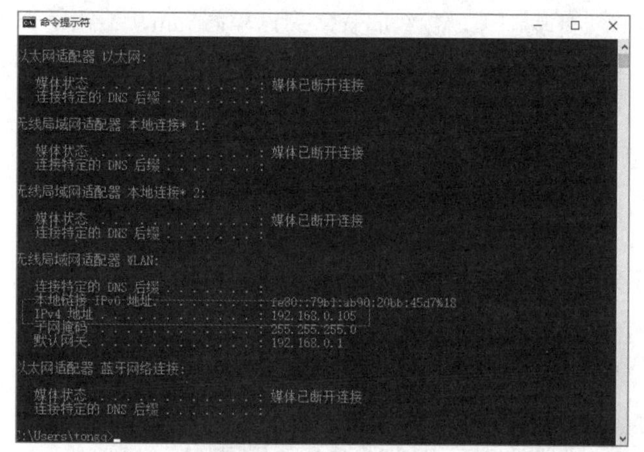

图10-25 查看ip地址

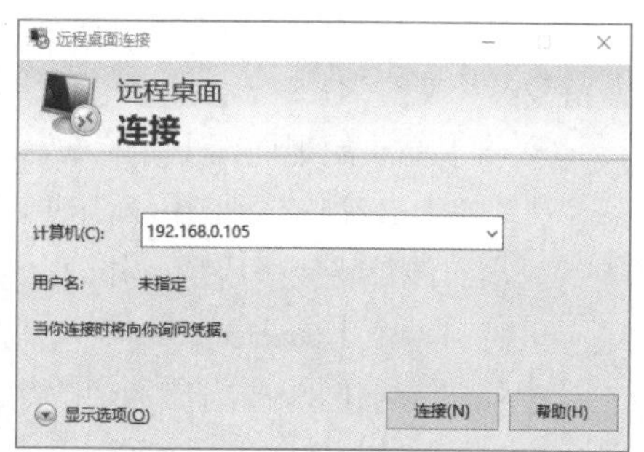

图10-26 远程桌面连接

“Windows安全”窗口打开。输入与登录PC2所用的相同用户名和密码。单击“确定”按钮。桌面将会发生变化，屏幕顶部将显示一个包含PC2 IPv4地址的栏，任何操作都和从本地登录PC类似。但是，默认一次只有一个用户可以登录到Windows，也就是使用RDC工具登录远程Windows PC实际上会注销另一个RDC或本地用户。

四、思考与练习

① 远程用户使用RDC登录PC2时，登录到PC2的本地用户会发生什么情况？

② IT管理员为什么会使用RDC？

③ 如何设置多用户同时远程登录？

实验10.5 网线制作

一、实验目的

◎了解常用网线的种类。

◎掌握在各种应用环境下非屏蔽双绞线制作网线的方法及连接方法。

◎掌握网线连通性测试方法。

二、实验环境

◎实验材料：非屏蔽双绞线若干段、RJ-45水晶头若干。

◎实验工具：剥线钳、网线测试仪。

三、实验内容和步骤

视 频

网线制作

双绞线的连接方法分为直通连接和交叉连接。标准有T568B和T568A，两边使用T568B的就是直通连接，两边分别使用两个标准的就是交叉连接。早期对等设备之间使用交叉线互联，非对等设备使用直通线互联，目前基本上所有设备FE口都支持自适应了，所以使用直通线可以完成任意设备之间的连接。

1．制作一根直通线，并利用网线测试仪测试其连通性

① 用剥线钳将双绞线一头外皮剥去，剥线的长度为13～15 mm，不宜太长或太短。

② 将线芯按照T568B标准进行排列，如图10-27所示，T568B标准的网线排列，从左至右按1～8编号，颜色分别为白橙、橙、白绿、蓝、白蓝、绿、白棕、棕。用剥线钳将线芯剪齐，保留线芯长度约为1.5 cm。

③ 将水晶头的平面朝上，将线芯插入水晶头的线槽中，所有八根细线应顶到水晶头的顶部（从顶部能够看到八种颜色），同时应当将外包皮也置入RJ-45接头之内，如图10-28所示。

④ 用压线钳将接头压紧，并确定无松动现象。

⑤ 将另一个水晶头以步骤①～④同样方式制作到双绞线的另一端。

⑥ 将做好的网线两头插入网线测试仪发射器和接收器两端的RJ-45接口，打开测试仪开关，如果发射器和接收器两端对应的指示灯同时亮则说明网线正常，如图10-29所示。

图10-27　T568B标准的网线排列

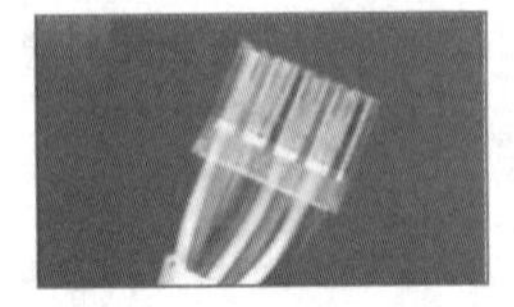

图10-28　线缆插入水晶头内

图10-29　网线测试仪测试示例

2．制作一根交叉线，并测试其连通性

① 制作一根交叉线。需要注意的是，交叉线的一端用T568B标准，另一端用T568A标准制作。T568A标准中1～8编号顺序依次为白绿、绿、白橙、蓝、白蓝、橙、白棕、棕。

② 两人为一组，将制作出来的交叉线两头插入两台PC网卡RJ-45接口，进行双机对联，配置好IP，测试两台计算机之间的数据传输。

四、思考与练习

① 总结制作网线的整个过程。

② 简述测试网线时各种亮灯方式的含义。

实验10.6　网络服务器与网站建设

一、实验目的

◎了解Internet信息服务（IIS）的安装和配置。

◎掌握虚拟目录的设置。

◎掌握站点结构的规划。

二、实验环境

◎微型计算机。

◎Windows 10操作系统。

◎Dreamweaver CC 2021。

视频

Windows 10中IIS的安装与配置

三、实验内容和步骤

1. 安装IIS

一般情况下，专业的网站服务器都需要选择Server版本的操作系统，以获得更好的处理能力。对于各种操作系统，IIS的安装方法基本类似，下面我们以Windows 10 专业版为例，来了解一下IIS的安装和设置方法。

① 选择“开始”→“设置”命令，在出现的“Windows设置”界面里选择“应用”，进入“应用和功能”界面，如图10-30所示。

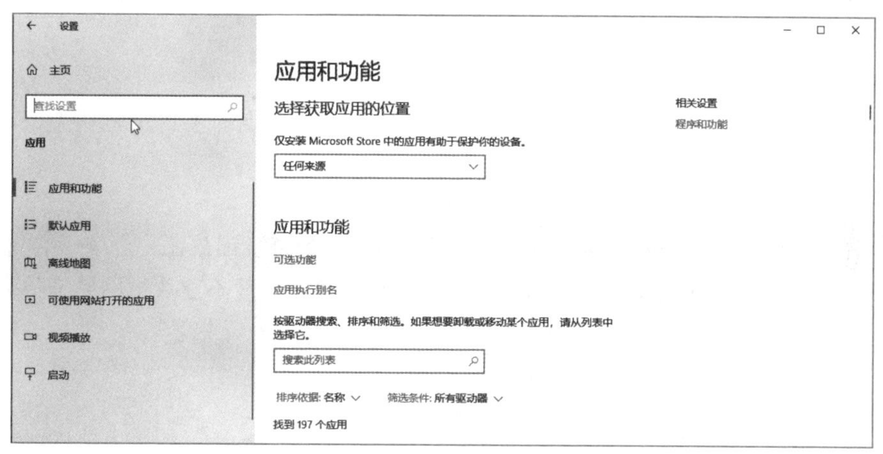

图10-30　“应用和功能”界面

② 有两种方式可以进入IIS安装界面：在图10-30所示界面中选择“可选功能”，在出现的界面中右上角选择“更多Windows功能”；在图10-30所示界面右上角选择“程序和功能”，然后选择“启用或关闭Windows功能”，进入图10-31所示的“启用或关闭Windows功能”界面。

③ 在“Windows功能”对话框里选中Internet Information Services，如图10-32所示，在Internet Information Services功能展开选择框里根据需要选择功能即可，比如软件需要运行ASP、ASP.NET程序等，只要选中这些功能，并单击“确定”按钮，完成IIS功能的开启。

需要说明的是，对于初学者，一般只需要对Internet Information Services下“万维网服务”中的“应用程序开发功能”进行配置，其他建议保持默认即可。

图10-31 “启用或关闭Windows功能”界面

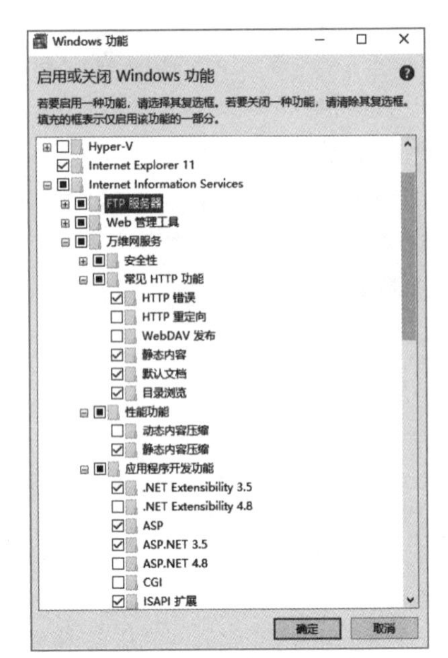

图10-32 启用IIS相关功能

④ 选择好需要开启的功能，并单击“确定”按钮后，Windows功能开始下载并安装用户选择的功能，直到出现“Windows已完成请求的更改”，即完成IIS 的安装。

⑤ 打开浏览器，在地址栏输入网址http://localhost，如果能打开IIS的默认首页，就代表IIS安装成功。

2. 配置IIS

IIS安装后，系统自动创建了一个默认的Web站点，该站点的主目录默认为C:\Inetpub\wwwroot，实际使用时，可以根据自己的情况适当修改。

（1）创建Web站点

在进行网页设计时，一般应该将设计制作的网页和其他资源都放在一个统一的文件夹里，我们把该文件夹称之为网站文件夹。考虑到数据安全问题，一般不建议把网站文件夹建立在系统盘。

① 在E盘建立一个网站文件夹“WEB”。

② 利用记事本建立一个文件，文件内容如下：

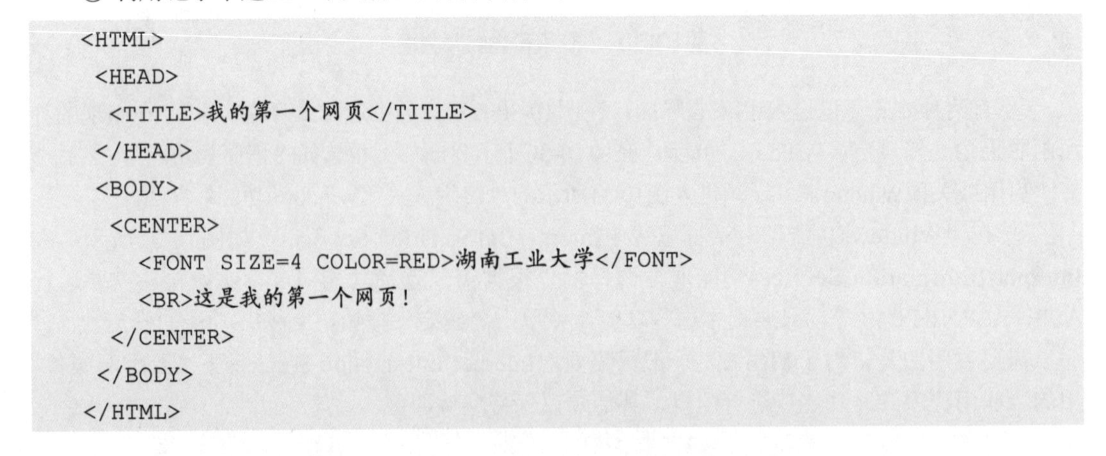

```
<HTML>
 <HEAD>
  <TITLE>我的第一个网页</TITLE>
 </HEAD>
 <BODY>
  <CENTER>
    <FONT SIZE=4 COLOR=RED>湖南工业大学</FONT>
    <BR>这是我的第一个网页!
  </CENTER>
 </BODY>
</HTML>
```

③ 将以上内容的文件保存至 E:\WEB，在记事本中，选择“文件”→“另存为”命令，文件类型选择“所有文件”，文件名为index.htm，接下来将对IIS进行配置，同时验证该文件的运行效果。

（2）进行配置操作

通过依次打开“开始”菜单、“Windows管理工具”、“Internet Information Services（IIS）管理器”，进入图10-33所示的界面，接着即可进行各种配置操作。

图10-33　Internet Information Services管理器

① 基本属性设置。

a．启用父路径。在图10-33所示的界面中双击ASP图标，进入图10-34所示的界面，为保证网页程序的正常运行，一般需要“启用父路径”，即将“启用父路径”的值设置为True。

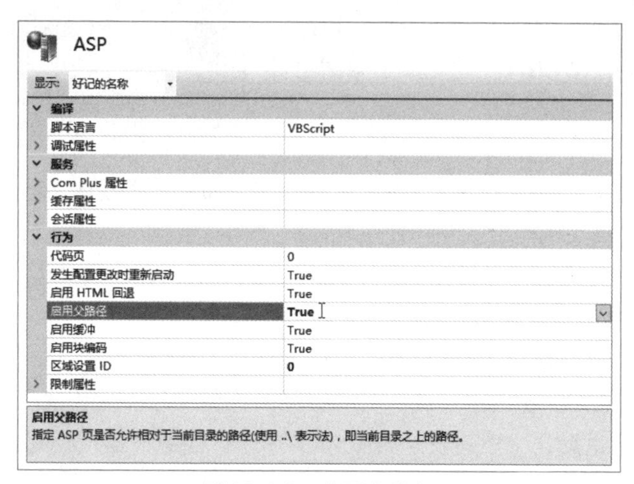

图10-34　启用父路径

b．设置调试属性。在初期进行网页设计时，可能会出现各种各样的错误，为了更容易地发现错误并更正，可以对“调试属性”进行修改，比如将“将错误发送到浏览器”的值设置为True，如图10-35所示，这样，万一网页发生错误，将在浏览器直接显示，可以辅助我们查找并更正错误。同时也可以对脚本错误信息、服务器端调试等进行更改。

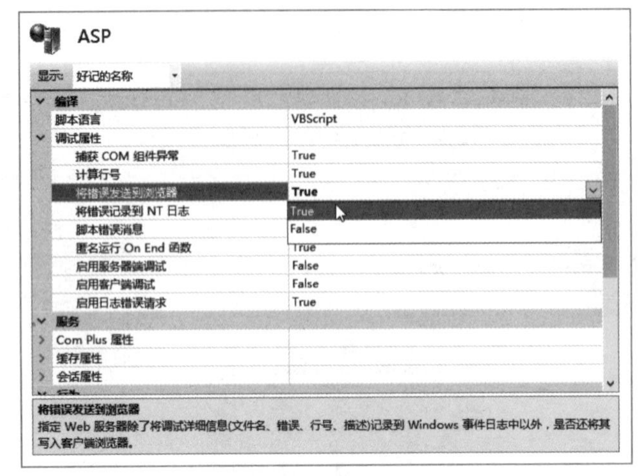

图10-35 设置调试属性

以上两步设置如果修改完毕，还必须单击右上角的“操作”栏的“应用”按钮，才会正式生效。

② 设置网站物理路径。网站物理路径，也称之为网站主目录。当网站文件夹与IIS建立联系后，也即将网站文件夹设置为网站的物理路径，放置在其中的资源即发布到互联网供用户访问。

在图10-33所示的“Internet Information Services（IIS）管理器”主界面中，单击展开左边的“网站”，然后单击Default Web Site，在右边操作栏中选择“基本设置”，打开图10-36所示的界面，默认的物理路径（主目录）为“%SystemDrive%\inetpub\wwwroot”，单击“物理路径”后的“…”按钮，将物理路径路径更改为E:\WEB，至此完成了网站主目录的设置。

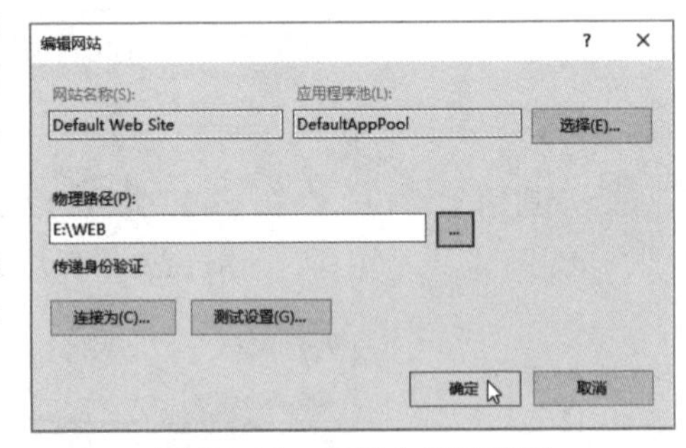

图10-36 网站主目录设置

③ 设置网站的默认文档。默认文档是由服务器提供给在请求中没有指定文件名的站点访问者的文档。通过设置默认文档，Web服务器可以对所有不包含文件名的请求都用默认文档作出响应。

如同网站物理路径设置，打开Default Web Site主页后，在右边功能视图区选择“默认文档”，即进入默认文档的设置界面，如图10-37所示。

一般的默认文档列表包含Default.htm、Default.asp、index.htm、index.html等，现在很多网站也把index.asp、index.jsp、index.php作为网站的首页，因此，我们最好把index.asp、index.jsp、index.php也添加进默认文档列表，如图10-37所示。当服务器接收到浏览者的请求，无法确定具体的访问页面时，按列表依次查找默认页，若查找不到默认页（即默认列表中文件在网站文件夹中都不存在），则给出一个出错提示。

④ 绑定网站的访问地址。为使用户访问到我们设置的网站，还必须为网站绑定一个可供访问的IP地址。在Default Web Site主页中，选择右侧“操作”栏的“绑定”选项，打开“网站

绑定”界面。“Default Web Site”默认占用了系统所有计算机IP的TCP 80端口，单击“网站绑定”的绑定记录，然后选择“编辑”命令，即可以修改IP地址及端口号，如图10-38所示，这里，将IP地址修改为本机IP——172.18.16.98。端口号一般选择默认的80端口，当80端口被占用，无法启动网站时，再选择其他端口。

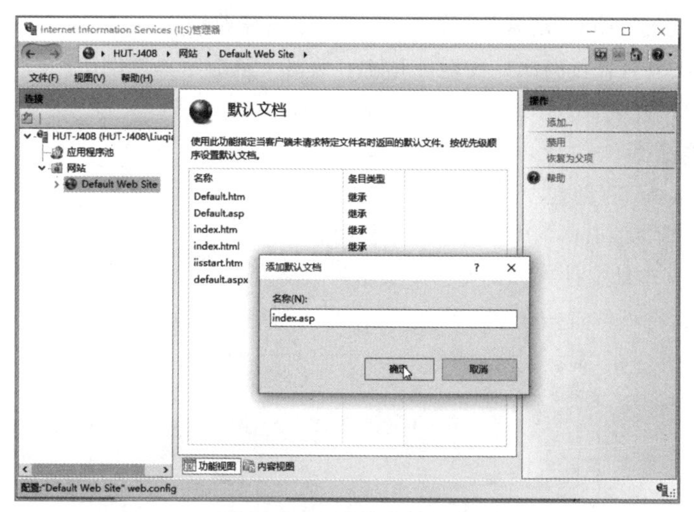

图10-37　默认文档设置

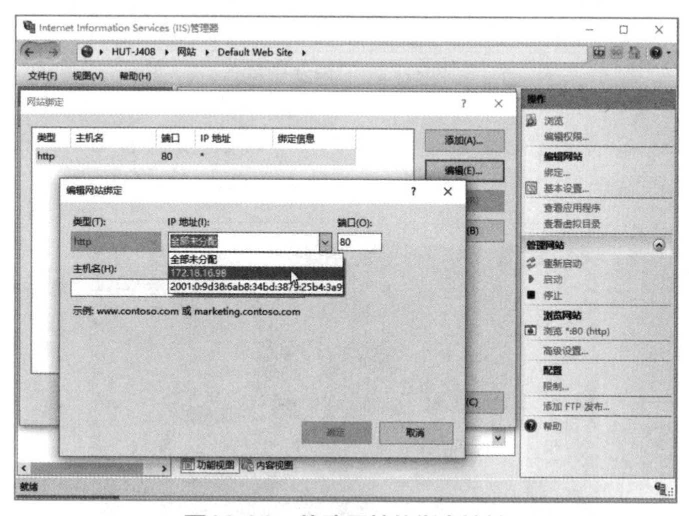

图10-38　修改网站的绑定地址

⑤ 验证配置结果。经过②③④的操作，网站配置基本完成，单击右侧“操作”栏的“重新启动”选项，然后在浏览器输入网址 http://172.18.16.98，会看到图10-39所示的运行结果，这表示网站配置成功。

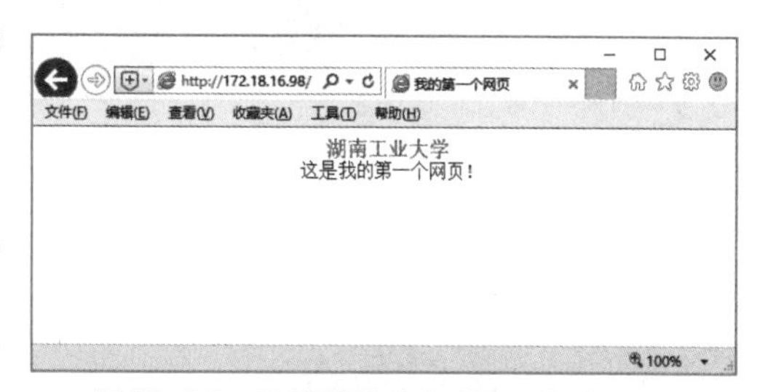

图10-39　IIS配置成功后网页运行界面

⑥ 网站的访问方法。假设E盘建立的“WEB”文件夹中的首页是index.htm，已经将网站的物理路径指向“WEB”文件夹，则访问index.htm的方法有：

- http://localhost/index.htm。
- http://127.0.0.1/index.htm。
- http://您的计算机的名字/index.htm。
- http://您的计算机的IP地址/index.htm。

当然，如果把index.htm设置为了默认文档，则不需要输入index.htm即可访问index.htm。其中①②两种方法只有在没有绑定IP地址时才有效，一旦绑定具体的IP，则只能通过方法③④访问。

3. 创建本地站点

在Dreamweaver中创建一个“个人网站”本站地点，其结构如图10-40所示。练习利用Dreamweaver来打开本地文件夹和站点窗口操作。

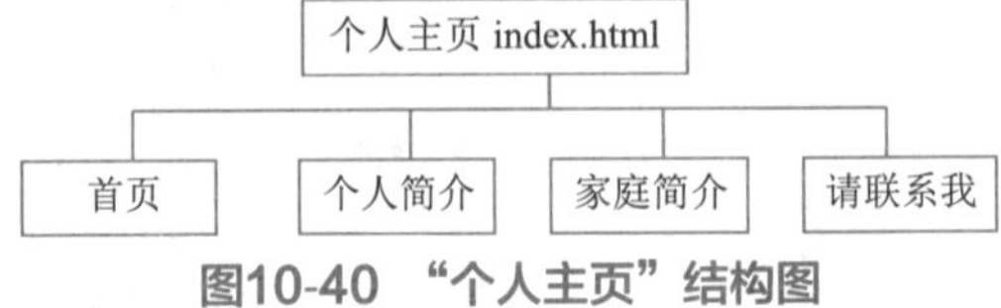

图10-40 “个人主页”结构图

在指定网站文件夹位置按图10-40所示设计的网站结构建立目录结构，如图10-41所示。

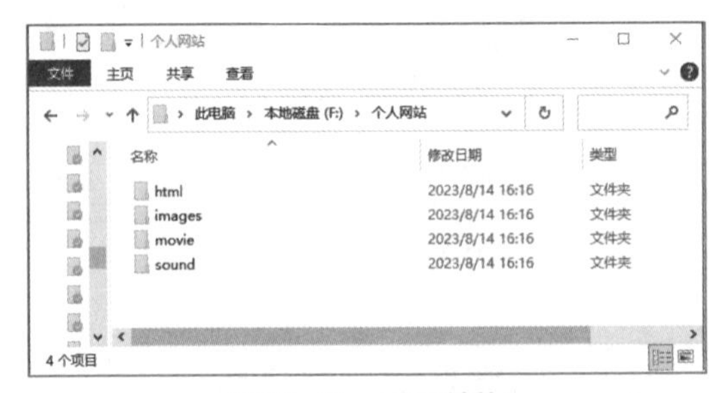

图10-41 目录结构

启动Dreamweaver，选择“站点”→“新建站点”命令，进入图10-42所示的“站点设置对象”对话框，设置好站点名称，选择本地站点文件夹并单击“保存”按钮。

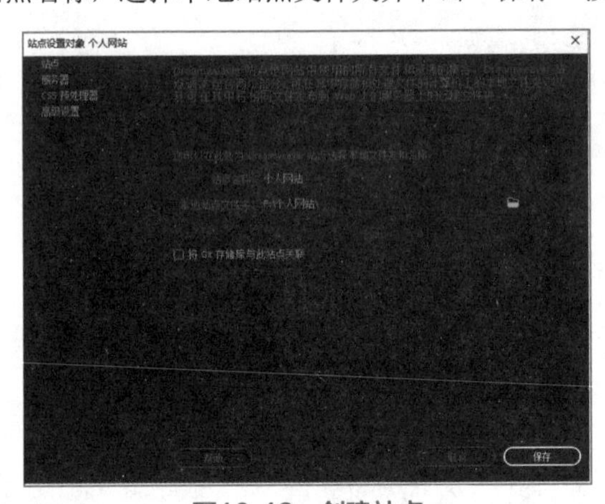

图10-42 创建站点

站点建立完成之后，就可以利用Dreamweaver来管理网站资源了。

四、思考与练习

① http://localhost代表什么含义？

② 常用的制作网页工具有哪些？尝试用记事本来制作简单网页。

第11章 信息检索

实验11.1 CNKI的应用

一、实验目的

熟练掌握CNKI的基本使用方法。

CNKI的应用

二、实验环境

◎微型计算机。

◎Windows 10或银河麒麟操作系统。

◎Microsoft Edge浏览器。

◎Internet环境。

三、实验内容和步骤

操作要求

检索一篇发表于2018—2020年之间的关于“人工智能”的学术论文，并将其中一篇下载到本地计算机上。

1. 简单检索

启动Edge浏览器，在地址栏输入“http://www.cnki.net”，进入中国知网主页，如图11-1所示。可以直接在“Q”按钮前的输入框中输入检索词进行简单检索。

简单检索提供了类似搜索引擎的检索方式，用户只需要输入所要找的关键词，单击“Q”按钮就可查到相关的文献。“人工智能”的简单检索结果如图11-2所示。

2. 高级检索

单击知网主页右上方的“高级检索”按钮，弹出图11-3所示的高级检索界面，在高级检索中，将检索过程分为两步。

① 输入主题、关键词、作者、发表时间、文献来源、支持基金等检索条件。对“人工智能”高级检索的第一步，结果如图11-4所示。

② 对检索结果进行分组分析和排序分析，反复筛选修正检索式得到最终结果。

可以对第①步中得到的结果按研究层次、作者单位、文献出版来源等分析。图11-5所示为按“被引”排序的结果。

3．安装全文浏览器CAJViewer

中国知网数据库提供CAJ和PDF两种文件格式。如果阅读CAJ格式的文件，则需要安装CAJViewer软件；而要阅读PDF格式的文件，则需安装PDF Reader软件。以CAJ格式文件为例，在中国知网主页中，单击页面下方的“CAJViewer浏览器”，将CAJViewer软件下载到本地计算机并安装。

图11-1　中国知网首页

图11-2　“人工智能”的简单检索结果

图11-3　高级检索界面

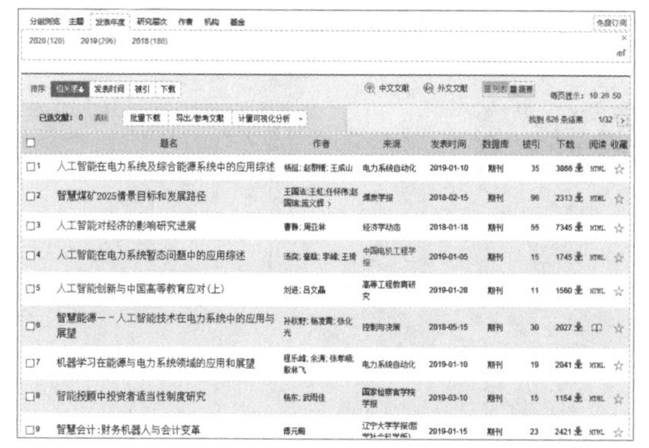

图11-4 “人工智能”高级检索结果

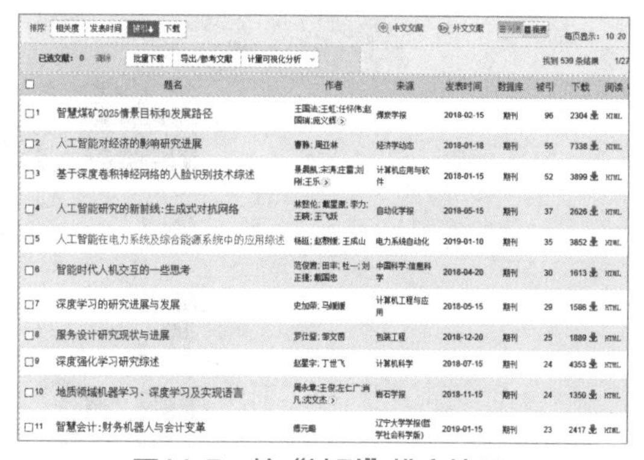

图11-5 按“被引”排序结果

4. 查看记录的检索项

单击检索结果中的任意一条记录，则会显示该记录的详细信息，并提供CAJ格式和PDF格式的全文下载链接，可查看其篇名、作者、关键词和文章摘要等信息。

5. 下载/阅读全文

选中检索结果中的任意记录，可单击该记录右侧的下载图标进行下载；或单击右侧的在线阅读图标HTML进行在线阅读。需要注意的是，要打开CAJ格式的文件，本地计算机必须安装有CAJViewer软件；要打开PDF格式的文件，本地计算机必须安装有PDF Reader软件。

四、思考与练习

① 检索2018年度国家社科基金项目研究成果，列出其中的三条记录（格式为：[1]作者,作者.篇名[J].刊名,年（期）:页码）。

② 检索关于下列内容（任选一个）的学术论文，并将其中一篇下载到本地计算机。

- 计算机网络发展简史。
- 你所喜欢的体育项目。
- 如何欣赏古典音乐。

实验11.2　超星数字图书馆

一、实验目的

熟练掌握超星数字图书馆的基本使用方法。

视 频

数字图书馆的使用

二、实验环境

◎微型计算机。

◎Windows 10操作系统。

◎Microsoft Edge浏览器。

◎Internet环境。

三、实验内容和步骤

① 在浏览器地址栏中输入 http://book.chaoxing.com/，即可登录到超星读书网站，如图11-6所示。

图11-6　超星数字图书网站首页

② 图书检索。在“搜索”按钮左边的文本框中输入要查找的关键词“计算机网络”，查询范围为“全部字段”。单击“搜索”按钮，返回搜索结果，如图11-7所示。对于查询结果，可以通过单击页面中的“上一页”和“下一页”进行翻页。也可以设置“搜索”区域中的查询条件，实现按“作者”“书名”进行查询，查询范围也可以根据要求进行设置。

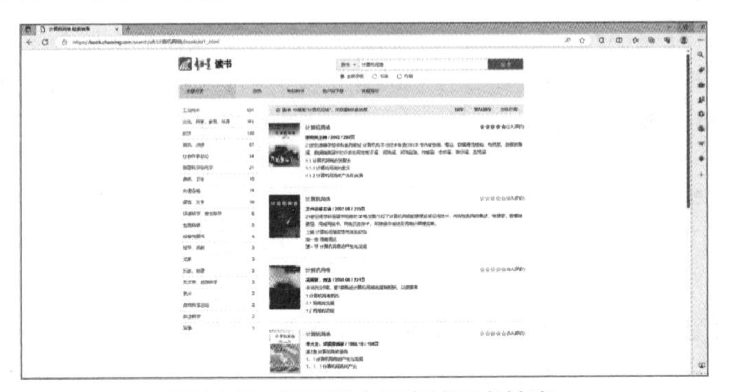

图11-7　超星数字图书馆图书检索

③ 安装超星阅读器。超星数字图书馆中的图书下载需要用超星阅读器。单击站点页面中的“客户端下载”，下载“ssreader.exe”软件到本地计算机并安装。

④ 图书试读与下载。在图书检索返回的查询结果中，任意选择一条记录，单击其中的书名或书的图标，打开该记录所对应的图书，如图11-8所示。单击“试读”按钮，弹出图11-9所示的阅读界面。在阅读模式中有三种选择，分别是显示目录阅读、隐藏目录阅读和全屏连页阅读，可以选择自己喜欢的一种模式来阅读。

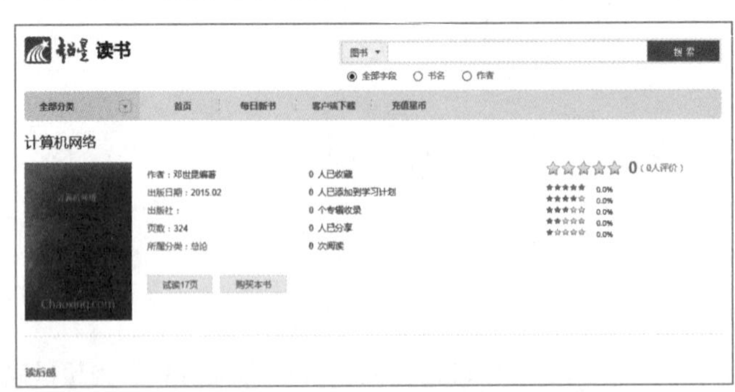

图11-8　打开图书

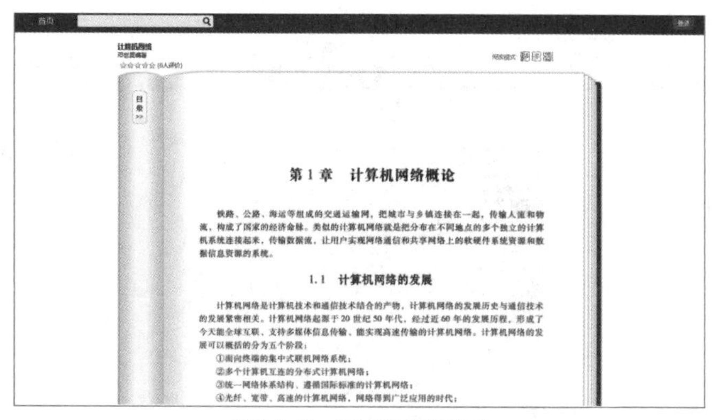

第 1 章　计算机网络概论

铁路、公路、海运等组成的交通运输网，把城市与乡镇连接在一起，传输人流和物流，构成了国家的经济命脉。类似的计算机网络就是把分布在不同地点的多个独立的计算机系统连接起来，传输数据流，让用户实现网络通信和共享网络上的软硬件系统资源和数据信息资源的系统。

1.1　计算机网络的发展

计算机网络是计算机技术和通信技术结合的产物，计算机网络的发展历史与通信技术的发展紧密相关。计算机网络起源于 20 世纪 50 年代，经过近 60 年的发展历程，形成了今天能全球互联、支持多媒体信息传输、能实现高速传输的计算机网络。计算机网络的发展可以概括的分为五个阶段：

①面向终端的集中式联机网络系统；

②多个计算机互连的分布式计算机网络；

③统一网络体系结构、遵循国际标准的计算机网络；

④光纤、宽带、高速的计算机网络，网络得到广泛应用的时代；

图11-9　图书阅读界面

⑤ 图书下载。要下载图书需要先登录，单击图11-6右上方的“登录”按钮，输入用户名和密码登录，则图11-8的界面变成图11-10所示的界面，单击“下载本书”按钮，可以进行下载。

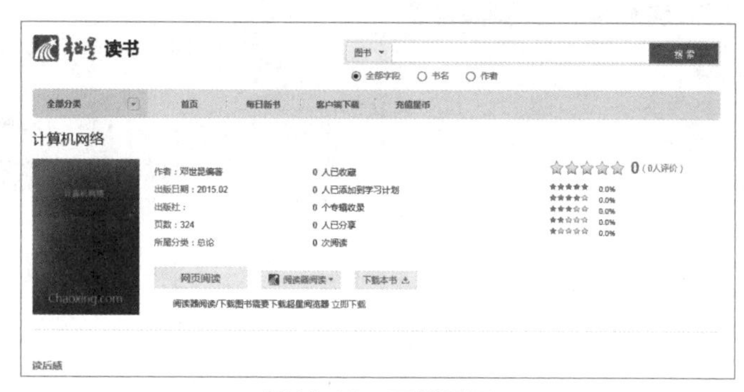

图11-10　下载界面

⑥ 通过超星阅读器下载图书。打开超星阅读器，如图11-11所示。在类别中选择“图书”，在文本框中输入“计算机网络”，单击“搜索”按钮，结果如图11-12所示，在这个界面可以通过左边的“年份”“学科分类”“作者”进行筛选，也可以单击上方的“高级搜索”进行更精确的查找，如图11-13所示。单击书的图标，进入阅读与下载界面，如图11-14所示，单击“下载”按钮，弹出“下载选项”对话框，设置好“分类”和“存放路径”后，超星阅读器会启动多个下载线程，将图书下载到指定的路径，如图11-15所示。

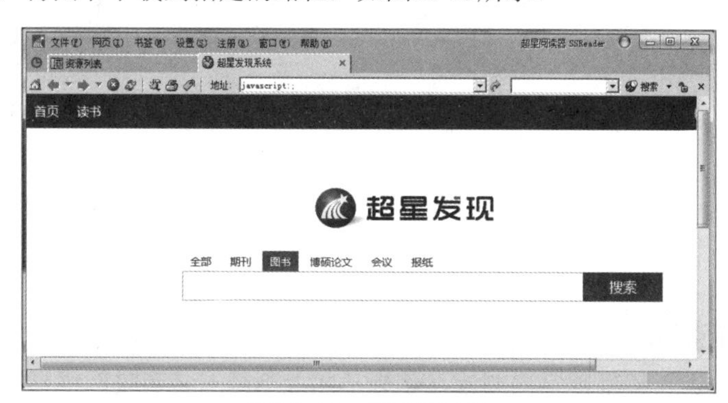

图11-11　超星阅读器

图11-12　搜索结果界面

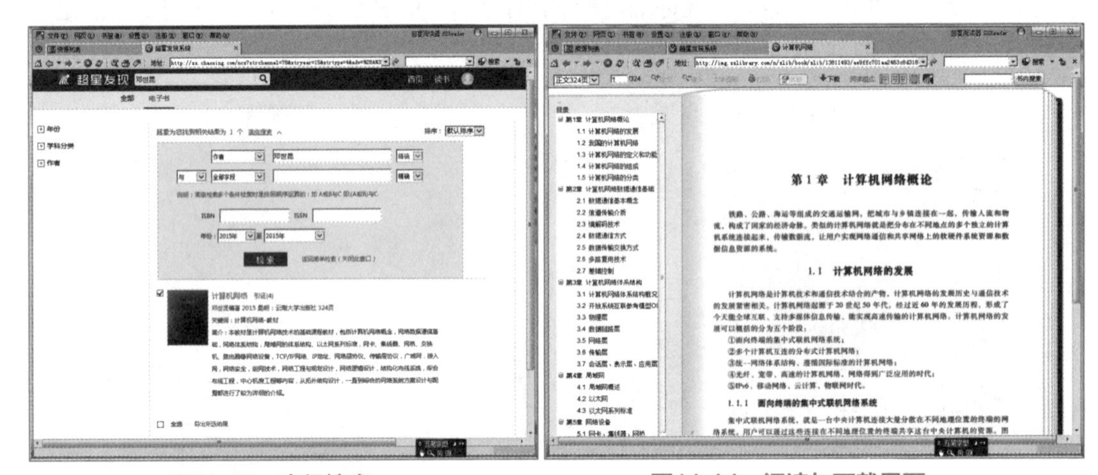

图11-13　高级搜索　　　　图11-14　阅读与下载界面

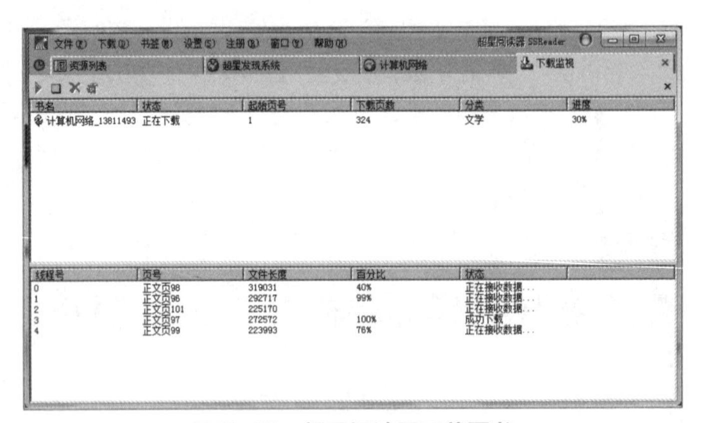

图11-15　超星阅读器下载图书

四、思考与练习

使用搜索引擎进入超星数字图书馆，首先从网上下载安装超星阅读器，然后在线浏览指定的图书，下载其封面页 、目录页和正文第一页（共三页），保存在自己的作业文件夹中。

实验11.3　搜 索 引 擎

一、实验目的

掌握搜索引擎的使用方法。

二、实验环境

◎微型计算机。

◎Windows 10或银河麒麟操作系统。

◎Microsoft Edge浏览器。

◎Internet环境。

三、实验内容和步骤

实验内容

使用“百度”搜索引擎查找关于云计算的资料。

实验步骤

打开IE浏览器，在地址栏中输入http://www.baidu.com，并按【Enter】键。

① 在打开的百度主页“百度一下”按钮左边的文本框中输入关键字“云计算”，单击“百度一下”按钮，搜索结果如图11-16所示。

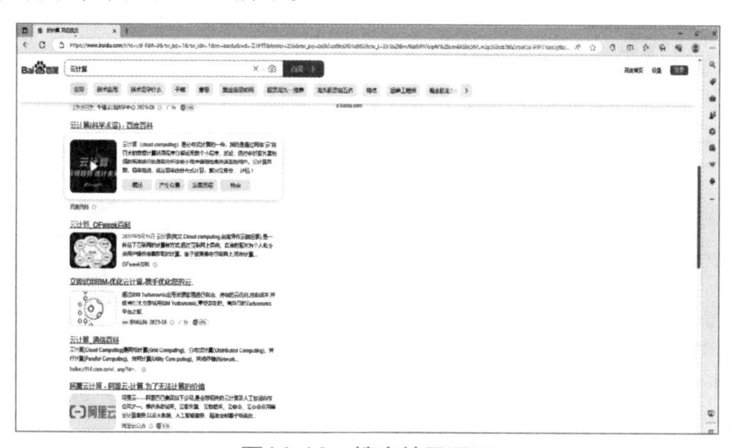

图11-16　搜索结果页面

② 单击搜索结果页面中的“云计算（科学术语）-百度百科”链接，显示出如图11-17所示的页面。

③ 分别单击搜索输入框上面的“新闻”、“贴吧”、“知道”、“图片”和“视频”等，查看搜索结果。

四、思考与练习

① 利用百度检索以下信息：

- 当前人民币对美元的汇率。
- 广州、深圳的邮编。

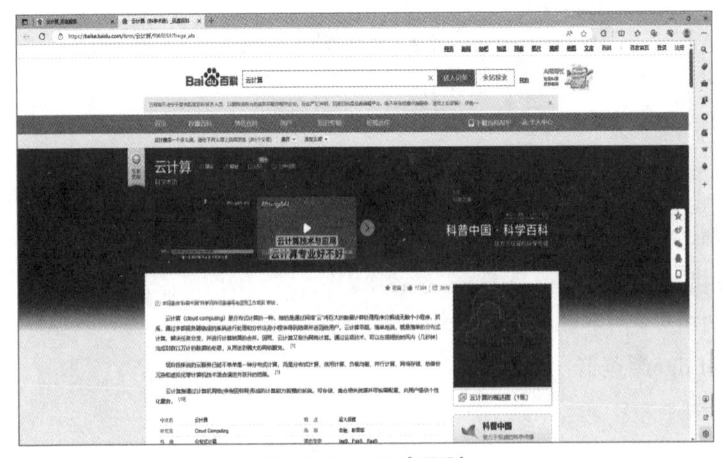

图11-17 百度百科

- 昆明、乌鲁木齐的长途区号。
- 长沙到北京的火车车次。
- 上海当天的气温。
- 从长沙火车站到湖南省展览馆可选择的公交线路。

② 列举常见的中英文搜索引擎。

③ 常见的搜索引擎除了搜索功能，还提供哪些应用？

实验11.4 网络学术（以百度学术为例）

一、实验目的

掌握百度学术搜索引擎的使用方法。

二、实验环境

◎微型计算机。

◎Windows 10或麒麟操作系统。

◎Microsoft Edge浏览器。

◎Internet环境。

视频

网络学术

三、实验内容和步骤

实验内容

使用“百度学术”查找关于“大数据”的有关学术论文。

实验步骤

① 打开Edge浏览器，在地址栏中输入http://xueshu.baidu.com/，进入百度学术网的主页，如图11-18所示。直接在文本框中输入关键字“大数据”，单击“百度一下”按钮，搜索结果如图11-19所示。在这个界面还可以通过时间、领域、核心、获取方式、关键词、论文的类型、作者、期刊、机构等进行高级筛选，还可以按相关性、被引用量、时间降序等进行排序。

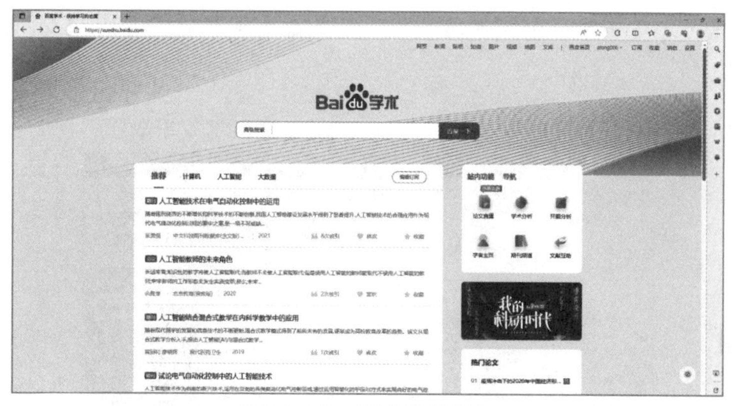

图11-18　百度学术主页

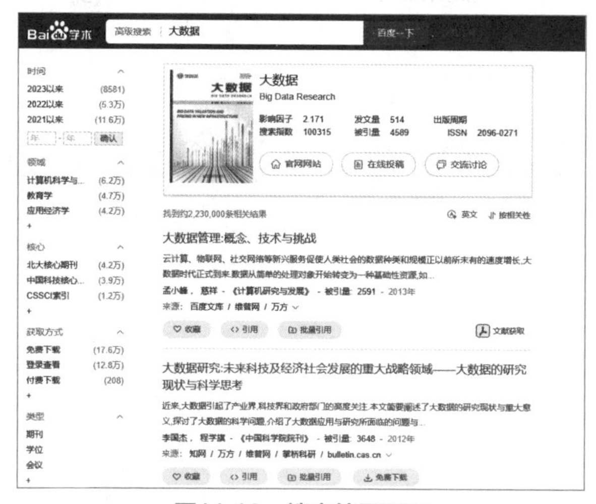

图11-19　搜索结果页面

② 单击检索结果中的任意一条记录，显示该记录的详细信息，并提供该文献的来源，可以知道该文献被哪些数据库收录，单击作者姓名，可以查看该作者的其他文章，如图11-20所示。

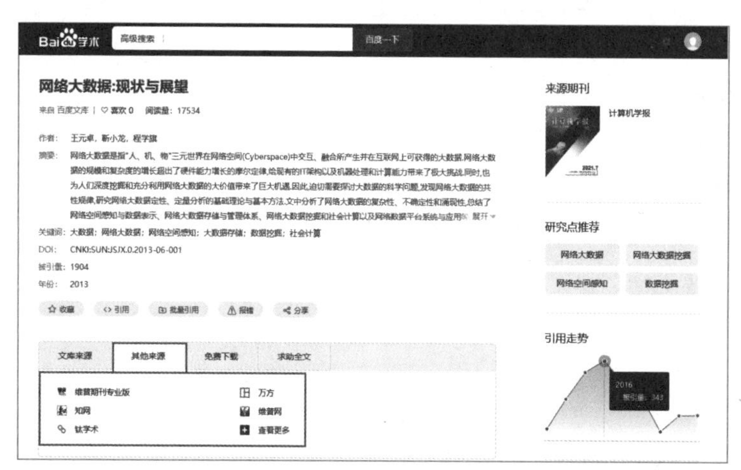

图11-20　文献来源列表

③ 在文献来源中单击某一个链接就会提供该文献的下载方式，图11-21所示是单击“知网”的下载界面。

图11-21 下载界面

④ 在图11-18所示的界面中，单击输入框左侧的“高级搜索”按钮，弹出精确检索对话框，如图11-22所示。

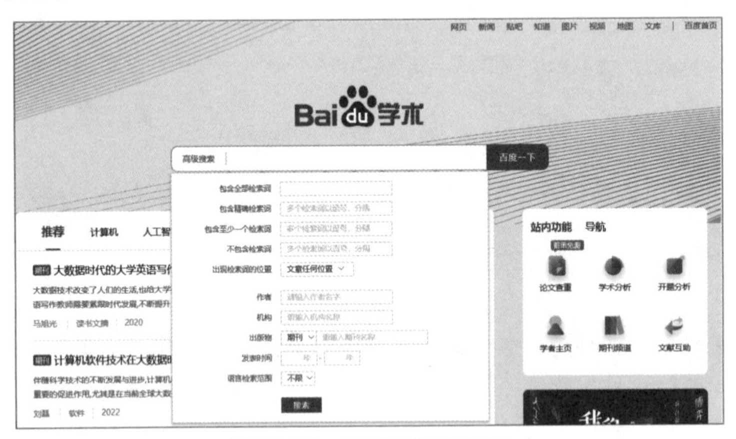

图11-22 精确检索对话框

四、思考与练习

① 在百度学术主页中，单击期刊频道，搜索计算机教育期刊，并在该期刊中下载一篇论文到自己的计算机上。

② 在百度学术主页中，单击论文查重，将自己课前准备好的一篇论文进行查重处理。